21世纪以来甘肃省干旱生态环境气象监测与评估

主　编：李照荣
副主编：程　瑛　刘新伟　杨晓军　刘维成

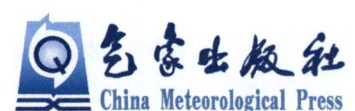

内容简介

甘肃省气候复杂多样，高温、干旱、暴雨洪涝、沙尘暴、寒潮、霜冻等气象灾害频繁。21世纪以来，在全球气候变暖的大背景下，甘肃省各种极端气象灾害发生频繁，给社会经济发展、生态环境及人民生命财产安全造成巨大影响。为进一步满足当前甘肃省生态文明建设对气象服务的需求，充分体现气象部门的行业特色与客观优势，兰州中心气象台成立专门的攻关小组，编撰本书。本书共分为3章，第1章为21世纪以来甘肃省气候及干旱生态环境概况，介绍了甘肃省2000—2019年的基本气候变化特征、多种气象灾害的变化特征和生态环境的基本情况；第2章为21世纪以来甘肃省干旱生态环境气象监测与评估，介绍了2000—2019年的干旱气候、气象灾害、环境等监测情况，并且就干旱气象环境对农业、水资源、生态环境、大气环境等方面的影响进行了评估；第3章为21世纪以来甘肃省主要灾害性天气专刊，介绍了甘肃省2000—2019年发生的沙尘、寒潮、霜冻、干旱和强降水等气象灾害。

本书可为气象、农业、林业、生态、环境、能源、交通等领域的发展、决策提供科学参考。

图书在版编目（CIP）数据

21世纪以来甘肃省干旱生态环境气象监测与评估 / 李照荣主编. -- 北京：气象出版社，2021.7
ISBN 978-7-5029-7508-1

Ⅰ. ①2… Ⅱ. ①李… Ⅲ. ①生态环境－气象观测－研究－甘肃－2000-2019 Ⅳ. ①P41

中国版本图书馆CIP数据核字(2021)第145635号

21世纪以来甘肃省干旱生态环境气象监测与评估
21 Shiji Yilai Gansu Sheng Ganhan Shengtai Huanjing Qixiang Jiance yu Pinggu

---

出版发行：气象出版社	
地　　址：北京市海淀区中关村南大街46号	邮政编码：100081
电　　话：010-68407112（总编室）　010-68408042（发行部）	
网　　址：http://www.qxcbs.com	E-mail：qxcbs@cma.gov.cn
责任编辑：陈　红　马　可	终　　审：吴晓鹏
责任校对：张硕杰	责任技编：赵相宁
封面设计：艺点设计	
印　　刷：北京建宏印刷有限公司	
开　　本：787 mm×1092 mm　1/16	印　　张：14.5
字　　数：371千字	
版　　次：2021年7月第1版	印　　次：2021年7月第1次印刷
定　　价：105.00元	

本书如存在文字不清、漏印以及缺页、倒页、脱页等，请与本社发行部联系调换。

《21世纪以来甘肃省干旱生态环境气象监测与评估》编委会

主　　编：李照荣

副主编：程　瑛　刘新伟　杨晓军　刘维成

成　　员：吴　晶　蒋菊芳　王大为　杨秀梅　张君霞

　　　　　伏　晶　付正旭　马绎皓　何金梅　刘卫平

　　　　　韩兰英　林婧婧　苟　尚　石延召

前 言

党的十八大报告中把生态文明建设提升到"五位一体"总体布局的战略高度,指出良好生态环境是人和社会持续发展的根本基础,同时提出建设美丽中国、实现中华民族持续发展的宏伟目标。习近平总书记在党的十九大报告中进一步指出,我们要建设的现代化是人与自然和谐共生的现代化,既要创造更多物质财富和精神财富以满足人民日益增长的美好生活需要,也要提供更多优质生态产品以满足人民日益增长的优美生态环境需要。

甘肃省位于黄土高原、青藏高原、内蒙古高原三大高原和西北干旱区、青藏高寒区、东部季风区三大自然区域的交汇处,地域狭长,地质地貌、气候类型复杂多样,森林、草原、荒漠、湿地、农田、城市六大陆地生态系统均有发育。干旱半干旱区面积占全省总面积的76%,是气候变化的敏感区和生态环境的脆弱区,具有自然因素影响大、干旱范围广、水土资源不匹配、植被少而不均、承载力低、修复能力弱等基本特征。甘肃省是全国气象灾害种类最多的省份之一,除台风灾害外,高温、干旱、暴雨洪涝、台风、沙尘暴、寒潮、霜冻、大风、雾、霾、冰雹、雷电等气象灾害在省内均有发生。

甘肃生态建设是涵养补给黄河水源、根治长江水患的有效保障,是阻止沙尘暴等恶劣气候环境的前沿阵地,也是全国"两屏三带"生态安全战略格局的重要组成部分,甘肃生态安全在西北乃至全国具有非常重要的地位。气象灾害监测、预报、预警是有力支撑生态安全防范与应对的坚实基础,科学开发、合理利用气候资源是助力绿色发展、建设美丽中国的有效举措。

为进一步满足当前甘肃省生态文明建设对气象服务的需求,充分体现气象部门的行业特色与客观优势,我们编写了《21世纪以来甘肃省干旱生态环境气象监测与评估》,着重分析了21世纪以来甘肃省气候及干旱生态环境的变化,逐年开展监测与评估,并有针对性地总结了沙尘、寒潮、霜冻、干旱和强降水等灾害性天气的变化规律及天气成因,希望能为生态环境的保护与修复提供科学参考。

编者
2021年1月

目 录

前言
第1章 21世纪以来甘肃省气候及干旱生态环境概况 (1)
1.1 21世纪以来甘肃省干旱气候概况 (1)
1.1.1 气象要素变化特征 (1)
1.1.2 气象灾害基本情况 (4)
1.2 21世纪以来甘肃省干旱生态环境概况 (11)
1.2.1 植被 (11)
1.2.2 内陆水体面积、内陆河径流 (11)
1.2.3 祁连山冰川 (12)
1.2.4 甘肃河西荒漠化 (12)
1.3 21世纪以来兰州市空气质量分析 (17)
1.3.1 兰州市2002—2010年环境空气质量分析 (17)
1.3.2 兰州市2011—2019年环境空气质量分析 (18)
第2章 2000—2019年甘肃省干旱生态环境气象监测与评估 (20)
2.1 2000年甘肃省干旱生态环境气象监测与评估 (20)
2.1.1 监测 (20)
2.1.2 评估 (24)
2.2 2001年甘肃省干旱生态环境气象监测与评估 (25)
2.2.1 监测 (25)
2.2.2 评估 (30)
2.3 2002年甘肃省干旱生态环境气象监测与评估 (31)
2.3.1 监测 (31)
2.3.2 评估 (35)
2.4 2003年甘肃省干旱生态环境气象监测与评估 (36)
2.4.1 监测 (36)
2.4.2 评估 (41)
2.5 2004年甘肃省干旱生态环境气象监测与评估 (42)
2.5.1 监测 (42)
2.5.2 评估 (49)
2.6 2005年甘肃省干旱生态环境气象监测与评估 (50)

  2.6.1　监测 …………………………………………………………………………（50）
  2.6.2　评估 …………………………………………………………………………（57）
 2.7　2006年甘肃省干旱生态环境气象监测与评估 ……………………………………（59）
  2.7.1　监测 …………………………………………………………………………（59）
  2.7.2　评估 …………………………………………………………………………（67）
 2.8　2007年甘肃省干旱生态环境气象监测与评估 ……………………………………（69）
  2.8.1　监测 …………………………………………………………………………（69）
  2.8.2　评估 …………………………………………………………………………（78）
 2.9　2008年甘肃省干旱生态环境气象监测与评估 ……………………………………（80）
  2.9.1　监测 …………………………………………………………………………（80）
  2.9.2　评估 …………………………………………………………………………（87）
 2.10　2009年甘肃省干旱生态环境气象监测与评估 …………………………………（91）
  2.10.1　监测 ………………………………………………………………………（91）
  2.10.2　评估 ………………………………………………………………………（97）
 2.11　2010年甘肃省干旱生态环境气象监测与评估 …………………………………（98）
  2.11.1　监测 ………………………………………………………………………（98）
  2.11.2　评估 ………………………………………………………………………（106）
 2.12　2011年甘肃省干旱生态环境气象监测与评估 …………………………………（108）
  2.12.1　监测 ………………………………………………………………………（108）
  2.12.2　评估 ………………………………………………………………………（115）
 2.13　2012年甘肃省干旱生态环境气象监测与评估 …………………………………（116）
  2.13.1　监测 ………………………………………………………………………（116）
  2.13.2　评估 ………………………………………………………………………（122）
 2.14　2013年甘肃省干旱生态环境气象监测与评估 …………………………………（124）
  2.14.1　监测 ………………………………………………………………………（124）
  2.14.2　评估 ………………………………………………………………………（131）
 2.15　2014年甘肃省干旱生态环境气象监测与评估 …………………………………（132）
  2.15.1　监测 ………………………………………………………………………（132）
  2.15.2　评估 ………………………………………………………………………（139）
 2.16　2015年甘肃省干旱生态环境气象监测与评估 …………………………………（141）
  2.16.1　监测 ………………………………………………………………………（141）
  2.16.2　评估 ………………………………………………………………………（147）
 2.17　2016年甘肃省干旱生态环境气象监测与评估 …………………………………（149）
  2.17.1　监测 ………………………………………………………………………（149）
  2.17.2　评估 ………………………………………………………………………（156）
 2.18　2017年甘肃省干旱生态环境气象监测与评估 …………………………………（157）
  2.18.1　监测 ………………………………………………………………………（157）

2.18.2　评估 …………………………………………………………………………… (164)
  2.19　2018年甘肃省干旱生态环境气象监测与评估 ………………………………………… (166)
　　2.19.1　监测 …………………………………………………………………………… (166)
　　2.19.2　评估 …………………………………………………………………………… (172)
  2.20　2019年甘肃省干旱生态环境气象监测与评估 ………………………………………… (174)
　　2.20.1　监测 …………………………………………………………………………… (174)
　　2.20.2　评估 …………………………………………………………………………… (182)

第3章　21世纪以来甘肃省主要灾害性天气专刊 ……………………………………… (185)
  3.1　沙尘 ………………………………………………………………………………………… (185)
　　3.1.1　甘肃省沙尘天气的主要特点及变化规律 ……………………………………… (185)
　　3.1.2　沙尘天气的成因 ………………………………………………………………… (188)
　　3.1.3　典型个例分析 …………………………………………………………………… (188)
　　3.1.4　甘肃省2000—2019年沙尘灾害 ………………………………………………… (190)
　　3.1.5　影响评估 ………………………………………………………………………… (190)
　　3.1.6　气候影响建议 …………………………………………………………………… (191)
  3.2　寒潮和霜冻 ………………………………………………………………………………… (191)
　　3.2.1　寒潮 ……………………………………………………………………………… (191)
　　3.2.2　霜冻 ……………………………………………………………………………… (192)
　　3.2.3　寒潮、霜冻天气的主要特点及变化规律 ……………………………………… (192)
　　3.2.4　寒潮、霜冻的形成原因 ………………………………………………………… (196)
　　3.2.5　典型个例分析 …………………………………………………………………… (196)
　　3.2.6　甘肃省2001—2018年寒潮、霜冻灾害 ………………………………………… (197)
　　3.2.7　影响评估 ………………………………………………………………………… (197)
　　3.2.8　气候影响建议 …………………………………………………………………… (198)
  3.3　干旱 ………………………………………………………………………………………… (199)
　　3.3.1　气象干旱综合指数（MCI） ……………………………………………………… (200)
　　3.3.2　2000—2019年甘肃省干旱主要特点及变化规律 ……………………………… (201)
　　3.3.3　干旱成因 ………………………………………………………………………… (207)
　　3.3.4　甘肃省2000—2019年干旱灾害 ………………………………………………… (207)
　　3.3.5　影响评估 ………………………………………………………………………… (208)
　　3.3.6　气候影响建议 …………………………………………………………………… (208)
  3.4　暴雨 ………………………………………………………………………………………… (209)
　　3.4.1　暴雨天气的主要特点及变化规律 ……………………………………………… (210)
　　3.4.2　暴雨天气的成因 ………………………………………………………………… (211)
　　3.4.3　典型个例分析 …………………………………………………………………… (212)
　　3.4.4　甘肃省2000—2019年暴雨灾害 ………………………………………………… (212)
　　3.4.5　影响评估 ………………………………………………………………………… (214)

  3.4.6 气候影响建议 ……………………………………………………………………（214）
 3.5 强对流 ………………………………………………………………………………（214）
  3.5.1 强对流天气定义和标准 …………………………………………………………（215）
  3.5.2 强对流天气的主要特点及变化规律 ……………………………………………（215）
  3.5.3 强对流天气的成因 ………………………………………………………………（217）
  3.5.4 典型个例分析 ……………………………………………………………………（217）
  3.5.5 甘肃省 2000—2019 年强对流灾害 ……………………………………………（218）
  3.5.6 气候影响建议 ……………………………………………………………………（219）

参考文献 ……………………………………………………………………………………（220）

第1章 21世纪以来甘肃省气候及干旱生态环境概况

甘肃省位于黄土高原、青藏高原、内蒙古高原三大高原和西北干旱区、青藏高寒区、东部季风区三大自然区域的交汇处,地域狭长,地质地貌、气候类型复杂多样,山地、高原、平川、河谷、沼泽、永久性积雪和冰川、沙漠、戈壁等交错分布;具有气候干燥,气温年、日较差大,光照充足,太阳辐射强,雨热同季,水热条件由东南向西北递减等主要气候特征,包括干旱区、半干旱区、半湿润区和湿润区,其中,干旱半干旱区面积占总面积76%,是气候变化的敏感区和生态环境的脆弱区。甘肃省气象灾害种类多,发生频率高,危害重,主要气象灾害有干旱、大风、沙尘暴、暴雨(雪)、冰雹、雷电、高温、寒潮、霜冻、大雾、连阴雨、干热风等,因气象原因引发的地质灾害(滑坡泥石流)和病虫害也频繁出现。

气候是自然生态系统最重要、最有影响的组成部分之一。近年来,随着全球气候变化影响,西北地区气候正出现变暖变湿的新趋势,甘肃省干旱生态环境也有了一定的改善。甘肃省生态建设是涵养补给黄河水源、根治长江水患的有效保障,是阻止沙尘暴等恶劣气候环境的前沿阵地,也是全国"两屏三带"(青藏高原生态屏障、黄土高原—川滇生态屏障;东北森林带、北方防沙带、南方丘陵山地带)生态安全战略格局的重要组成部分,生态安全在西北乃至全国具有非常重要的地位。充分发挥气象在应对气候变化、维护生态安全、生态保护与修复、生态文明制度构建等方面的基础性保障作用,努力打造综合监测、人工增雨、决策建言、科技创新"四位一体"新模式,甘肃省生态文明建设气象服务体系逐步完善,气象保障能力逐步增强。

1.1 21世纪以来甘肃省干旱气候概况

1.1.1 气象要素变化特征

1.1.1.1 降水

21世纪以来,甘肃省年平均降水量415.8 mm,较常年同期多2.5%(图1.1)。甘肃省年平均降水量总体呈上升趋势,平均每10年增加3.5 mm,其中,春季和夏季均为增加趋势,且春季增加更明显,秋季和冬季为减少趋势,秋季减少大于冬季(图1.2)。

1.1.1.2 气温

21世纪以来,甘肃省年平均气温8.7 ℃,较常年同期高0.9 ℃(图1.3),其中,年平均最高气温15.7 ℃,较常年同期高1.1 ℃,年平均最低气温3.3 ℃,较常年同期高1.0 ℃(图1.4)。

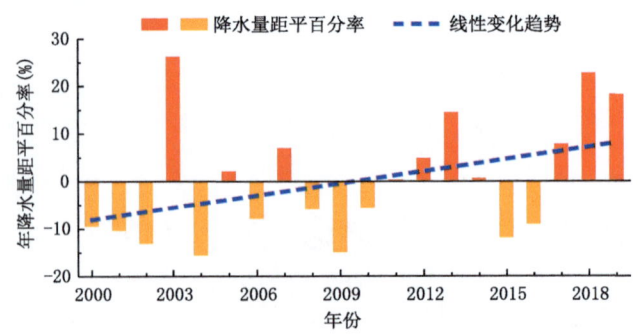

图1.1 甘肃省2000—2019年降水量距平百分率变化

（注：本书中2000—2011年距平参照年为1971—2000年，2012—2019年距平参照年为1981—2010年）

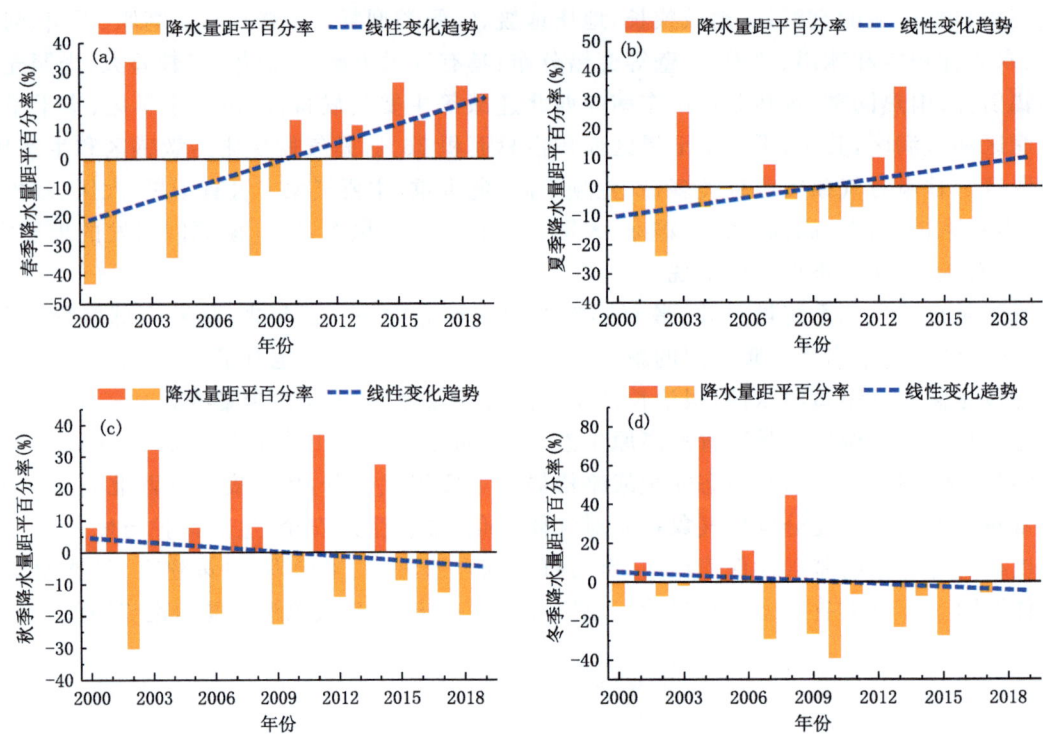

图1.2 甘肃省2000—2019年春季(a)、夏季(b)、秋季(c)、冬季(d)降水量距平百分率变化

甘肃省年平均气温呈上升趋势，升温率为0.15 ℃/10a，年平均最高气温升温趋势大于年平均最低气温，一年四季中春季升温最为明显，其次是秋季，夏季略有升高，但升高不明显，冬季平均气温在下降（图1.5）。

1.1.1.3 日照

21世纪以来，甘肃省年平均日照时数2418 h，较常年同期少32.7 h（图1.6）。甘肃省年平均日照时数总体呈减少趋势，下降率为87.9 h/10a，其中，夏季下降最为明显，秋季和冬季为下降趋势，秋季下降大于冬季（图1.7）。

第1章　21世纪以来甘肃省气候及干旱生态环境概况

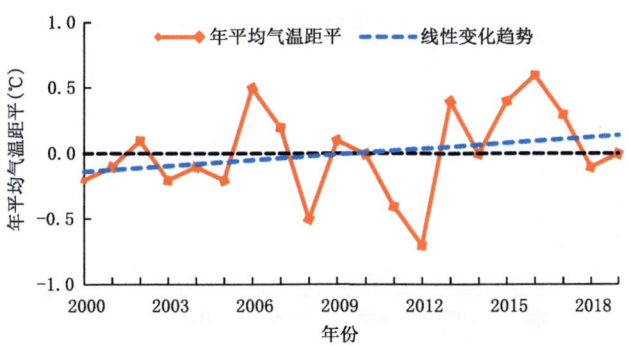

图1.3　甘肃省2000—2019年平均气温距平变化

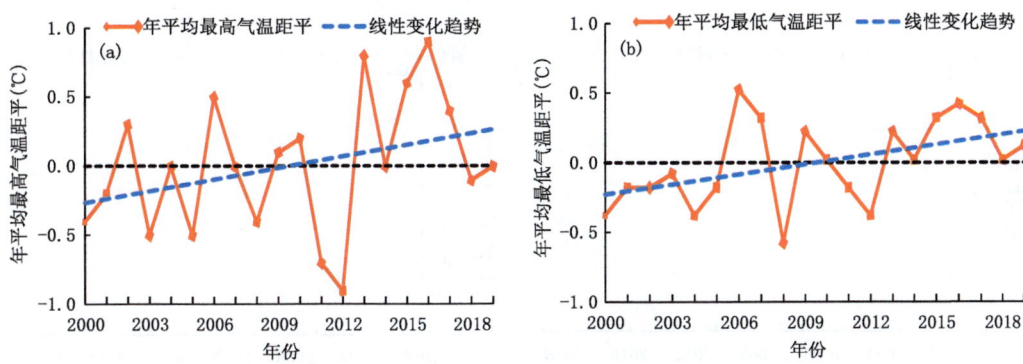

图1.4　甘肃省2000—2019年年平均最高(a)、最低(b)气温距平变化

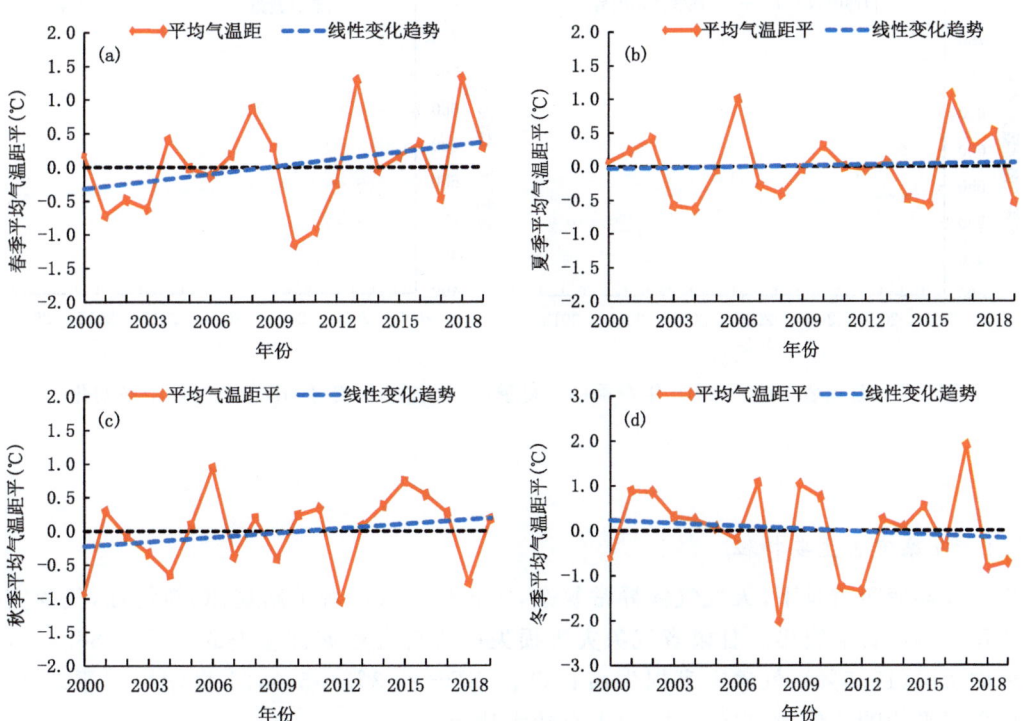

图1.5　甘肃省2000—2019年春季(a)、夏季(b)、秋季(c)、冬季(d)平均气温距平变化

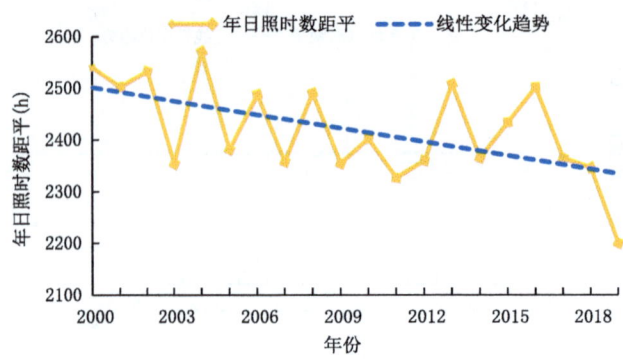

图 1.6 甘肃省 2000—2019 年年平均日照时数距平变化

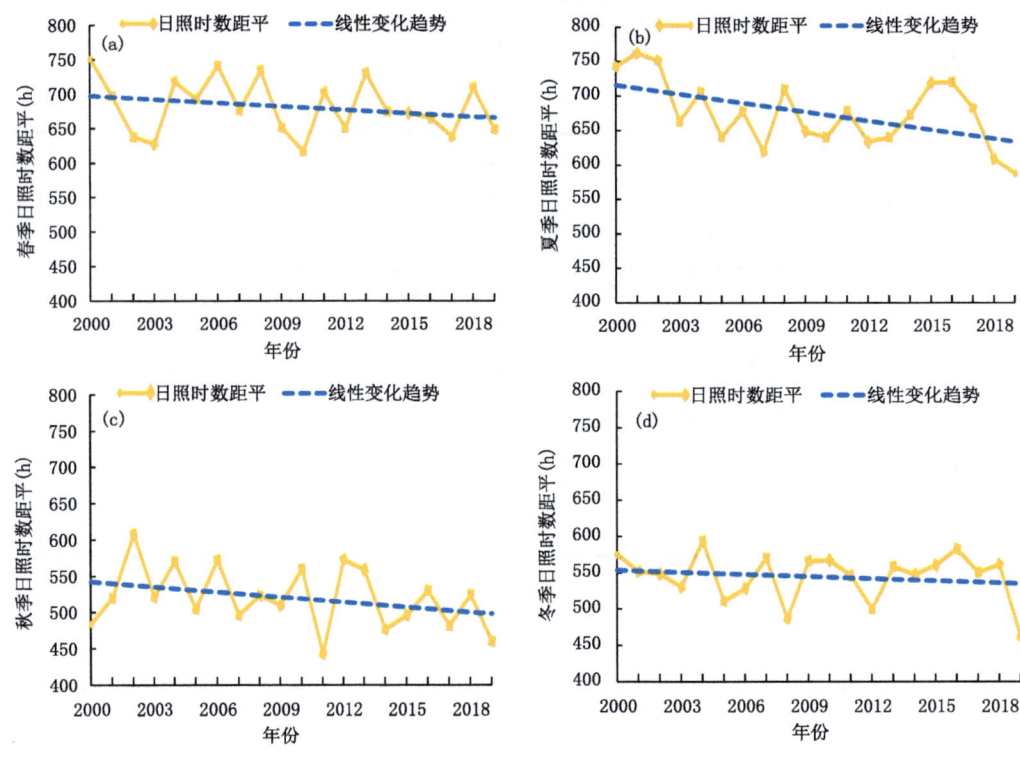

图 1.7 甘肃省 2000—2019 年春季(a)、夏季(b)、秋季(c)、冬季(d)日照时数距平变化

1.1.2 气象灾害基本情况

1.1.2.1 气象灾害主要特征

全球气候变暖背景下,天气气候异常复杂,灾害性天气出现了新规律、新特征,气象灾害的突发性和极端性日益突出。甘肃省气象灾害损失占所有自然灾害损失的比重达 88.5%,高出全国平均状况(17.5%),气象灾害损失占甘肃省 GDP 的 3‰~5‰,21 世纪以来平均为 3‰,大约是全国平均的 3 倍,在自然灾害中占有较大比重。

1.1.2.2 气象灾害变化趋势

21世纪以来,甘肃省灾害性天气出现了新规律、新特征,大风沙尘暴、冰雹、寒潮、霜冻、雷暴、雾、连阴雨在范围、强度、次数上均明显下降,2000年后干旱略有减少;高温、干热风上升明显,2000年后暴雨有上升趋势、大暴雨增多明显。气象灾害经济损失在增大,伤亡人口明显减少。

(1)沙尘(扬沙、浮尘、沙尘暴)日数呈显著减少趋势,大风日数在增多

21世纪以来,甘肃省大风、沙尘(站)日数年变化明显,大风呈现增多趋势,其中,2015年为最多;沙尘日数呈显著减少趋势,其中,沙尘暴减少最明显,尤其是2015年以后年沙尘暴均小于12站(次);扬沙总体趋势也在减少,但2014年以后有增多趋势(图1.8)。

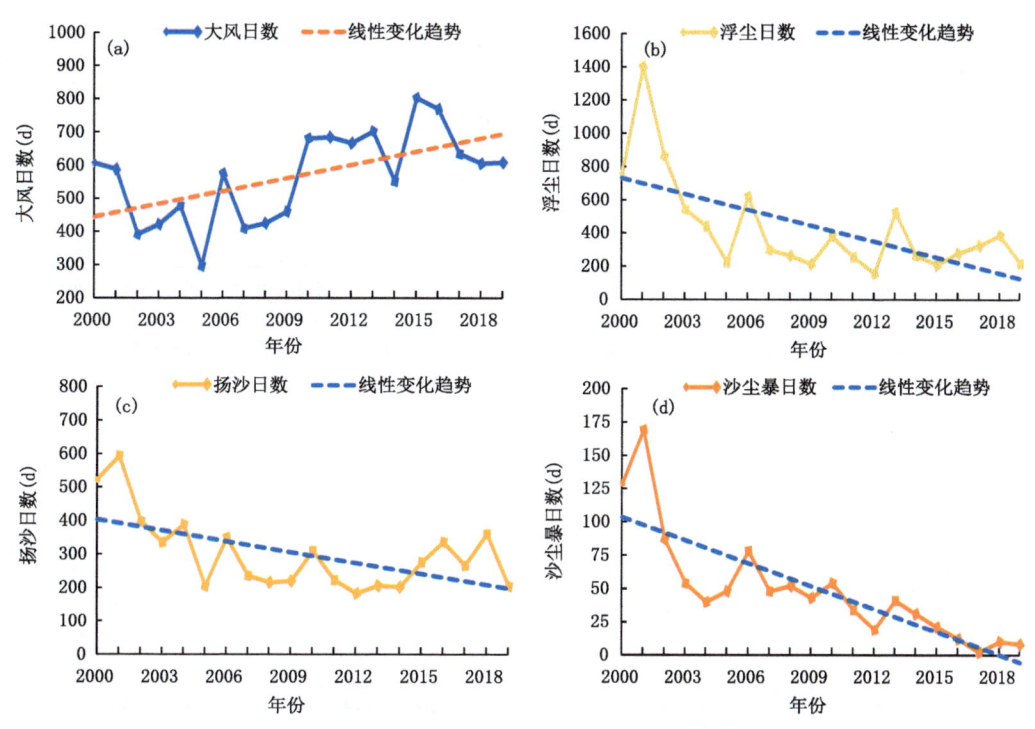

图 1.8　甘肃省 2000—2019 年大风(a)、浮尘(b)、扬沙(c)、沙尘暴(d)日数变化

(2)干旱日数和范围总体减少,春末夏初旱、伏旱减少较明显

干旱是甘肃省发生频率最高、持续时间最长、影响面最广的气象灾害。甘肃省素有"三年一小旱,十年一大旱"之说,干旱是甘肃省的气候常态。按照出现时间干旱主要有春旱(3—4月)、春末夏初旱(5—6月)、伏旱(7—8月)和秋旱(9—10月)。21世纪以来,甘肃省干旱日数有减少趋势,年干旱日数显示中旱减少最明显,减少率为9.4 d/10a,其次是重旱(图1.9),春旱(图1.10)、春末夏初旱(图1.11)、伏旱(图1.12)、秋旱(图1.13)中伏旱和春末夏初旱日数减少最多,尤以春末夏初旱中的中旱和重旱日数减少显著;秋旱变化不大。

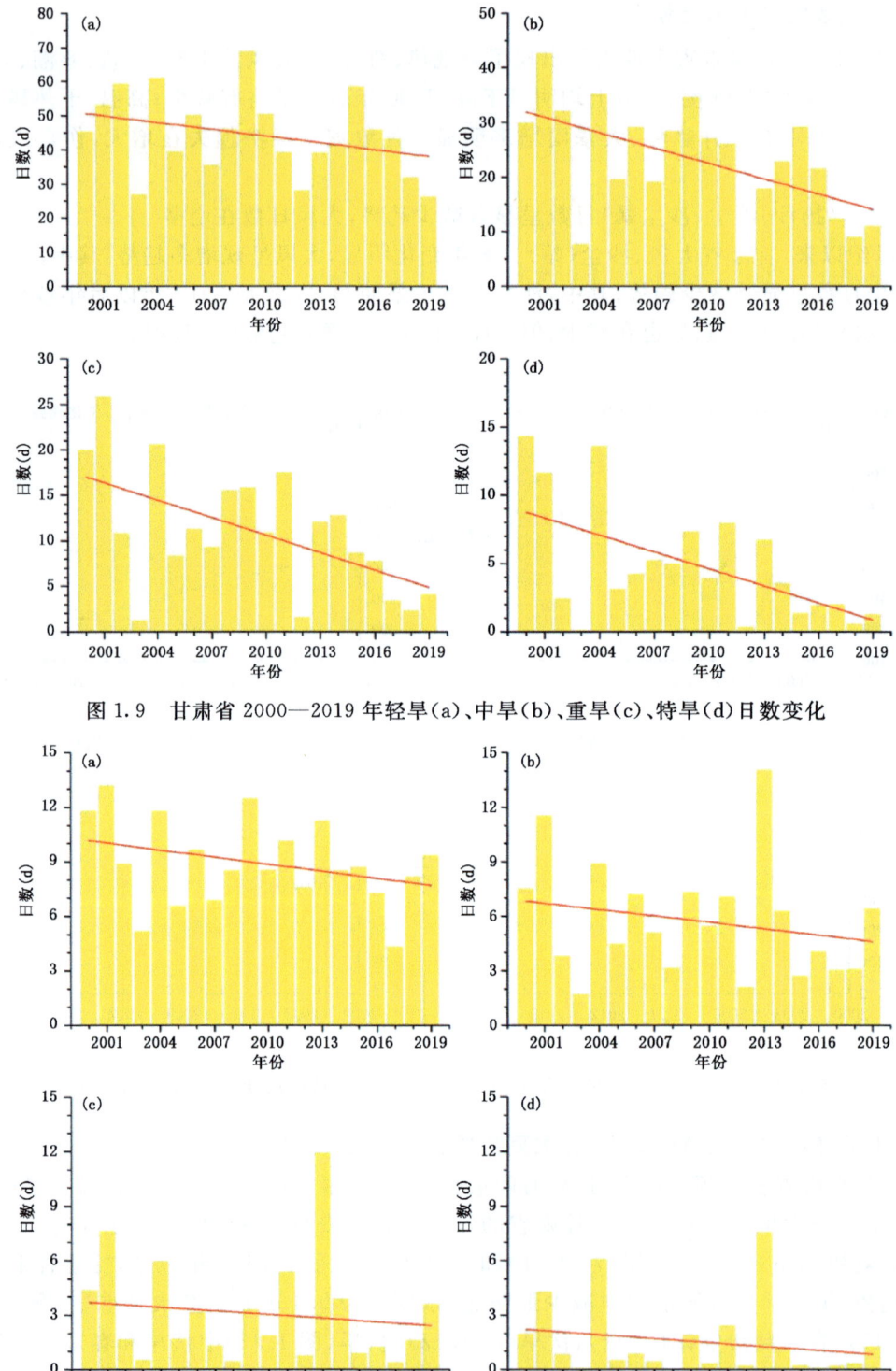

图1.9　甘肃省2000—2019年轻旱(a)、中旱(b)、重旱(c)、特旱(d)日数变化

图1.10　甘肃省2000—2019年春旱日数变化
(a.轻旱,b.中旱,c.重旱,d.特旱)

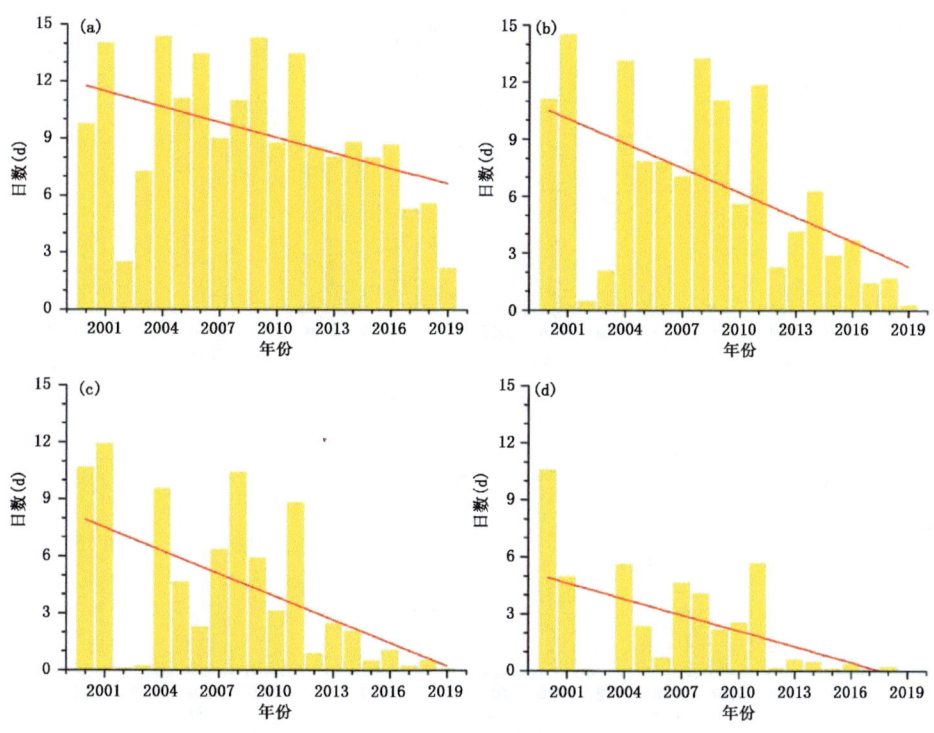

图1.11 甘肃省2000—2019年春末夏初旱日数变化
（a.轻旱，b.中旱，c.重旱，d.特旱）

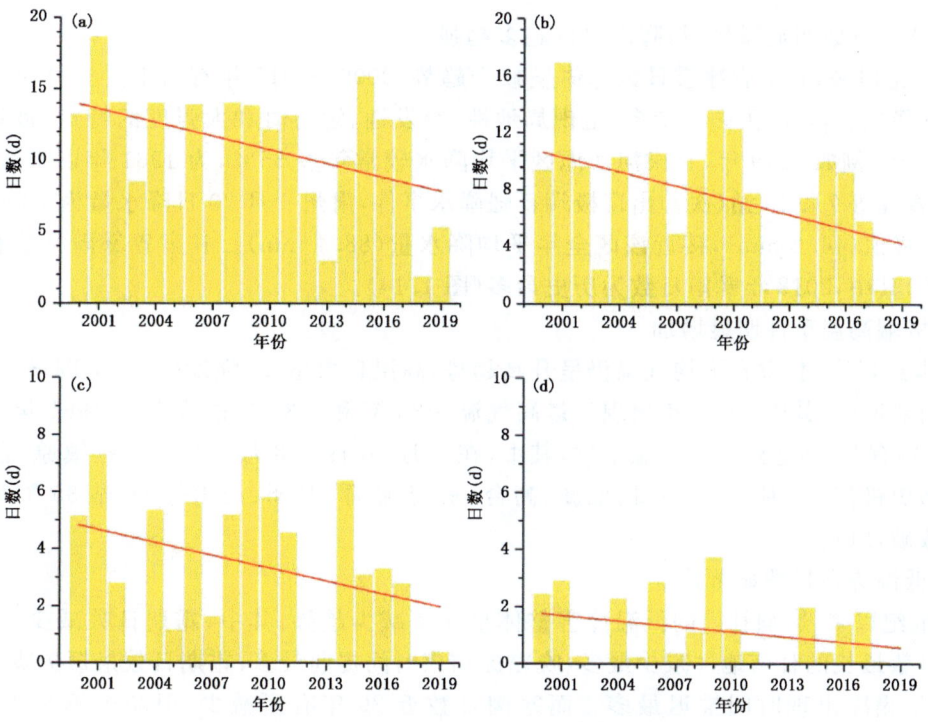

图1.12 甘肃省2000—2019年伏旱日数变化
（a.轻旱，b.中旱，c.重旱，d.特旱）

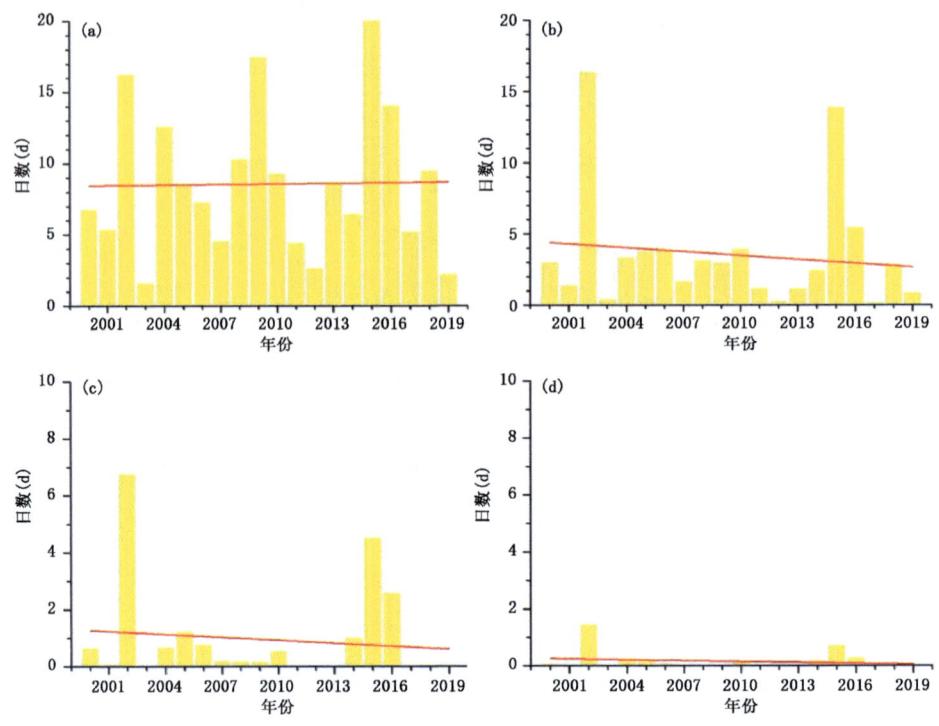

图 1.13　甘肃省 2000—2019 年秋旱日数变化
(a.轻旱,b.中旱,c.重旱,d.特旱)

(3)冰雹日数明显减少,强降雨事件趋多趋强

21 世纪以来,甘肃省冰雹日数总体呈减少趋势,2009—2015 年有所上升。甘肃省年降雨日数呈下降趋势,强降雨频率增多,呈现局地性、突发性、短历时和大强度的特点,极端降水事件增加 40%,例如 2019 年,甘肃河西地区平均降水较常年多 55%,为 1961 年以来最多,5—9 月肃州、敦煌等 7 站(9 站(次))出现极端日强降水事件,肃州 6 月 20 日降水量为 79.6 mm,破建站以来极值(44.2 mm),接近该区全年平均降水量(88.4 mm)。甘肃省暴雨日数有较弱的增加趋势,其中,2018 年暴雨日数为历史最多(图 1.14)。

(4)极端高温事件明显增加

21 世纪以来,甘肃省平均气温仍呈升高趋势,高温日数增多,强度增强,范围增大,极端高温事件明显增多,其中,2017 年出现日最高气温≥35 ℃和≥37 ℃的高温为 1961 年以来最多(图 1.15),有 31 站达到极端高温事件,其中,在 7 月 10 日至 8 月 3 日,庆城、镇原、合水等 13 站突破历史极值。7 月 10—26 日,鼎新、高台、永靖、临泽、甘州、泾川等 19 站 35 ℃以上连续高温日数破极值。

(5)低温冻害日数显著减少

21 世纪以来,影响甘肃的低温冷害整体呈显著减少趋势,其中,霜期日数减少非常明显,且霜冻日数最长的甘南地区减少最多、晚霜冻结束时间提前最多;霜期日数最短的陇南地区减少最少、早霜冻出现时间推迟最多。而寒潮日数近 20 年有所减少,但减少不是很明显(图 1.16)。近年来,由于农业生产结构调整、积温的快速增加及特色作物的播种面积大幅度提高等多方面因素的影响,低温冻害对甘肃农业的影响评估权重增大,低温冻害风险升高。

第 1 章　21 世纪以来甘肃省气候及干旱生态环境概况

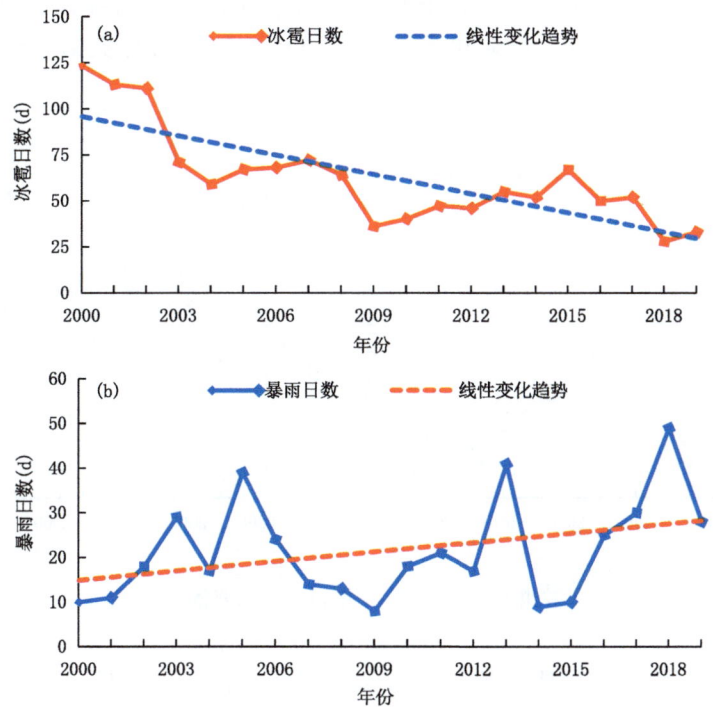

图 1.14　甘肃省 2000—2019 年冰雹(a)、暴雨(b)日数变化

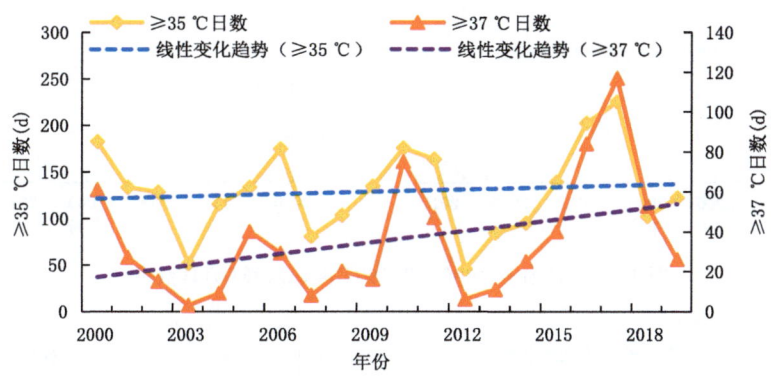

图 1.15　甘肃省 2000—2019 年最高气温≥35 ℃日数、≥37 ℃日数变化

(6)雾、霾日数在增多,持续性雾、霾过程显著增加

甘肃省霾天气多发,总体处于上升趋势,尤其是 2010—2015 年上升明显,主要是由于风速减小使得静稳天气日数增多,气象条件不利于污染物扩散,在一定程度上加剧了霾天气的多发。雾天气在 2000—2011 年变化不大,2012 年以后上升明显(图 1.17)。

(7)干热风、连阴雨

21 世纪以来,甘肃省干热风日数总体呈下降趋势,2002 年、2006 年和 2016 年属于干热风日数偏多年。干热风主要由高温和空气湿度小引起,一般对甘肃春小麦的乳熟期和冬小麦成熟期的影响较大,造成农作物的茎叶蒸发加剧,植株水分失调,影响作物生长和产量。甘肃省连阴雨日数总体呈上升趋势,2003 年、2007 年和 2017 年属于连阴雨站(次)数偏多年(图

1.18),2017年8月17—30日甘肃省56县(区)出现连阴雨天气,持续日数为5~14 d,累计降雨量为15.1~202.6 mm,兰州、景泰和靖远连续降水日数位居历史第一位。连阴雨有利有弊,弊大于利。

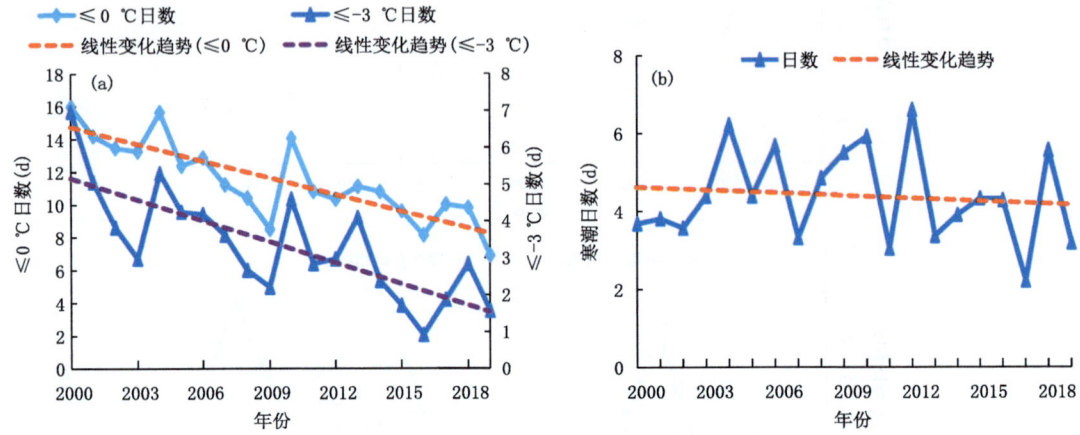

图1.16　甘肃省2000—2019年霜冻(a)、寒潮(b)日数变化

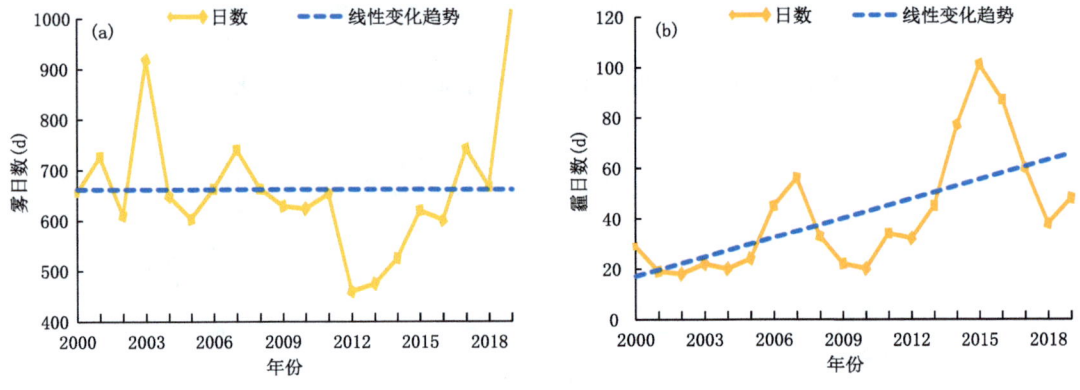

图1.17　甘肃省2000—2019年雾(a)、霾(b)日数变化

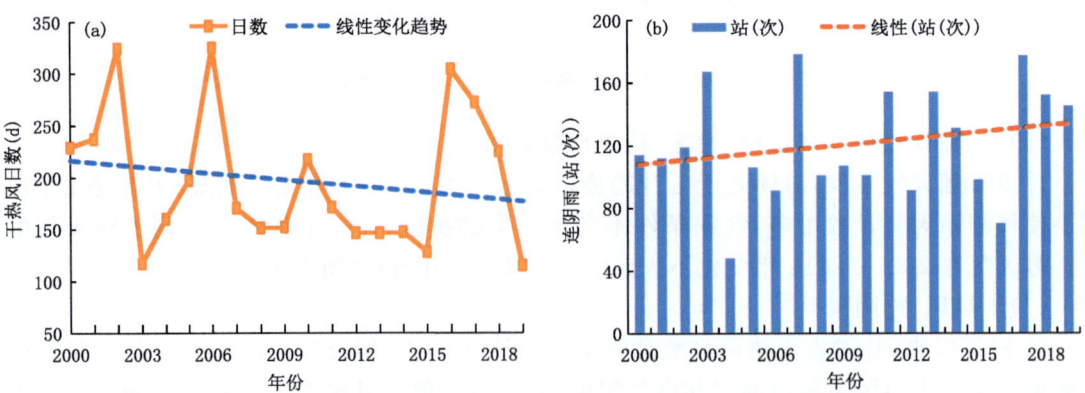

图1.18　甘肃省2000—2019年干热风(a)、连阴雨(b)站(次)变化

1.1.2.3 气象灾害影响风险

随着经济的快速增长,特别是受以全球变暖为主要特征的气候变化的影响变得更加显著,气象灾害损失呈明显上升趋势,对经济社会发展的影响日益加剧。气象灾害具有突发性、难准确预报性、种类多样性、灾害发生时空不确定性,其发生、发展规律越来越难以把握,给人民群众的生命财产安全和自然生态环境造成巨大影响。甘肃地区经济基础薄弱,气象灾害对甘肃省经济社会发展影响显得更加重要,给甘肃地区气象防灾、减灾体系带来严峻挑战,同时,对气象服务工作提出了更高的要求。

1.2 21世纪以来甘肃省干旱生态环境概况

受全球气候变化的影响,我国西北地区变湿、变暖,大部分地区出现了降水和径流增大,冰川消融加速,湖泊水位上升,植被有所改善等现象,全球气候变化对甘肃干旱生态环境也产生了一定的影响。

1.2.1 植被

21世纪以来,甘肃省植被覆盖度逐渐增大,生长季及春、夏、秋季的植被归一化指数NDVI均出现增大趋势,夏季增大趋势最显著,河东地区(黄河以东地区)植被增加大于河西地区(黄河以西地区)(图1.19)。

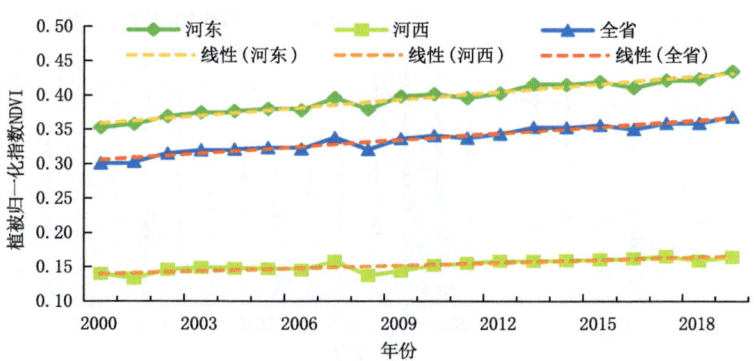

图1.19　甘肃省2000—2019年植被归一化指数NDVI变化

1.2.2 内陆水体面积、内陆河径流

21世纪以来,甘肃省内陆水体面积均在增大,其中,红崖山水库增加最多,增长率为6.96 km²/10a,其次为昌马水库、双塔水库,增加最少的是刘家峡水库,增长率为1.32 km²/10a(图1.20)。

21世纪以来,甘肃省河西内陆河流量呈增大趋势,与20世纪90年代相比,疏勒河径流量增加46.5%,黑河增加13%,石羊河增加21.7%(图略)。

甘肃河西内陆水体面积、内陆河流量的增加与气候变暖导致祁连山冰川消融加速有很大关系。

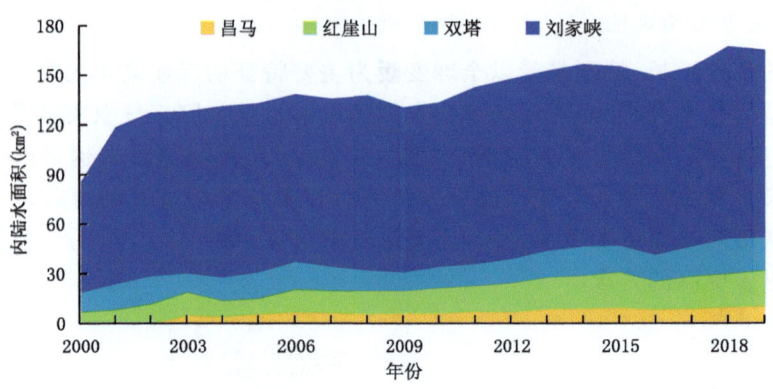

图 1.20　甘肃省 2000—2019 年内陆水体面积变化

1.2.3　祁连山冰川

祁连山位于青藏高原东北边缘，海拔 4100 m 以上终年积雪，发育着现代冰川。祁连山冰川水资源是甘肃河西走廊绿洲的天然固体水库，是河西绿洲稳定的水源供给，祁连山冰川积雪的变化直接影响到河西绿洲的变化，关系到该地区经济可持续发展。21 世纪以来，祁连山积雪面积总体有增大趋势，西段增加最明显，增长率 944.1 km²/10a，中段有所增加，东段有所减少（图 1.21）。

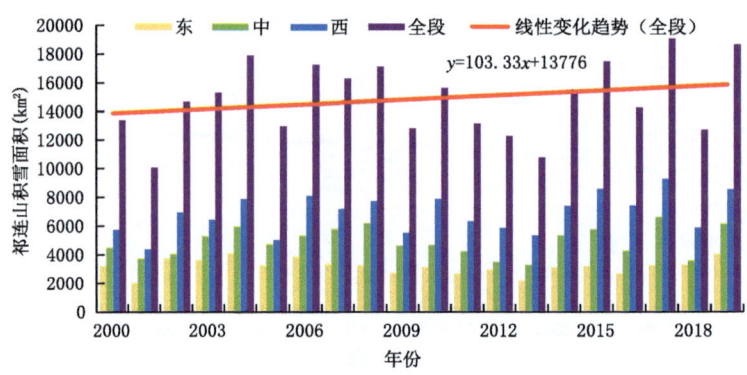

图 1.21　2000—2019 年祁连山积雪面积变化

1.2.4　甘肃河西荒漠化

武威荒漠生态与农业气象试验站（原称武威农试站）始建于 1957 年，原站址位于武威市黄羊镇，当时为国家一级农业气象试验站。1967 年搬迁至武威市气象局合署办公，成为其直属事业单位。1982 年调整为国家二级农业气象试验站（简称武威二级农试站）。2005 年，围绕石羊河流域生态环境重点治理和祁连山生态环境保护与恢复，中国气象局对武威二级农试站进行升级改造，成立武威荒漠生态与农业气象试验站，站址位于武威市凉州区清源镇新地滩东沙窝（海拔高度 1534 m，占地 160 亩*），成为全国首批 7 个改革试点生态站之一。生态站位于石

---

* 1 亩＝1/15 公顷（hm²），全书同。

羊河流域中游、腾格里沙漠西南缘。北部连片范围约 18 万 hm²,以固定、半固定和流动沙丘为主荒漠区,土壤以流动风沙土为主,砂土、漏砂土亦较普遍。周边地貌属典型的荒漠景观,植被稀疏、矮小,由耐干旱、耐盐碱的荒漠旱生、超旱生植物组成。2019 年中国气象局确定建设武威国家气候观象台和武威市卫星遥感与生态气象中心,开展生态系统演变评估及生态建设决策气象服务,发布全域生态质量气象评价、生态环境要素变化特征、规律及对气候变化的响应,荒漠区干旱监测分析等生态服务产品。

1.2.4.1 大气降尘

武威石羊河流域北部荒漠区 2005—2019 年大气降尘量呈显著减少趋势,近 15 年平均大气降尘量为 526.5 t/km²。其中,2008 年大气降尘总量最大为 1516.0 t/km²,其次是 2005 年 1265.3 t/km²,2010 年以后大气降尘量逐渐下降,2017 年是近 15 年来的最小值(184.8 t/km²)。多年监测结果显示,春季降尘量最大,这与春季多大风沙尘、降水少、相对湿度小有关;秋季降尘量最小,与植被生长好、覆盖度高息息相关(图 1.22)。

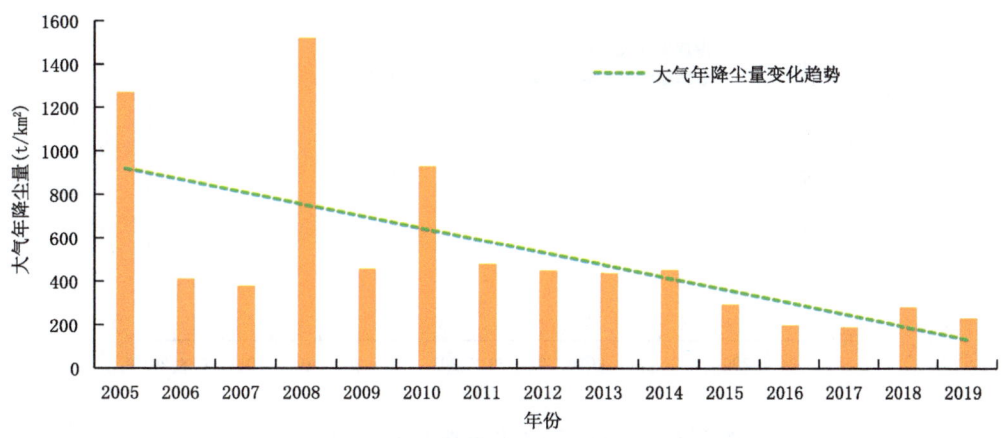

图 1.22 2005—2019 年武威荒漠区大气降尘量变化

1.2.4.2 酸雨

酸雨是指 pH 小于 5.6 的雨、雪或其他形式的大气降水,是大气降水是否被污染酸化的判断标准。武威荒漠区降水近 15 年来年平均 pH 为 7.04,近 5 年来年平均 pH 为 7.09,最大值出现在 2006 年,为 7.52,最小值出现在 2012 年,为 6.32。十余年来,降水 pH 和电导率均呈减小趋势(图 1.23)。

1.2.4.3 蔡旗断面过水量

2006—2019 年蔡旗断面过水量平均为 2.8377 亿 m³,14 年来断面过水量呈增加趋势,每年增加 0.1820 亿 m³,后期蔡旗断面过水量明显增加(图 1.24)。

1.2.4.4 沙丘移动

2005—2019 年武威荒漠区沙丘移动速度总体呈减缓趋势,凉州和民勤沙丘移动速度平均递减速率分别为 0.12 m/a 和 0.13 m/a,武威市各监测点平均递减速率为 0.12 m/a(图 1.25)。

图1.23　2005—2019年武威市荒漠区降水pH及电导率变化

图1.24　2006—2019年蔡旗断面过水量变化

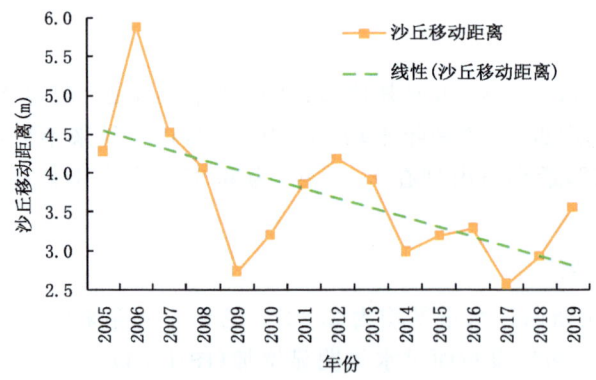

图1.25　2005—2019年武威市荒漠区沙丘移动距离变化

1.2.4.5　沙漠边缘进退

2005—2019年武威荒漠区沙漠边缘向绿洲推进的速度总体呈减缓趋势,武威市各监测点平均递减速率为0.03 m/a(图1.26)。

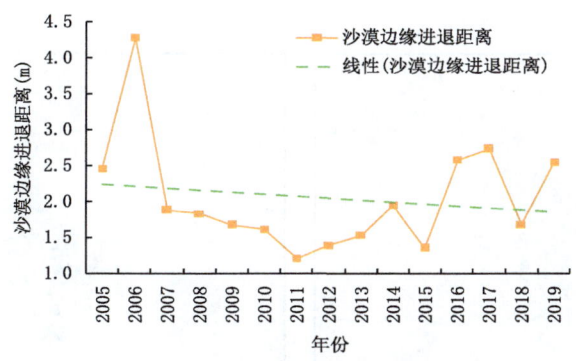

图 1.26 2005—2019 年武威市荒漠区沙漠边缘进退距离变化

1.2.4.6 民勤青土湖生态环境变化监测

根据 HJ-1B/CCD、IRS 卫星资料分析,2019 年民勤县青土湖水域面积达 26.70 km²,其中,连片水体面积 14.47 km²,沙丘水体相间面积 12.23 km²,较 2018 年同期略增,三者均达到近 10 年以来最大值。2019 年与近 10 年同期平均相比,水域面积增加 38%,连片水体面积增加 40%,沙丘水体相间面积增加 36%。与近 5 年同期相比,水域面积增加 5%,其中,连片水体面积增加 3%,沙丘水体面积增加 7%(图 1.27 和图 1.28)。多年来石羊河流域下游北部青土湖地下水位呈缓慢回升状态。地下水位从 2006 年的 4.06 m 回升到 2019 年的 2.91 m,地下水位回升了 1.15 m。近 14 年来,青土湖地下水位平均每年回升 0.1 m(图 1.29)。

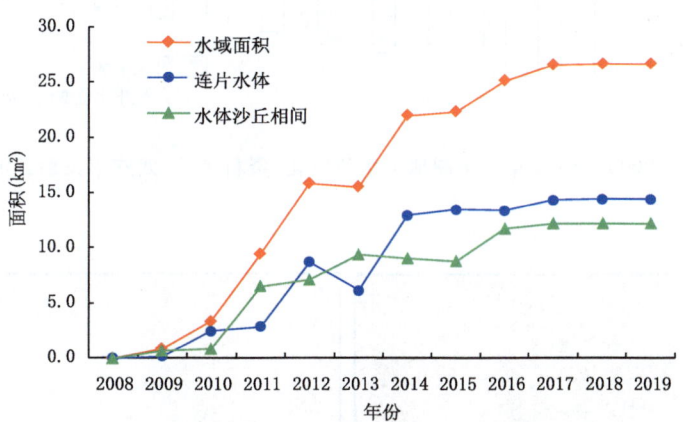

图 1.27 2008—2019 年青土湖水域面积变化

青土湖周边植被变化:根据每年 8 月 HJ-1B/CCD 卫星资料分析,民勤县青土湖及周边(东经 103°30′~103°45′,北纬 39°02′~39°12′)植被指数和植被覆盖度呈现波动增大。2010—2019 年遥感监测青土湖及周边植被覆盖面积 2018 年最大为 18.80 km²,2011 年最小为 0.3 km²,2019 年为 17.13 km²。一年中植被覆盖面积最大时段出现在 8 月。近 10 年来,青土湖及周边植被覆盖面积平均每年增大 1.81 km²(图 1.30 和图 1.31)。

图1.28　2018年11月13日(a)及2019年11月21日(b)青土湖遥感监测图

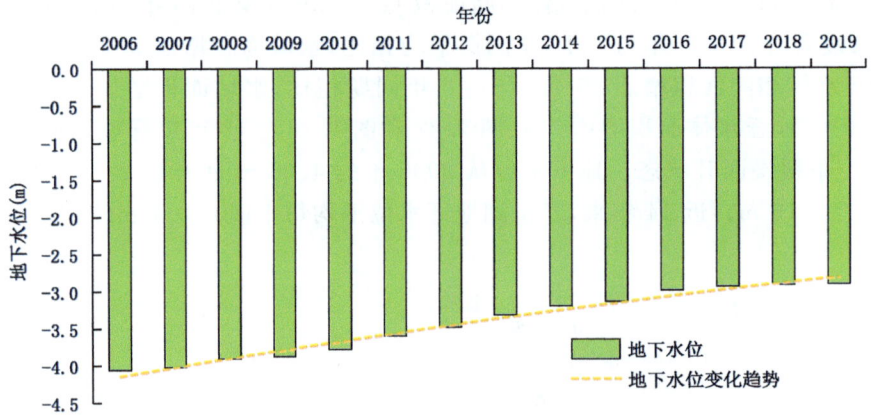

图1.29　2006—2019年青土湖地下水位变化(资料来源:武威市民勤县水务局)

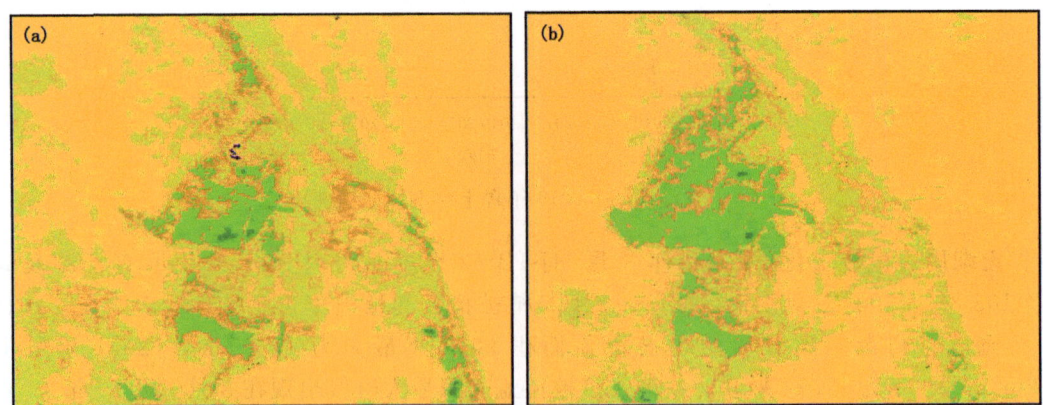

图1.30　2016年8月(a)及2019年8月(b)青土湖植被遥感监测图

图 1.31　2019 年 7 月青土湖风景

1.3　21 世纪以来兰州市空气质量分析

2012 年 2 月 29 日,生态环境部公布了新修订的《GB 3095—2012　环境空气质量标准》。同步开始实施的《HJ 633—2012　环境空气质量指数(AQI)技术规定(试行)》,采用 AQI(空气质量指数)替代 API(空气污染指数)来定量描述空气质量状况,参与评价的大气污染物种类也由原来的 API 分级评价所采用的 SO_2、NO_2、PM_{10} 三种污染物增加至 SO_2、NO_2、PM_{10}、$PM_{2.5}$、O_3、CO 六项。因此,考虑到标准《GB 3095—2012　环境空气质量标准》和技术规范《HJ 633—2012　环境空气质量指数(AQI)技术规定(试行)》实施后兰州市环境空气质量评价因子及标准的变化,针对兰州市 2002—2019 年的环境空气质量状况进行分阶段分析研究。

1.3.1　兰州市 2002—2010 年环境空气质量分析

依据空气污染指数(API)对兰州市 2002—2010 年的环境空气质量状况进行年际变化分析。结合表 1.1 和图 1.32 可以看出,2002—2010 年兰州市空气质量优良天数整体呈现缓慢增加的态势,增幅较小;轻度污染(101≤API≤200)天数均整体呈现下降的趋势,轻度污染(151≤API≤200)尤为明显;中度污染(201≤API≤300)和重污染(API≥301)天数也均整体呈现下降趋势,重度污染在 2002 年和 2006 年出现频次较多。

表 1.1　2002—2010 年兰州市环境空气质量等级统计(d)

年份	优 0≤API≤50	良 51≤API≤100	轻度污染		中度污染		重污染 API≥301
			轻微污染 101≤API≤150	轻度污染 151≤API≤200	中度污染 201≤API≤250	中度重污染 251≤API≤300	
2002	14	141	90	61	13	10	36
2003	21	197	84	38	9	7	9
2004	5	194	107	42	8	3	7
2005	15	224	77	26	5	6	12
2006	6	199	87	34	8	3	28

续表

年份	优 0≤API≤50	良 51≤API≤100	轻度污染		中度污染		重污染 API≥301
			轻微污染 101≤API≤150	轻度污染 151≤API≤200	中度污染 201≤API≤250	中度重污染 251≤API≤300	
2007	28	243	60	21	6	3	4
2008	10	241	78	28	3	1	5
2009	10	227	98	20	5	0	5
2010	39	186	80	37	7	2	14

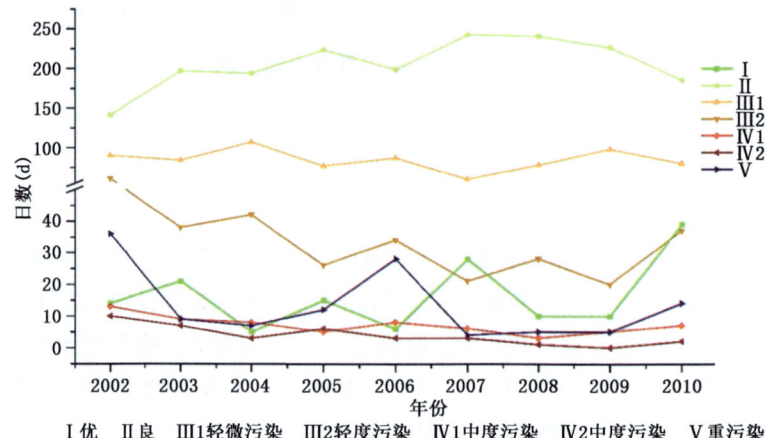

Ⅰ优　Ⅱ良　Ⅲ1轻微污染　Ⅲ2轻度污染　Ⅳ1中度污染　Ⅳ2中度污染　Ⅴ重污染

图 1.32　2002—2010 年兰州市不同空气质量等级年际变化（依据 API 计算分级）

1.3.2　兰州市 2011—2019 年环境空气质量分析

依据空气质量指数（AQI）对兰州市 2011—2019 年的环境空气质量状况进行年际变化分析。结合表 1.2 和图 1.33 可以看出，2011—2019 年兰州市空气质量优良日数整体呈现缓慢增多的趋势，其中，优等级日数逐年增幅明显；轻度污染（101≤AQI≤150）和中度污染（151≤AQI≤200）日数均整体呈现下降趋势，均在 2013 年出现频次最多；重度污染（201≤AQI≤300）和严重污染（AQI≥301）年际变化趋势一致，整体来看均呈下降趋势，2013 年出现重度和严重污染频次最多。

表 1.2　2011—2019 年兰州市环境空气质量等级日数统计（d）

年份	优 0≤AQI≤50	良 51≤AQI≤100	轻度 101≤AQI≤150	中度 151≤AQI≤200	重度 201≤AQI≤300	严重 AQI≥301
2011	20	224	90	23	4	4
2012	14	252	73	22	2	3
2013	7	151	127	45	15	20
2014	19	230	89	17	5	5
2015	103	173	75	11	3	0

续表

年份	优 0≤AQI≤50	良 51≤AQI≤100	轻度 101≤AQI≤150	中度 151≤AQI≤200	重度 201≤AQI≤300	严重 AQI≥301
2016	22	238	73	23	7	3
2017	19	258	63	15	4	6
2018	46	240	56	12	4	7
2019	92	237	32	2	0	2

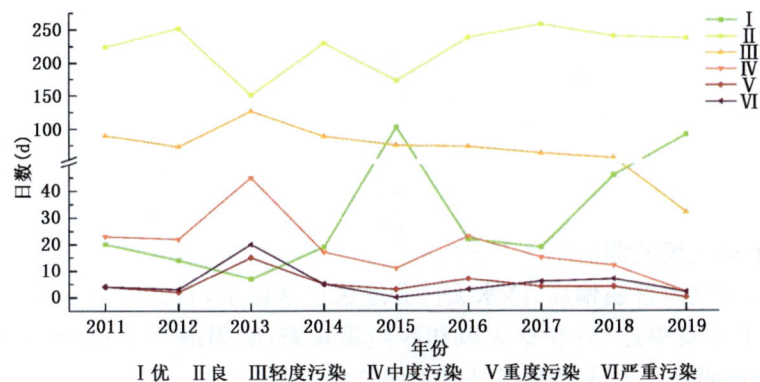

图 1.33　2011—2019 年兰州市不同空气质量等级年际变化（依据 AQI 计算分级）

第 2 章　2000—2019 年甘肃省干旱生态环境气象监测与评估

2.1　2000 年甘肃省干旱生态环境气象监测与评估

2.1.1　监测

(1)2000 年干旱气候监测

2000 年，甘肃省气温普遍偏高，降水大部分地区正常偏少，日照时数接近常年。甘肃省出现了前春旱和春末至夏季连旱；春季大风和沙尘暴频繁，晚霜冻严重；夏季局地冰雹、暴洪成灾；河东出现秋季连阴雨。农业气候年景属于偏差年份。

1)降水

2000 年，甘肃省年平均降水量为 376.7 mm，较常年少 7.1%，最大降水量出现在康县，为 747.5 mm，最小在敦煌，为 36.7 mm。2000 年降水量以陇南最大，为 400~680 mm，酒泉市最少，在 150 mm 以下；与常年同期相比，大部分地区正常偏少，其中，祁连山麓、河西中部、南部正常略偏多；中部和甘南北部、陇东北部少 2~3 成(图 2.1)。

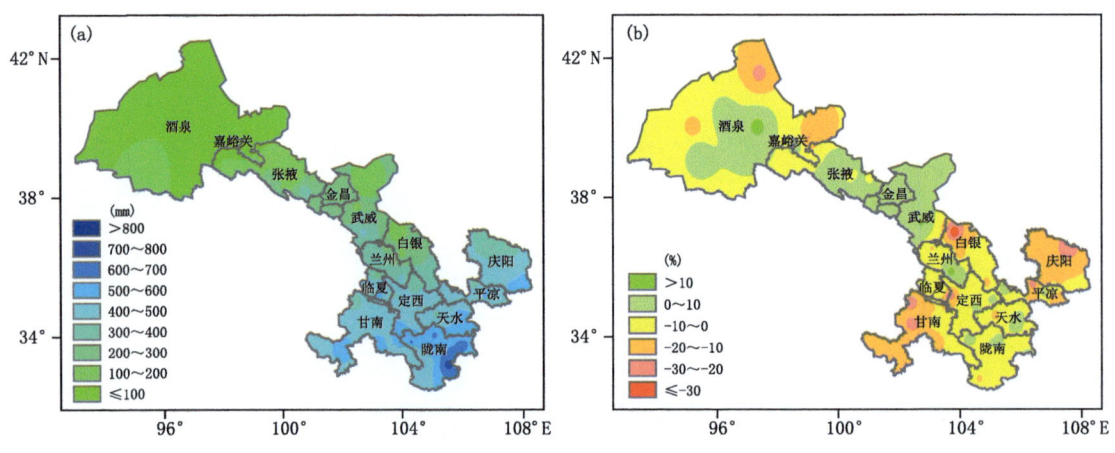

图 2.1　甘肃省 2000 年降水量(a)及距平百分率(b)分布

2)气温

2000 年，甘肃省年平均气温为 8.5 ℃，较常年高 0.8 ℃，最高出现在文县，为 15.2 ℃，最低在乌鞘岭，为 0.4 ℃。祁连山区和高原边坡年平均气温在 0~5 ℃，陇南平均气温最高，其次为陇东和酒泉市,年平均气温在9～15℃。与常年同期相比,全省大多数地区高0.5~1.0℃,其中,中部偏北地区、河西东部部分地区高1.0～1.5℃(图2.2)。

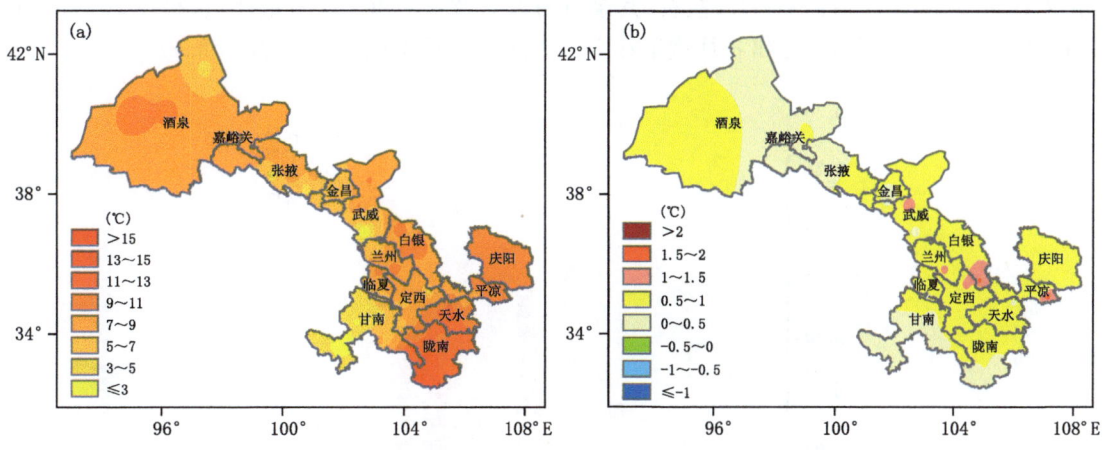

图2.2 甘肃省2000年平均气温(a)及距平(b)分布

3)日照

2000年,甘肃省年平均日照时数为2539.5 h,较常年多3.5%,最大出现在鼎新,为3468 h,最小在康县,为1652.7 h。河西年日照时数为2800～3500 h,陇中北部和甘南高原为2200～2800 h,陇中南部、陇东、陇南北部为1800～2200 h,陇南南部为1200～1800 h。与常年同期相比,河西中部、陇中部、甘南州、陇东北部多100～200 h,酒泉、陇南、天水多100 h以内,陇东地区少100～200 h(图2.3)。

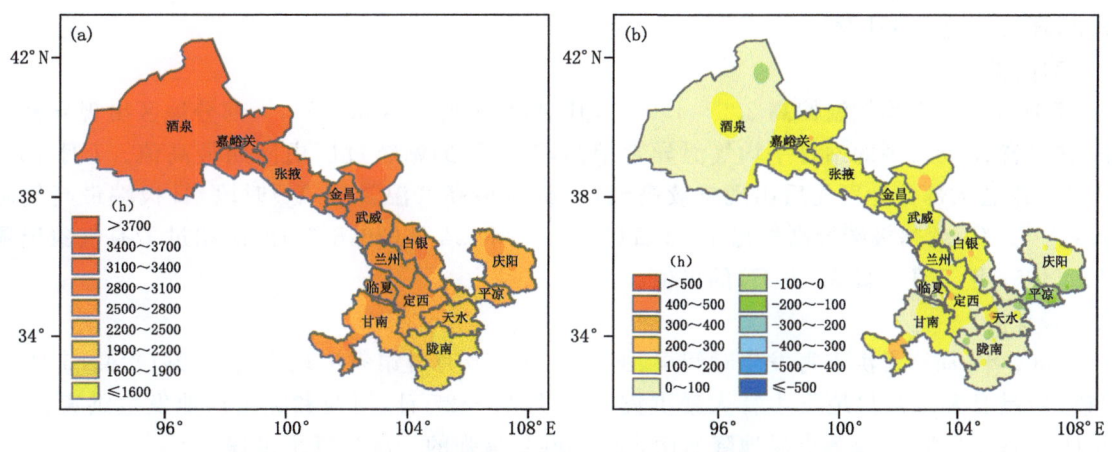

图2.3 甘肃省2000年日照时数(a)及距平(b)分布

(2)2000年天气、气候事件监测

1)干旱

2000年,从4月中旬至6月25日甘肃省大部分地区未降透雨,甘肃省大范围出现严重干旱,重旱区在中部、陇东和天水市,旱段长80～110 d。干旱持续时间之长、范围之广、强度之大、灾情之重超过了大旱的1995年,为有气象记录以来(近70年)所罕见。前伏旱出现在7月上旬至7月下旬,旱段长30 d左右,是甘肃省大范围的严重干旱,重旱区主要分布在武威以东地区,干旱强度为近50年所罕见。

各月的干旱日百分率显示,2000年5月特旱比例最大,超过20%,6月次之,接近15%,4月和7月超过5%,8月特旱在3%左右,其余月份没有特旱。重旱5月最严重,超过20%,4月、6月和7月重旱超过10%,3月和8月重旱在5%左右,9月重旱在2%左右(图2.4)。

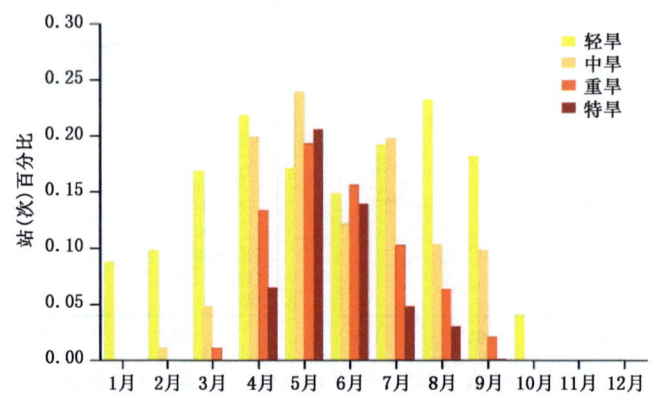

图2.4 甘肃省2000年各月不同等级干旱频率百分比变化

2)大风、沙尘暴

2000年共出现9次沙尘暴天气过程,其中,4月最为频繁,出现了5次。沙尘暴主要出现在河西至中部和陇东北部。4月12日最强,张掖、武威、金昌、白银等地市先后出现了7～10级大风、扬沙和大范围的强沙尘暴天气,其中,永昌、武威、金昌、民勤、古浪和乌鞘岭等地出现了黑风,最大风速达25 m/s,最小能见度接近0 m;临夏、甘南、天水、平凉、庆阳等市(州)出现浮尘,环县出现了沙尘暴。

3)高温

7月甘肃省平均气温偏高2.5～4.0 ℃,其中,会宁偏高达5.2 ℃,大部分地区出现异常高温,甘肃省有98.2%的站月平均气温异常偏高,54.5%的站超过历史同期最高值。7月13—27日甘肃省大部分地区先后出现持续高温(日极端最高气温≥35 ℃)时段,日极端最高气温为35～41 ℃,兰州极端最高气温于23日(39.7 ℃)和24日(39.8 ℃)两次超过了有气象记录以来(1953年7月8日39.1 ℃)的极值。

4)暴雨

2000年,局地暴洪灾害发生时间早、强度大,5—10月甘肃省出现暴雨65站(次)。5月31日晚,宕昌县和岷县局地发生特大暴洪灾害;6月23—27日,河西和陇东局地发生洪灾;8月16日,陇南、天水、平凉等市局地降暴雨,是2000年最强的一次强降水过程。

5)冰雹

2000年,冰雹出现偏早,主要集中在6月中下旬、8月下旬和9中旬,共出现区域性(≥5站)冰雹7次。甘肃省有51县(市)局地降冰雹114站(次)。降雹区在祁连山中、东段和河东地区。

(3)2000年生态环境监测

1)遥感监测

祁连山积雪:2000年,祁连山年平均积雪面积为13417.1 km²,东、中、西段年平均积雪面积分别为 3182.73 km²、4474.13 km²、5760.3 km²。祁连山最大积雪总面积出现在 11 月(图 2.5a)。东段(石羊河上游)最大积雪面积出现在 2 月,中段(黑河上游)出现在 9 月,西段(疏勒河上游)出现在 11 月(图 2.5b)。

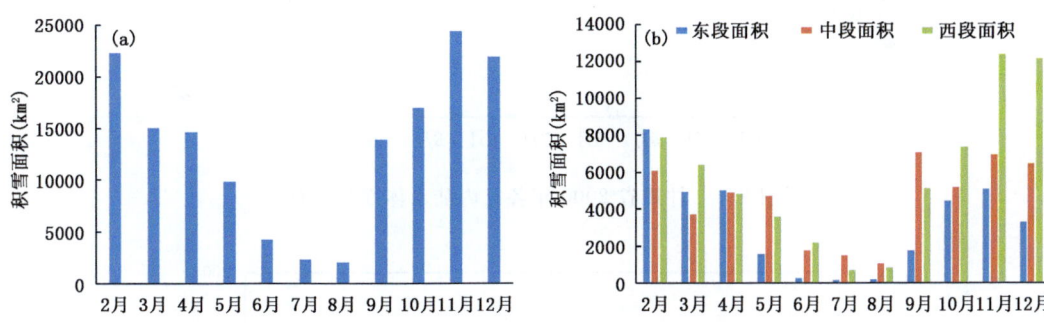

图 2.5 2000 年祁连山积雪各月总面积(a)与分段面积(b)变化

植被长势:2000 年,甘南东南部、陇南南部、天水东南部、庆阳东部植被覆盖度大于 50%,祁连山中东部、甘南大部、陇南中部、定西南部、临夏南部、平凉中部、庆阳东部地区在 30%～50%,河西走廊、兰州大部、临夏中北部、定西中北部、天水中西部、平凉西部与东部、庆阳大部地区在 10%～30%,其余地区植被覆盖度在 10% 以下(图 2.6)。

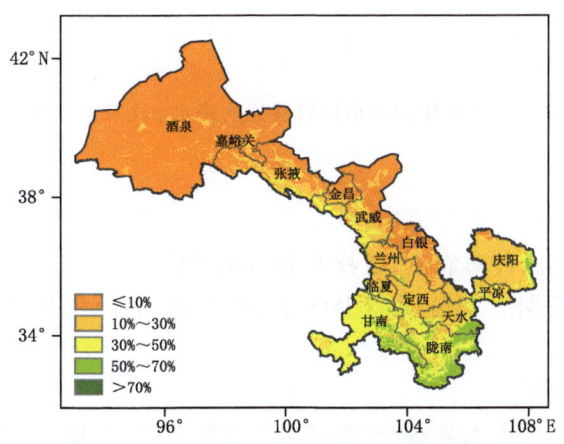

图 2.6 甘肃省 2000 年植被覆盖度分布

内陆水体面积:2000 年,双塔、红崖山、刘家峡水库年平均水体面积分别为 11.8 km²、6.8 km²、66.3 km²。双塔、红崖山水库最大水体面积均出现在 10 月,刘家峡水库出现在 3 月(图 2.7)。

2)荒漠生态环境监测

酸雨:2000 年,武威市民勤县共监测降水样本 21 个,降水样本 pH 均大于 5.6。全年降水 pH 平均为 6.51,最大值为 7.67(6 月 6 日),最小值为 5.95(10 月 10 日)。降水电导率年平均 54.8 μS/cm,最大值 168.0 μS/cm(6 月 6 日),最小值 16.8 μS/cm(9 月 5 日)(图 2.8)。

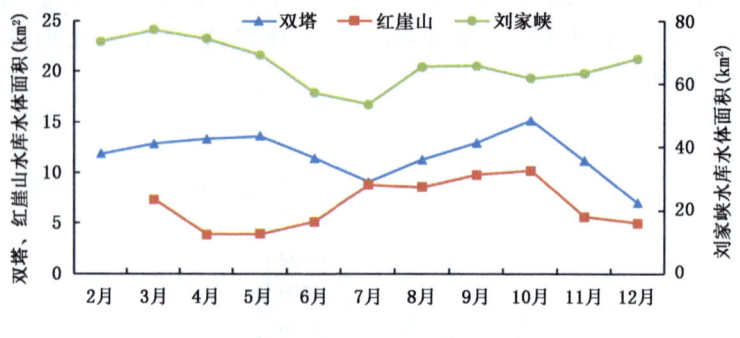

图 2.7　甘肃省 2000 年各月内陆水体面积变化

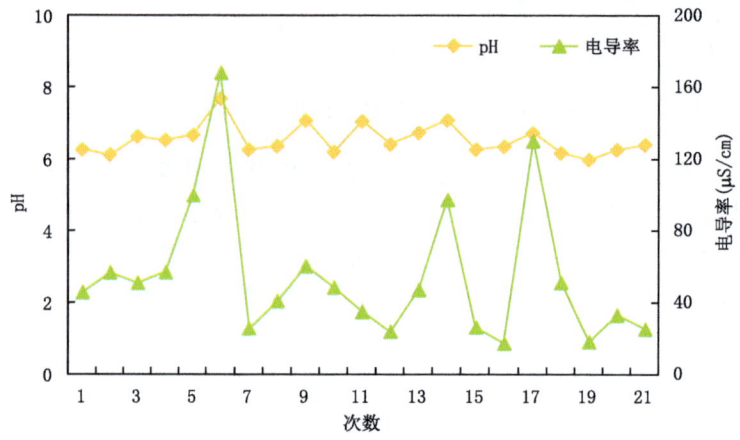

图 2.8　2000 年武威市民勤县逐次降水 pH 及电导率变化

2.1.2　评估

(1)2000 年干旱气候条件对农业、畜牧业的影响评估

2000 年,农作物生长期大部分时间少雨干旱、高温,农业气候条件差,致使甘肃省粮食减产。

1)冬、春小麦及农作物

3 月河西大部分地区基本无降水,河东降水较常年少 2～9 成,对冬小麦返青生长、春小麦播种不利,有些麦田、冬油菜出现死苗现象。4 月中部和陇东降水较常年少 5～9 成,气温偏高,大风、沙尘暴频繁,土壤失墒快,对冬小麦的拔节和春小麦的苗期生长十分不利,死苗、缺苗严重,一些地区的秋作物因旱不能下种或改种。5 月甘肃省大部分地区未降透雨,降水偏少 5～9 成,加之气温持续偏高,大风日数多,使得土壤失墒严重,此时正是冬小麦抽穗乳熟期,是需水"关键期",严重的干旱导致冬小麦植株稀疏、成穗小,部分麦田青干枯死、改种。严重干旱对春小麦拔节—抽穗和大秋作物苗期生长十分不利。

2)林草业

春季初夏少雨对退耕还林还草十分不利,根据初步调查,甘肃省退耕还林(草)和荒山造林任务中,成活率在 85% 以上的占 45%,成活率在 41%～84% 的占 41%,成活率在 40% 以下的占 13%～25%。

(2)2000 年干旱气候条件对水资源的影响评估

2000 年,出现的大范围的干旱使甘肃省 20 多条主要河流来水量比 1999 年同期少 5～9 成,黄河干流及其支流来水持续偏少,黄河干流上游唐乃亥水文站 5—10 月出山流量为 115.7 亿 m^3,全年来水量为 150.5 亿 m^3,比历年(1961—1990 年)平均来水量(210 亿 m^3)少 59.5 亿 m^3(28.4%),与大旱年 1995 年持平。5 月黄河干流上游唐乃亥站以上来水比多年平均少 27%。有些地区井、泉干涸,河水断流,给人畜饮水也带来了严重影响。

(3)2000 年干旱气候条件对其他行业的影响评估

由于大多数时间降水偏少,对铁路、公路的施工和交通运输、野外作业等行业的生产十分有利。

2.2　2001 年甘肃省干旱生态环境气象监测与评估

2.2.1　监测

(1)2001 年干旱气候监测

2001 年,甘肃省气温普遍偏高,降水大部分地区正常偏少,日照时数接近常年。甘肃省出现了前春旱和春末至夏季连旱,大风沙尘暴频繁,晚霜冻严重,局地冰雹、暴雨成灾。2001 年农业气候年景属于偏差年份。

1)降水

2001 年,甘肃省年平均降水量为 373.1 mm,较常年少 8.0%,最大出现在康县,为 738.5 mm,最小在鼎新,为 28.6 mm。甘南高原、陇南东南部、陇东年降水量在 500～700 mm,祁连山麓及中部偏北地区在 200～400 mm,河西中西部最少,在 100 mm 以下;与常年同期相比,甘肃省大部分地区降水正常偏少,其中,河西西部和中部少 2～3 成,陇东和甘南高原正常偏多,其余大部分地区正常偏少(图 2.9)。

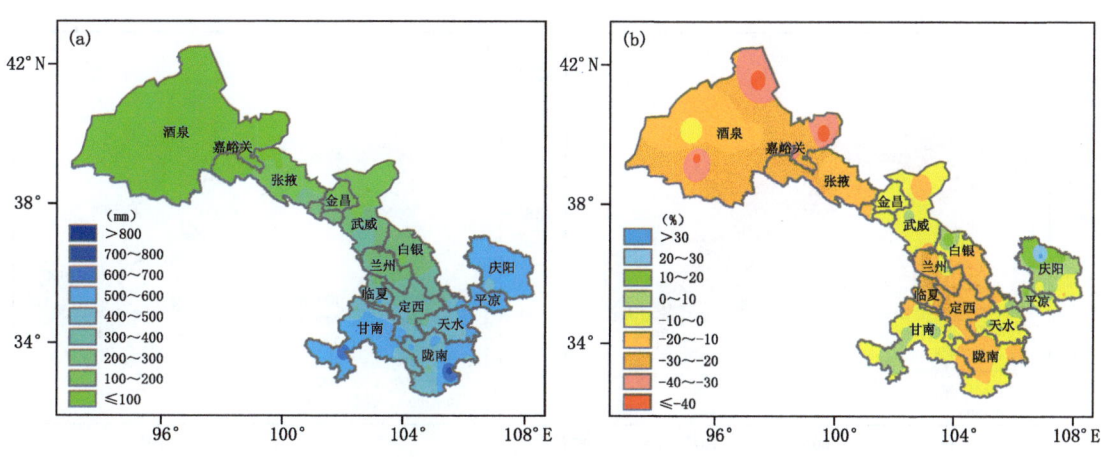

图 2.9　甘肃省 2001 年降水量(a)及距平百分率(b)分布

2)气温

2001年,甘肃省年平均气温为8.6℃,较常年高0.9℃,最高出现在武都,为15.6℃,最低在乌鞘岭,为0.7℃。祁连山区和甘南高原边坡平均气温在0~5℃,陇南平均气温最高,其次为陇东和酒泉市,年平均气温为9~15℃。与常年同期相比,大部分地区普遍高0.7~2.3℃,其中,河西高0.5~1.5℃,中部偏北地区、陇东大部分地区高0.8~1.7℃,陇南高1.0~3.0℃,甘南高原低3℃以上(图2.10)。

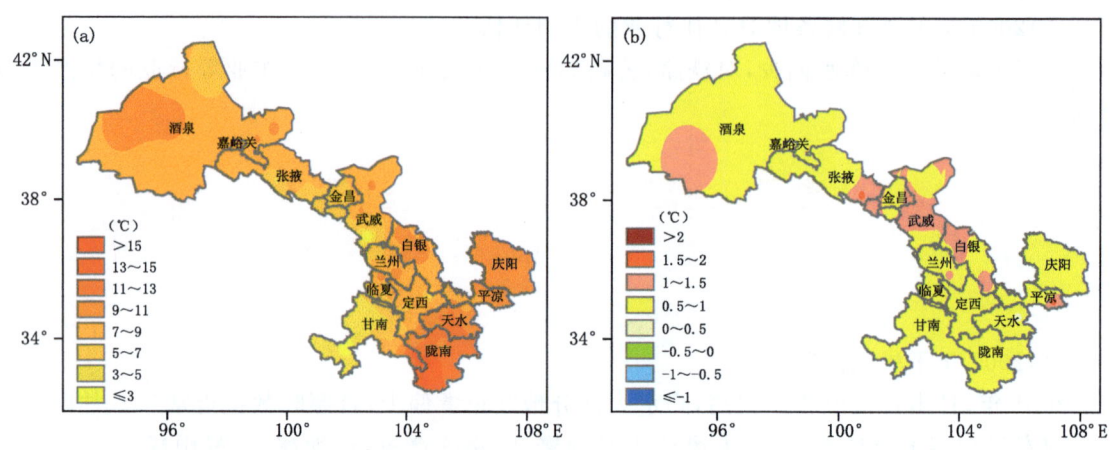

图2.10 甘肃省2001年平均气温(a)及距平(b)分布

3)日照

2001年,甘肃省年平均日照时数为2501.4 h,较常年多2.0%,最大出现在马鬃山,为3457.3 h,最小在徽县,为1684 h。河西为2800~3500 h,陇中北部和甘南高原2200~2800 h,陇中南部、陇东、陇南北部1800~2200 h,陇南南部为1200~1800 h;与常年同期相比,酒泉市北部、河西中东部、甘南高原、陇南大部分地区多80~240 h,中部偏北地方及陇东南部少100~200 h,省内其余地区正常(图2.11)。

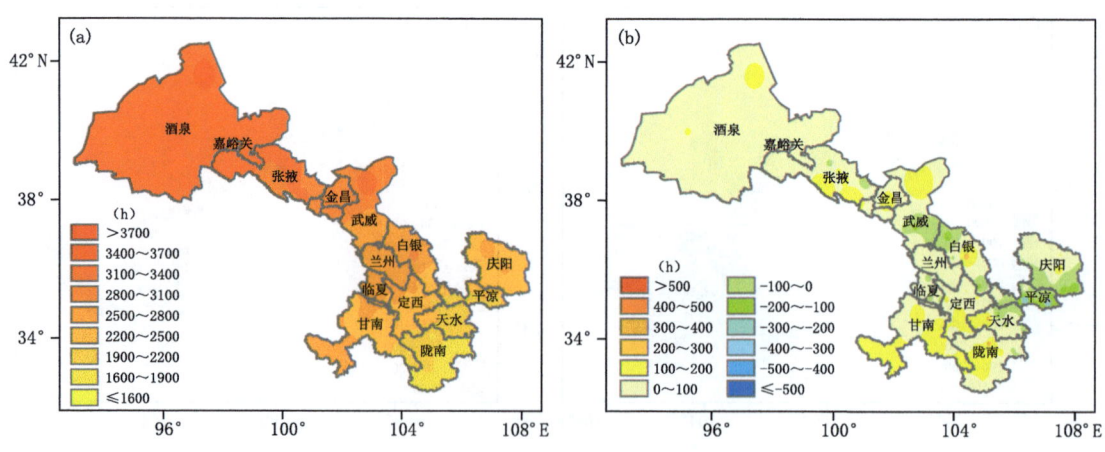

图2.11 甘肃省2001年日照时数(a)及距平(b)分布

(2) 2001年天气、气候事件监测

1) 干旱

2001年，甘肃省出现了甘肃省大范围的前春旱和春末至夏连旱。前春旱是甘肃省大范围的干旱，3月上旬至4月中旬甘肃省大部分地区降水少6~9成，重旱区主要分布在河西中东部、中部、陇东南部、陇南北部等地，降水比常年少8成以上。春末至夏季连旱出现在河西、中部偏北地区、陇东、陇南等地区，5月上旬至8月上旬的降水少2~8成，重旱区主要分布在河西中西部、陇东中部、陇南南部等地区，降水比常年少4~8成。

各月的干旱日百分率显示，2001年4月和6月特旱百分比最大，超过10%，7月特旱百分比次之，接近8%，5月特旱百分比接近5%，3月特旱百分比在3%左右。重旱百分比在6月最严重，超过25%，4月和7月重旱百分比超过15%，5月重旱百分比超过10%，3月和8月重旱百分比为5%~10%（图2.12）。

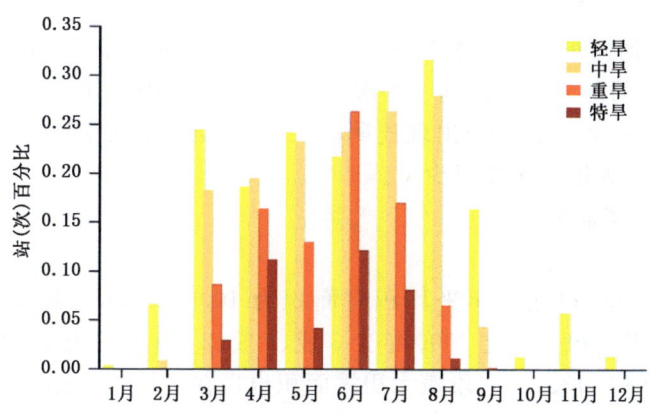

图2.12 甘肃省2001年各月不同等级干旱频率百分比变化

2) 沙尘暴

2001年，沙尘暴出现时间早、频次高、强度大、影响范围广，共出现区域性（≥3站）沙尘暴9次，尤以4月6—8日和4月28—29日的范围广、强度大。4月6—8日，甘肃省酒泉、张掖、金昌、武威、白银、兰州、临夏、庆阳等市（州）先后出现大风、扬沙和沙尘暴天气，共有26站出现沙尘暴，金昌为黑风，金昌和永昌的最大风速分别达28 m/s和25 m/s，最小能见度分别为0 m和<50 m；4月28—29日，甘肃省酒泉、张掖、金昌、武威、白银、兰州、定西等市（州）先后出现大风、扬沙和沙尘暴天气，共有19站出现沙尘暴，14站为强沙尘暴，金昌为黑风，8站为扬沙，13站为浮尘，金昌和白银的最大风速分别达30 m/s和24 m/s，最小能见度分别为<50 m和300 m。

3) 霜冻

2001年4月7—9日，受西伯利亚强冷空气东移南下影响，甘肃省自西向东出现了寒潮强降温和晚霜冻，甘肃省大部分地区48 h日平均气温下降10.0~15.7 ℃，达寒潮标准。最低气温普遍下降到−14~0 ℃；甘肃省各地普降小雪，其中，敦煌、靖远、东乡、华池等地降大雪，兰州市降中雪。此时正值全省春小麦出苗、冬小麦拔节生长和果树开花的关键时期，梨树、桃树、花椒、苹果等果树的嫩芽和花苞，以及油菜、冬小麦、蔬菜、甜菜、胡麻等作物受到冻害，平凉、庆阳、天水、陇南等地市冻害严重。

4)冰雹

2001年,甘肃省冰雹开始于4月4日(庄浪),截至9月6日(玛曲),共出现108站(次)冰雹,6次区域性(≥5站)冰雹,为近年较多年份。冰雹主要分布在定西地区南部、天水市和平凉地区西部,陇西、宕昌、甘谷、清水为5 d,静宁为7 d;6月23日范围最广、危害最重,定西、通渭、陇西、宕昌、环县、灵台、泾川、庄浪、正宁、甘谷、北道、天水等地共12站出现冰雹,受灾严重。

5)暴雨

2001年,暴洪灾害偏少,主要集中在7月和8月,以8月15—18日降水过程雨量最大,范围最广,张掖以东降中—大雨、局地暴雨,康县、华池(乔川乡)和环县(耿湾乡)局地降大暴雨,日雨量超过100 mm。据不完全统计,截至9月底,甘肃省共有21个县(市)、104个乡(镇)局地遭受暴洪袭击,危害较重的有酒泉、玉门、嘉峪关、肃南、皋兰、正宁、华亭、合水、宁县、岷县、漳县、宕昌、临潭、北道、张家川、康县、礼县、两当等县(市)。

6)连阴雨

9—10月,甘肃省河西东部和河东等52个县(市)出现连阴雨天气,临夏和甘南两州、定西地区南部、陇东和陇南的部分地区出现了2次连阴雨过程,其中,9月13—29日先后在河西东部及河东大部分地区等50个县(市)出现连阴雨天气。2001年秋季连阴雨范围之广、持续时间之长、过程雨量之多,为近十多年所少见。

(3)2001年生态环境监测

1)遥感监测

祁连山积雪:2001年,祁连山年平均积雪面积为10092.6 km²,较2000年少2成以上。东、中、西段年平均积雪面积分别比2000年少3成、1成、2成以上(表2.1)。祁连山最大积雪总面积出现在12月(图2.13a)。东段最大积雪面积出现在2月,中段出现在9月,西段出现在12月(图2.13b)。

表2.1　2001年祁连山积雪面积

	积雪面积(km²)	与2000年比较
东段	1978.8	少37.8%
中段	3712.5	少17.0%
西段	4401.2	少23.6%
总面积	10092.6	少24.8%

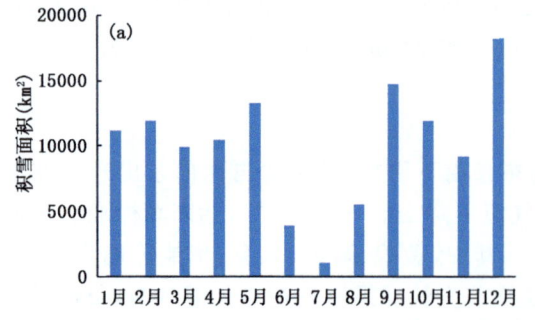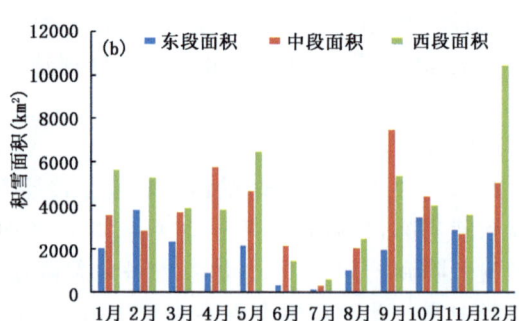

图2.13　2001年祁连山积雪各月总面积(a)与分段面积(b)变化

植被长势:2001年,甘南东南部、陇南南部、天水东南部、庆阳东部植被覆盖度大于50%,祁连山中东部、甘南大部、陇南中部、定西南部、临夏南部、天水中部、平凉东部、庆阳东南部在30%~50%,河西走廊、兰州大部、白银南部、临夏中北部、定西中北部、天水西部、平凉西部、庆阳大部分地区在10%~30%,其余地区在10%以下(图2.14a)。与2000年同期相比,祁连山西部与东部、酒泉中部、白银、临夏、定西、天水、平凉、庆阳等市(州)大部分地区及甘南北部植被较好,酒泉北部与西部、张掖大部、金昌东部、武威中北部、兰州中部、白银西部、定西南部、甘南西部、陇南东南部地区植被较差,其余地区变化不大(图2.14b)。

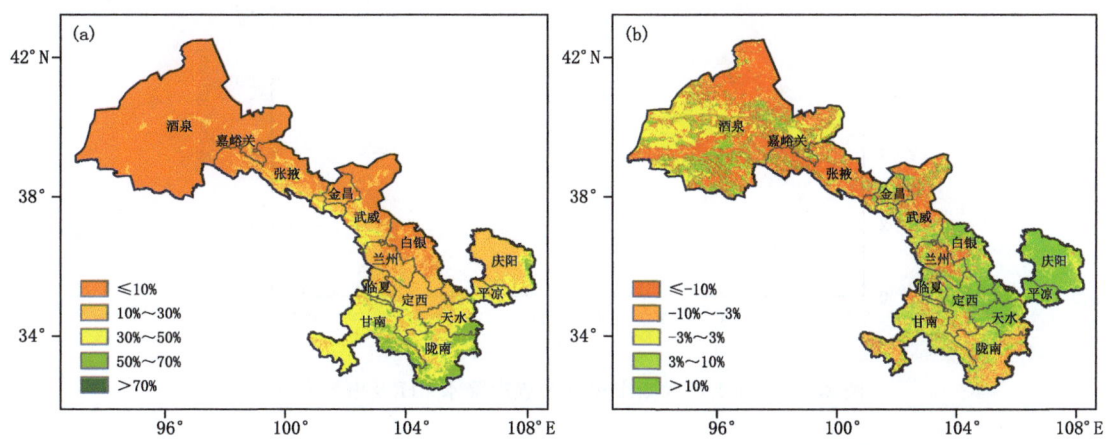

图2.14 甘肃省2001年(a)及2000—2001年(b)植被覆盖度分布

内陆水体面积:2001年,双塔、红崖山、刘家峡水库年平均水体面积分别为15.7 km²、8.2 km²、94.8 km²,比2000年分别多3成、2成、4成以上(表2.2)。双塔水库最大水体面积出现在10月,红崖山水库出现在11月,刘家峡水库出现在3月(图2.15)。

表2.2 2001年甘肃省内陆水体面积情况

	水库面积(km²)	与2000年比较
双塔	15.7	多33.0%
红崖山	8.2	多20.7%
刘家峡	94.8	多43.1%

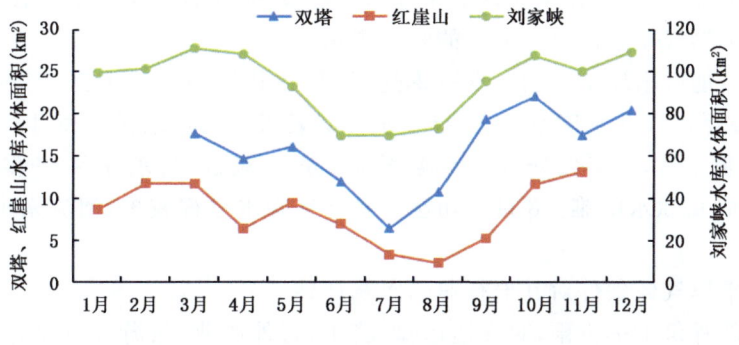

图2.15 甘肃省2001年各月内陆水体面积变化

2)荒漠生态环境监测

酸雨:2001年,武威市民勤县共监测降水样本19个,pH平均为7.02,最大为7.97(7月6日),有2次降水pH小于5.6(4月22日为5.21,7月17日为5.38)。降水电导率年平均71.4 μS/cm,最大值171.0 μS/cm(4月20日),最小值11.6 μS/cm(7月17日)(图2.16)。

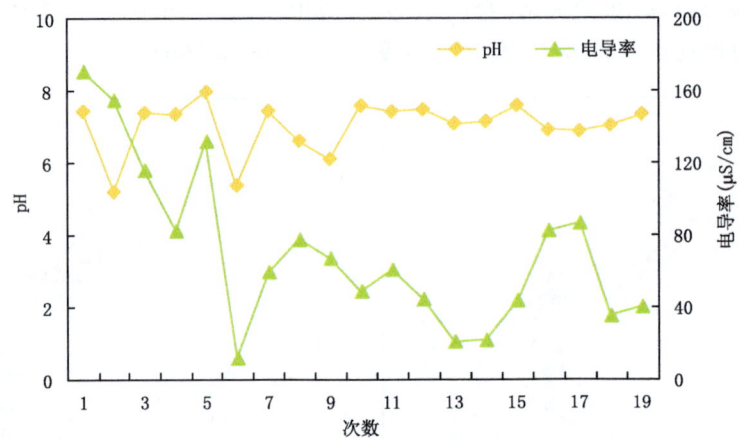

图2.16　2001年武威市民勤县逐次降水pH及电导率变化

2.2.2　评估

(1)2001年干旱气候条件对农业、畜牧业的影响评估

1)农作物

2001年,在农作物生长期,大部分月份气温偏高,降水偏少,出现前春旱和春末至夏季连旱,对农作物正常生长造成不利影响。但是,由于2000年秋季降水偏多,前期底墒较好,冬季降雪较多,加之土壤解冻后的返浆水补充作用,使前春旱有所减轻,4月河东大部分地区又出现了第一场好雨,3—10月降水场次较均匀、适时,2001年粮食总产好于前两年。

2)畜牧业

2001年7—8月上旬甘肃省出现了伏旱,造成草场、畜牧业严重受灾,武威市有2419万亩草场普遍受旱,返青期推迟两个月,牲畜因缺草、缺水乏弱,死亡严重,据不完全统计直接经济损失为8000多万元。8月下旬至9月下旬降水过程较多,对牧草生长十分有利。

(2)2001年干旱气候条件对水资源的影响评估

2001年,河西地区出现了冬、春、夏三季连旱,导致祁连山雪线上升、河源来水锐减,黑河出现断流,安西双塔水库几乎库空见底,导致水资源紧张。河东地区有些河水断流、井泉干涸,部分地区发生严重水荒,干旱使分布在环县、华池、静宁、靖远、会东等乡10多个干旱山区县的12万人、11万头牲畜饮水困难。8月下旬至9月下旬降水过程较多,河流来水增多,对水库蓄水十分有利。

(3)2001年干旱气候条件对其他行业的影响评估

2001年,大部月份干旱少雨,对交通运输、施工、野外作业、旅游等行业有利。局地暴洪灾害造成有些地区的房屋、农田、交通、通讯、输电设施等毁坏。

2.3 2002年甘肃省干旱生态环境气象监测与评估

2.3.1 监测

(1)2002年干旱气候监测

2002年,甘肃省气温明显偏高;降水上半年偏多、下半年偏少,日照时数大部地区正常或偏多。春季第一场透雨偏早,春、秋季出现连阴雨;早春旱轻、伏秋连旱严重;沙尘暴出现时间偏晚、次数偏少;局地冰雹频繁;暴雨开始早、结束晚,暴洪成灾。2002年的农业气候条件是上半年为好年景,下半年为偏差年景,气候年景利夏粮而不利秋粮。

1)降水

2002年,甘肃省年平均降水量为361.6 mm,较常年少10.8%,最大出现在合水,为674.6 mm,最小在瓜州,为44.1 mm。甘南高原、中部偏南、陇南、陇东年降水量在400~600 mm,陇东东南部在550 mm以上,祁连山麓在200~400 mm,河西西部最少,在150 mm以下。与常年同期相比,河西和陇东北部正常偏多,其中,酒泉市西部多4~8成,金昌和武威两市多2~5成;河东大部分地区正常偏少,其中,定西、平凉、天水、甘南、陇南等市(州)少2~4成,河东区域平均年降水量已连续8年持续偏少(图2.17)。

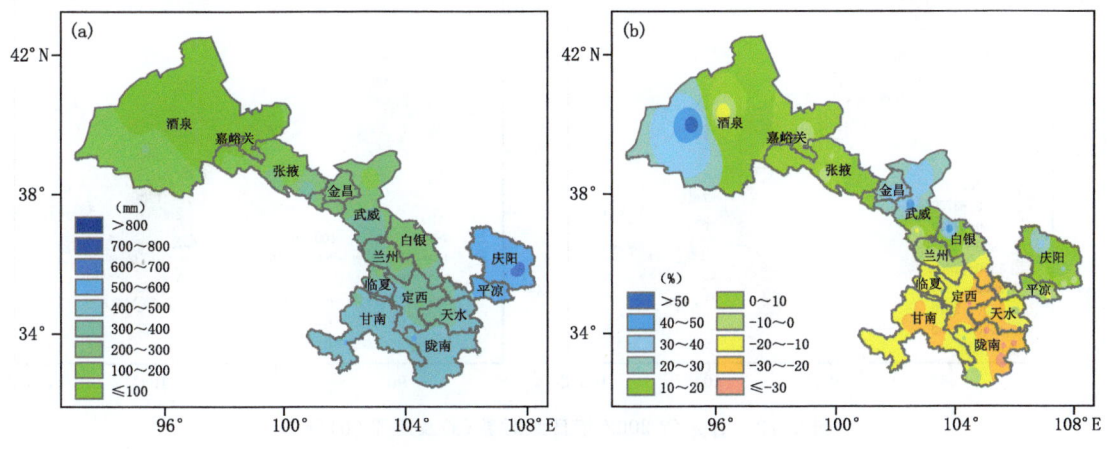

图 2.17 甘肃省2002年降水量(a)及距平百分率(b)分布

2)气温

2002年,甘肃省年平均气温为8.8 ℃,较常年高1.1 ℃,最高出现在文县,为15.9 ℃,最低在乌鞘岭,为1 ℃。祁连山区和甘南高原边坡年平均气温在0~5 ℃,陇南最高,其次为陇东和酒泉市,年平均气温在9~15 ℃。与常年同期相比,全省年平均气温普遍高0.5~2 ℃,其中,河西高1.0~2.0 ℃,河东大部分地区高0.5~2 ℃(图2.18)。

3)日照

2002年,甘肃省年平均日照时数为2532.1 h,较常年多3.2%,最大出现在马鬃山,为3357.7 h,最小在西和,为1792.8 h。河西为2800~3500 h,陇中北部和陇东2200~2800 h,陇

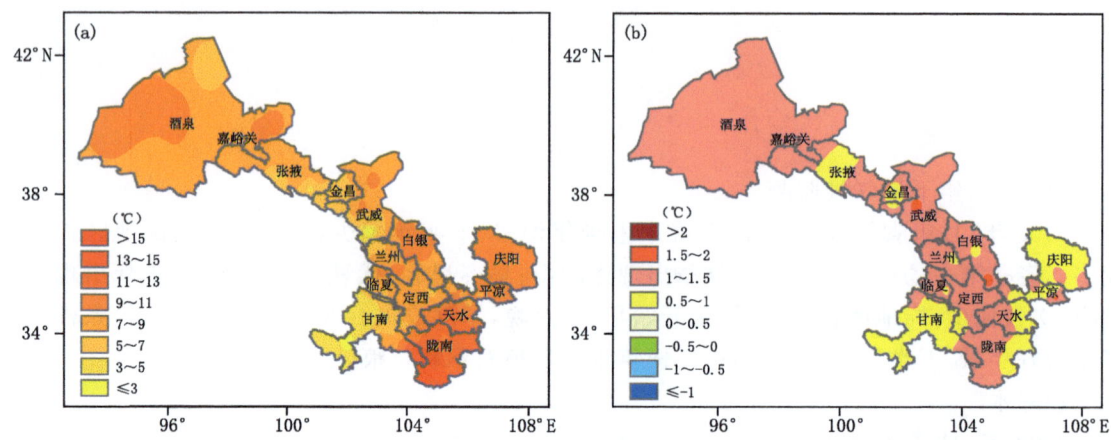

图 2.18　甘肃省 2002 年平均气温(a)及距平(b)分布

中南部、甘南高原、陇南北部 1800～2200 h,陇南南部为 1200～1800 h;与常年同期相比,河西大部分地区少 40～200 h,省内其余地区偏多,其中,甘南及陇南多 100～200 h,中部及陇东多 100 h 以内,平凉庆阳南部少 100～200 h(图 2.19)。

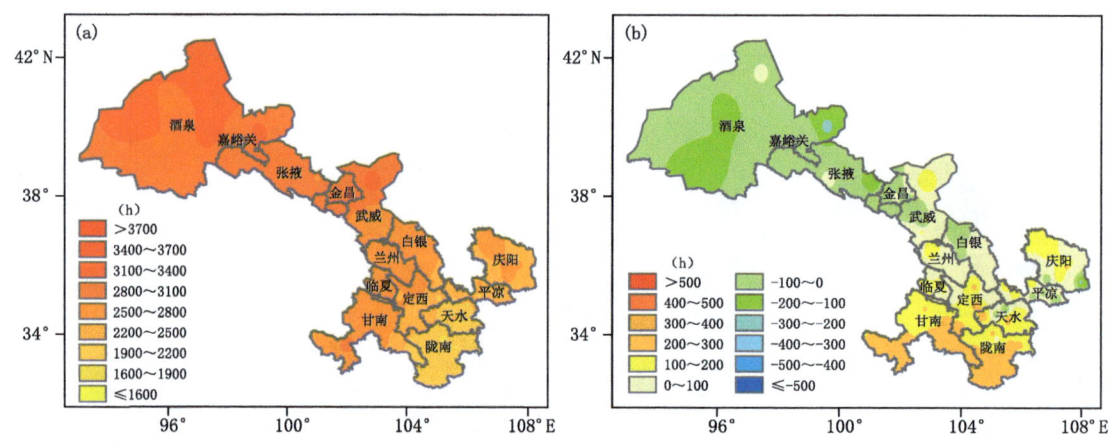

图 2.19　甘肃省 2002 年日照时数(a)及距平(b)分布

(2)2002 年天气、气候事件监测

1)干旱

2002 年,甘肃省大部分地区出现了严重的伏秋连旱,主要出现在酒泉、兰州、白银、定西、庆阳、平凉、天水、陇南和甘南州北部等地,降水比常年少 2～6 成。大范围、长时间的干旱和持续气温偏高,导致土壤水分蒸发加剧,耕作层墒情下降,影响秋作物的正常拔节孕穗和灌浆成熟及产量的形成。

各月的干旱日百分率显示,2002 年 9 月特旱百分比相对较大,但是不超过 5%。重旱百分比在 9 月最大,接近 15%,8 月和 10 月次之,超过 5%(图 2.20)。

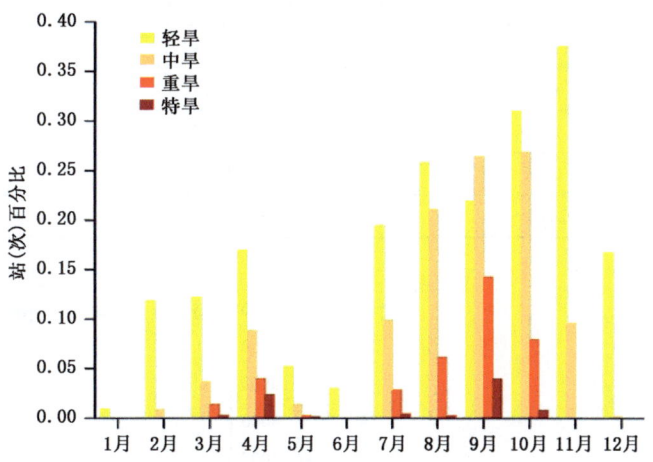

图 2.20　甘肃省 2002 年各月不同等级干旱频率百分比变化

2)沙尘暴

2002 年,沙尘暴开始晚(3 月 16 日,民勤)、结束早(5 月 5 日,敦煌),共出现区域性(≥3 站)沙尘暴 6 次。3 月 19 日,鼎新、张掖、金昌、山丹、永昌、武威、民勤、古浪、景泰、白银、皋兰、兰州、临夏、会宁、庆阳等 15 站出现沙尘暴,其中,强沙尘暴 11 站、特强沙尘暴 2 站;3 月 27—29 日,敦煌、玉门镇、金塔、酒泉、鼎新、临泽、张掖、民乐、山丹、武威、永昌、金昌、武威、民勤等 14 站(金塔、武威、永昌连续 2 d、民勤连续 3 d)出现沙尘暴,其中,强沙尘暴 8 站。

3)冰雹

2002 年,冰雹频繁,共出现区域性冰雹(日站数≥5 站)6 次,主要出现在中部、陇东、陇南和甘南北部,局地受灾重。

4)暴雨

2002 年,暴雨开始早(4 月 3 日,临洮 55.3 mm)、结束晚(10 月 18 日,武山 51.1 mm)、局地成灾严重,据不完全统计,甘肃省共有 26 个县(市)、78 个乡(镇)局地遭受暴洪袭击,危害最重的有凉州、古浪、靖远、宕昌、岷县、临洮、正宁、镇原、庆阳、武山、北道、秦城等县(市)。

5)连阴雨

2002 年春季连阴雨范围之广、阴天持续时间之长、雨日之多,为近几年所罕见。主要出现在 4 月 28 日至 5 月 5 日、5 月 18—29 日的河西中东部和河东地区,对连旱 8 年的陇原大地是十分有利的,解除了春旱,满足了农作物、牧草生长对水分需要,也对退耕还林草、水库蓄水都非常有利。

(3)2002 年生态环境监测

1)遥感监测

祁连山积雪:2002 年,祁连山年平均积雪面积为 14710.1 km²,比 2001 年多 4 成以上,比历年(2000—2001 年)多 2 成以上。东、西段平均积雪面积分别比 2001 年多 8 成、5 成以上,比历年多 4 成、3 成以上;中段比 2001 年多近 1 成,与历年基本相同(表 2.3)。祁连山最大积雪总面积出现在 10 月(图 2.21a)。东段最大积雪面积出现在 9 月,中段出现在 10 月,西段出现在 11 月(图 2.21b)。

表 2.3　2002 年祁连山积雪面积

	积雪面积(km²)	与 2001 年比较	与历年比较
东段	3712.5	多 87.6%	多 43.9%
中段	4040.5	多 8.8%	少 1.3%
西段	6957.2	多 58.1%	多 36.9%
总面积	14710.1	多 45.8%	多 25.1%

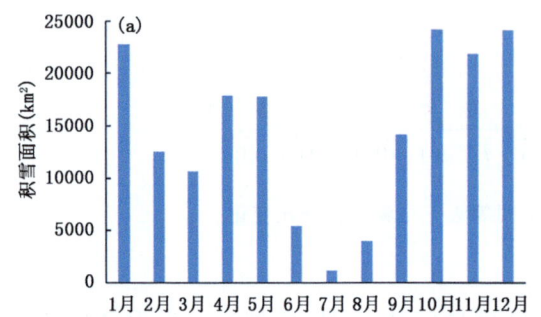
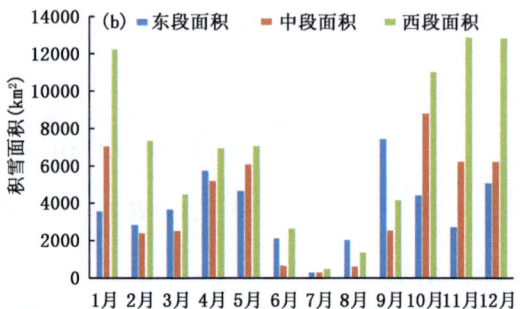

图 2.21　2002 年祁连山积雪各月总面积(a)及分段面积(b)变化

植被长势:2002 年,甘南东南部、陇南南部、天水东南部、庆阳东部植被覆盖度大于 50%,祁连山中东部、甘南大部、陇南中部、定西南部、临夏南部、天水中部、平凉中东部、庆阳东南部地区为 30%～50%,河西走廊、兰州大部、白银大部、临夏中北部、定西中北部、天水西部、平凉西部、庆阳中北部地区在 10%～30%,其余地区植被覆盖度在 10% 以下(图 2.22a)。与 2001 年同期相比,河西、兰州、白银、陇南、平凉、庆阳等市大部、临夏东部、甘南西部、定西北部、天水西部地区植被较好,酒泉、定西、天水等市中部植被较差,其余地区变化不大(图 2.22b)。

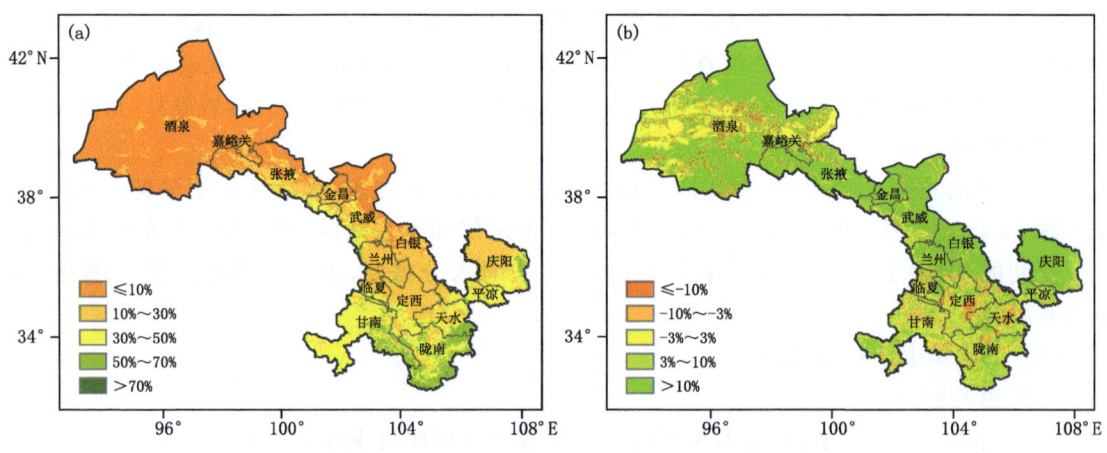

图 2.22　甘肃省 2002 年(a)及 2001—2002 年(b)植被覆盖度分布

内陆水体面积:2002 年,双塔、红崖山水库年平均水体面积分别为 16.9 km²、11.8 km²,比 2001 年分别多近 1 成、4 成以上,比历年(2000—2001 年)多 2 成、5 成以上;刘家峡水库为 98.9 km²,与 2001 年基本相同,比历年多 2 成以上(表 2.4)。最大水体面积双塔水库出现在 1

月,红崖山水库出现在3月,刘家峡水库出现在3月(图2.23)。

表2.4 2002年甘肃省内陆水体面积情况

	水库面积(km²)	与2001年比较	与历年比较
双塔	16.9	多7.8%	多23.1%
红崖山	11.8	多43.8%	多57.3%
刘家峡	98.9	多4.3%	多22.7%

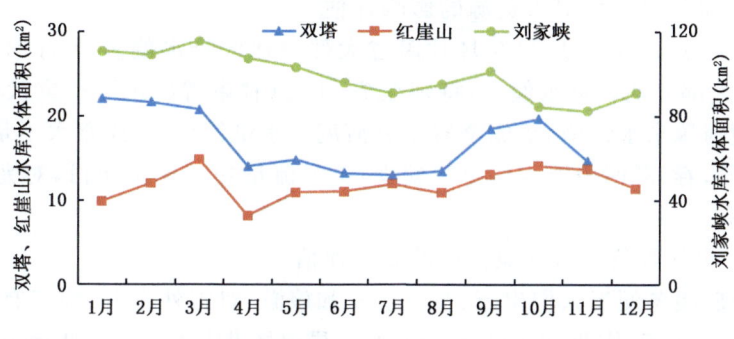

图2.23 甘肃省2002年各月内陆水体面积变化

2)荒漠生态环境监测

酸雨:2002年,武威市民勤县共监测降水样本19个,降水pH均高于5.6,未出现酸雨天气。全年pH平均为7.45,最大值为8.55(7月10日),最小值为6.74(9月4日)。降水电导率年平均66.5 μS/cm,最大值196.4 μS/cm(8月5日),最小值19.0 μS/cm(6月20日)(图2.24)。

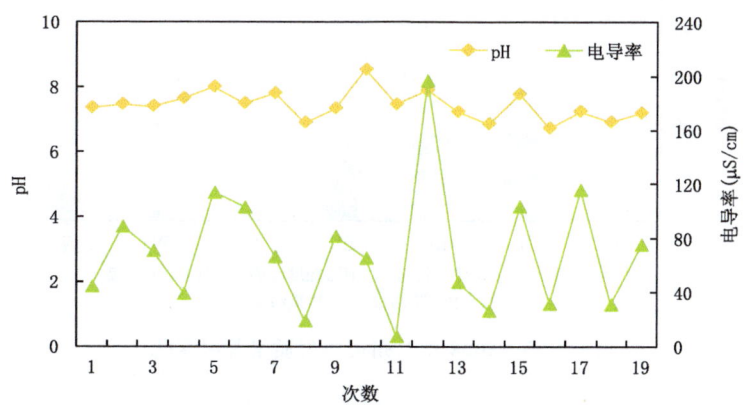

图2.24 2002年武威市民勤县逐次降水pH及电导率变化

2.3.2 评估

(1)2002年干旱气候条件对农业、畜牧业的影响评估

1)农作物

2002年上半年农业气候条件是截至2002年近10年中少有的好年景。1月和2月冬小麦区降雪偏多,对越冬十分有利。春季降水大部分地区多2~8成,是近10年中第2个偏多年

份,第一场好雨出现早、雨量大,春末夏初降水偏多,5月出现连阴雨1~2次,均匀适宜的降水对农作物生长十分有利,夏粮丰收(增产5.68%)。7—11月大部分地区降水持续偏少,出现严重的伏秋连旱,对秋作物生长十分不利,影响旱作农业区秋粮产量。9月上、中旬出现连阴雨,对旱情有所缓解,有利于冬小麦播种、出苗生长。

2)畜牧业

夏、秋季节是牧草的主要生长时期,也是牧畜主要抓膘期,长时间的伏秋连旱,对牧草的生长十分不利,造成草场产草量减少,质量下降,牲畜因缺草、缺水乏弱,肉畜品质受到影响。

(2)2002年干旱气候条件对水资源的影响评估

2002年仅有1月、2月、5月和6月甘肃省大部分地区降水偏多,3月、4月、7月、8月、9月、10月和11月大部分地区降水偏少,特别在7—11月甘肃省出现了严重伏秋连旱。由于自然降水偏少,致使河源来水锐减,造成全省主要河流来水量偏枯,水库蓄水不足,尤其是黄河源头—刘家峡水库段,春、夏两季降水均持续偏少,黄河流量处于偏枯年份,对龙羊峡、刘家峡水库的蓄水十分不利。

(3)2002年干旱气候条件对其他行业的影响评估

冬季气温偏高,暖冬便于人们出行、节日访友和旅游,对野外作业、施工有利。汛期降水偏少,对交通运输、野外施工、作业、旅游等行业有利。局地暴洪灾害造成有些地方的房屋、农田、交通、通讯、输电等设施毁坏。伏期出现高温时段,对人们的活动造成不利影响,也带来一些商机。

(4)2002年干旱气候条件对城市空气质量的影响评估

2002年,兰州市空气质量优、良日数为155 d,占总日数的42%,Ⅲ级轻微污染和轻度污染分别为90 d和61 d,Ⅳ级中度污染和中度重污染分别为13 d和10 d,Ⅴ级重污染为36 d(图2.25)。

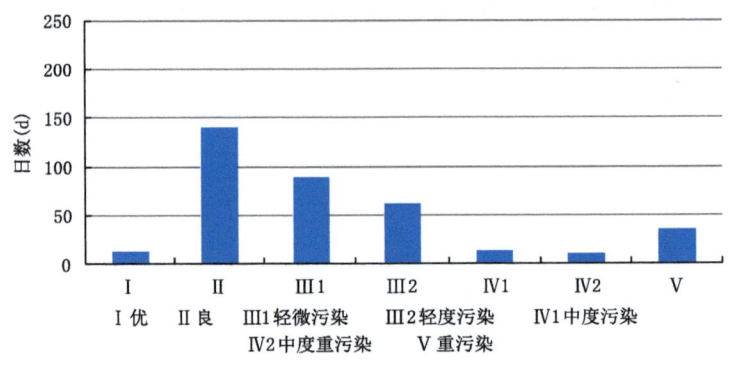

图2.25　2002年兰州市空气质量等级变化

2.4　2003年甘肃省干旱生态环境气象监测与评估

2.4.1　监测

(1)2003年干旱气候监测

2003年,甘肃省气温偏高,降水偏多,日照时数正常略偏少。第一场透雨偏早,部分地方早春旱较重,春末夏初旱明显;沙尘暴出现早、范围小、次数少;区域性冰雹少、局地成灾;暴雨频繁,暴洪灾害范围大、灾害重;连阴雨次数多、范围大。2003农业、生态气候条件可谓"风调雨顺",是好年景。

1)降水

2003年,甘肃省年平均降水量为524.6 mm,较常年少29.4%,最大出现在合水,为674.6 mm,最小在瓜州,为44.1 mm。甘南州、定西市南部、陇南、天水、平凉等市年均降水量在540~800 mm,甘南州、天水、平凉、庆阳等市部分地区在700 mm以上,酒泉市在100 mm以下;与常年同期相比,甘肃省大部分地区多2~6成,其中,陇东大部分地区多4~6成,河西西部正常略少(图2.26)。

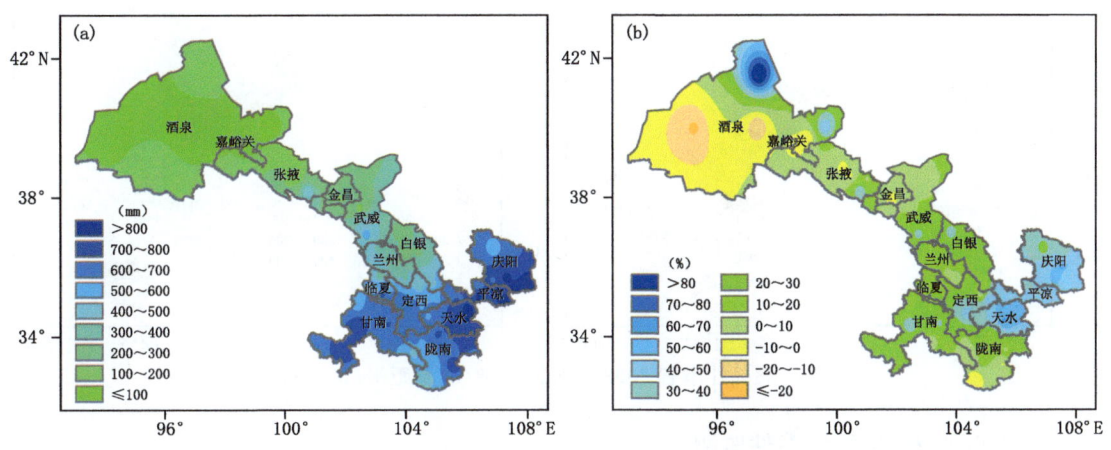

图2.26 甘肃省2003年降水量(a)及距平百分率(b)分布

2)气温

2003年,甘肃省平均气温为8.5 ℃,较常年高0.8 ℃,为近7年最低。最高出现在文县,为15.5 ℃,最低在乌鞘岭,为0.8 ℃。祁连山区和甘南高原边坡年平均气温在0~5 ℃,陇南最高,其次为陇东和酒泉市,年平均气温在9~15 ℃。与常年同期相比,全省大部分地区高0.5~1.5 ℃,其中,甘南南部高1.0~1.5 ℃,陇东正常。全省年平均气温是近7年来最低的一年(图2.27)。

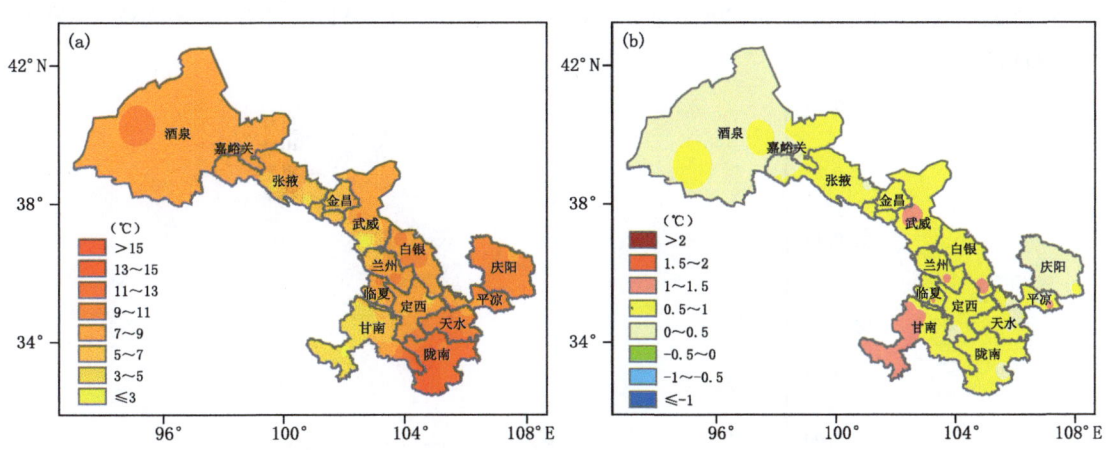

图2.27 甘肃省2003年平均气温(a)及距平(b)分布

3）日照

2003年，甘肃省年平均日照时数为2353.4 h，较常年少4.1%，最大出现在玉门，为3311.2 h；最小为康县，为1449.3 h。河西为2800～3500 h，陇中北部和陇东2200～2800 h，陇中南部、甘南高原、陇南北部为1800～2200 h，陇南南部为1200～1800 h；与常年同期相比，全省大部分地区正常略偏少。其中，河东中东部、陇东南部、陇东南部、陇中西部较常年同期少50～200 h；酒泉市南部、陇中北部较常年同期多50～150 h；省内其余地区和常年平均相当（图2.28）。

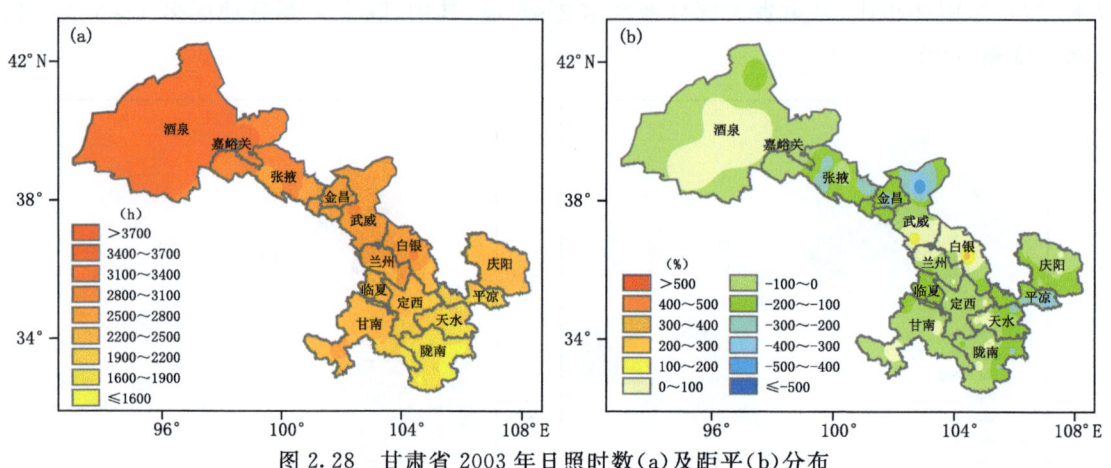

图2.28　甘肃省2003年日照时数(a)及距平(b)分布

(2) 2003年天气、气候事件监测

1) 干旱

由于2002年甘肃省伏秋连旱，土壤底墒差，冬季降雪又少，2003年开春后，河西中西部、中部偏北地区及陇南南部和陇东西南部地区降水比常年少2～7成，出现了早春旱，干旱影响春播进度，个别地方无法按时下种。春末夏初，由于降水持续偏少，旱情不断发展，春末夏初旱明显，使旱作农业区部分地方冬小麦成熟及产量形成、春小麦抽穗和扬花、秋作物正常生长不利，中部部分地区的春小麦植株青干死亡，抽穗、授粉不良，灌浆期缩短，同时对玉米、早播洋芋及糜谷等大秋作物的正常生长发育也造成一定不利影响。

各月的干旱日百分比显示，2003年2—3月、6月至8月中旱以上干旱百分比较大，最大在5%左右（图2.29）。

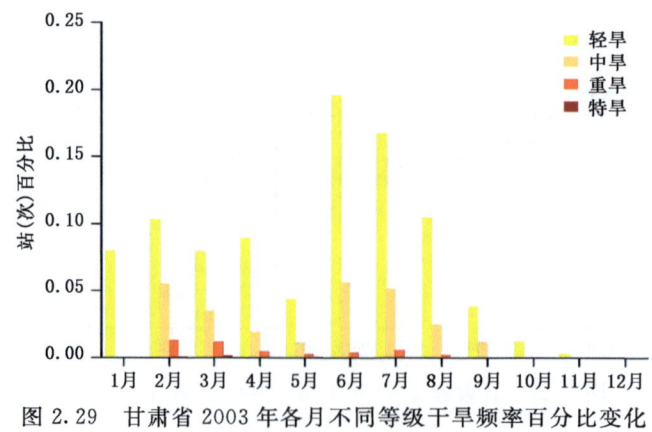

图2.29　甘肃省2003年各月不同等级干旱频率百分比变化

2)沙尘暴

2003年,沙尘暴次数明显偏少,共出现区域性(≥3站)沙尘暴2次,其中,4月9日,金塔、张掖、民勤、兰州等地出现沙尘暴,能见度普遍在900 m以下,金塔为强沙尘暴,最大风速达25 m/s(10级)。

3)冰雹

2003年,甘肃省出现区域性雹灾(日站数≥5站)2次,分别是5月4日(天祝、永登、红固、和政、合作、玛曲6站)和9月21日(皋兰、永登、靖远、白银、安定区、华家岭、康乐、玛曲8站)。区域性冰雹是近10年较少的年份。

4)暴雨

2003年,甘肃省出现区域性(≥5站)暴雨3次,7月15日崇信、华亭、泾川、灵台、崆峒、宁县、正宁、合水、镇原、西峰、张家川11站降暴雨,8月25日通渭、陇西、西峰、庆城、镇原、合水、华池、环县8站降暴雨,其中,庆城和合水为大暴雨,8月28日华亭、静宁、泾川、张家川、康县5站降暴雨。

5)连阴雨

2003年,甘肃省共出现区域性连阴雨14次,较历年(1961—1990年)偏多,其中,春季2次,夏季9次,秋季3次,最大范围出现在9月24日至10月4日,甘肃省大部分地区出现连阴雨(62站),持续时间7~11 d,过程雨量16~120 mm。

(3)2003年生态环境监测

1)遥感监测

祁连山积雪:2003年,祁连山年平均积雪面积为15317.9 km²,与2002年基本相同,比历年(2000—2002年)多2成。东、西段年平均积雪面积均比2002年略少,比历年多2成、1成以上;中段比2002年多3成,与历年多近3成(表2.5)。祁连山最大积雪面积出现在11月(图2.30a)。东段最大积雪面积出现在11月,中段出现在10月,西段出现在11月(图2.30b)。

表2.5 2003年祁连山积雪面积

	积雪面积(km²)	与2002年比较	与历年比较
东段	3609.1	少2.8%	多22.0%
中段	5265.8	多30.3%	多29.2%
西段	6442.9	少7.4%	多12.9%
总面积	15317.9	多4.1%	多20.2%

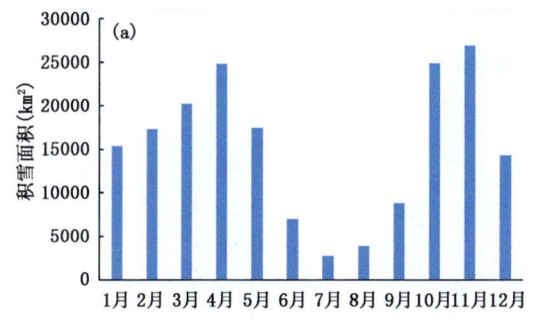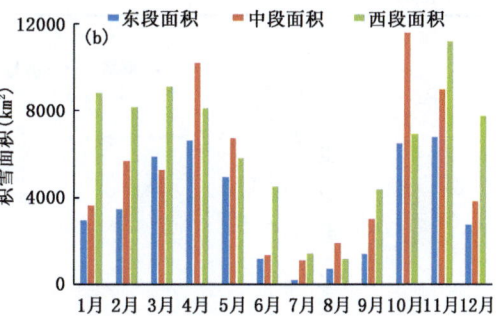

图2.30 2003年祁连山积雪各月总面积(a)与分段面积(b)变化

植被长势：2003年，甘南东南部、陇南南部、天水东南部、庆阳东部植被覆盖度大于50%，祁连山中东部、甘南大部、陇南中部、定西南部、临夏南部、天水中部、平凉中东部、庆阳东南部地区为30%～50%，河西走廊、兰州大部、白银大部和临夏、定西、庆阳等市（州）中北部及天水、平凉两市西部地区为10%～30%，其余地区在10%以下（图2.31a）。与2002年同期相比，祁连山西部与东部、酒泉大部、张掖北部、武威中北部、兰州西北部、白银南部、临夏大部、甘南北部、陇南中部、定西大部、天水东部和庆阳西部地区植被较好，酒泉北部与南部、武威中北部、兰州东部、白银中部、甘南西南部、陇南北部与南部、天水西部及张掖、金昌、平凉、庆阳等市大部分地区植被较差，其余地区与2002年差别不大（图2.31b）。

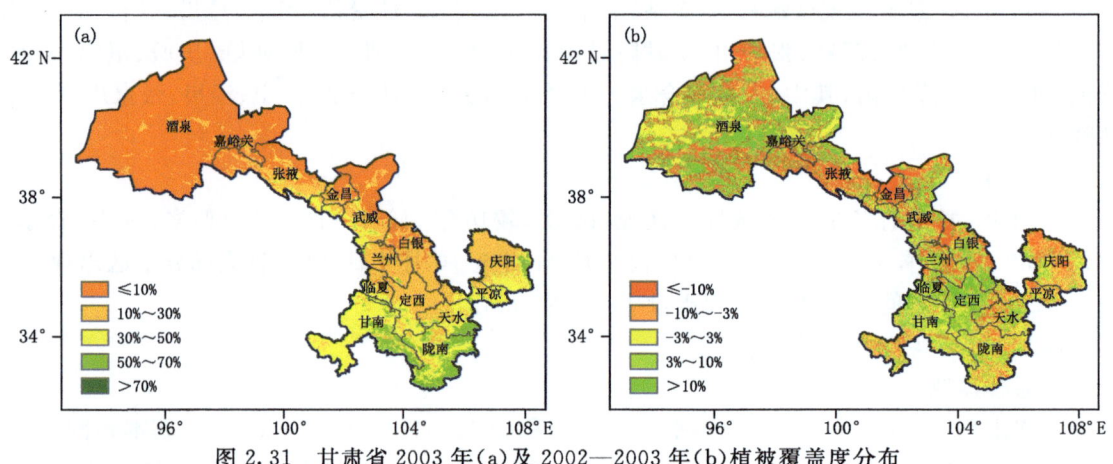

图2.31　甘肃省2003年(a)及2002—2003年(b)植被覆盖度分布

内陆水体面积：2003年，双塔水库年平均水体面积为11.5 km²，比2002年少3成以上，比历年（2000—2002年）少2成以上；红崖山水库为13.8 km²，比2002年多1成以上，比历年多5成以上；刘家峡水库为98.1 km²，与2002年基本相同，比历年多1成以上（表2.6）。双塔水库最大水体面积出现在3月，红崖山水库出现在10月，刘家峡水库出现在10月（图2.32）。

表2.6　2003年甘肃省内陆水体面积情况

	水库面积（km²）	与2002年比较	与历年比较
双塔	11.5	少31.8%	少22.1%
红崖山	13.8	多16.3%	多53.6%
刘家峡	98.1	少0.8%	多13.2%

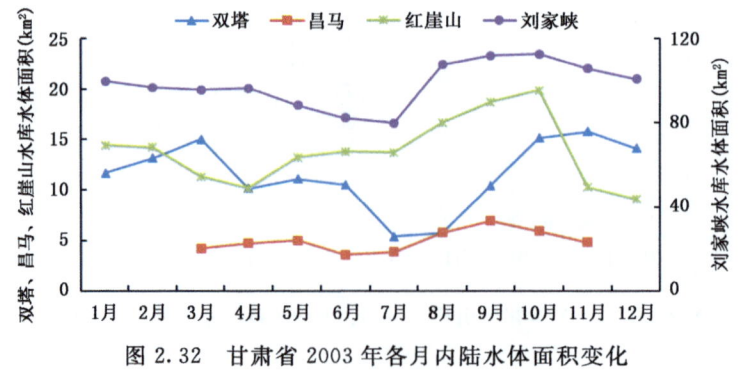

图2.32　甘肃省2003年各月内陆水体面积变化

2)荒漠生态环境监测

酸雨:2003年,武威市民勤县共监测降水样本33个,降水pH均高于5.6,未出现酸雨天气。全年pH平均为7.26,最大值为8.43(3月4日),最小值为6.17(6月25日)。降水电导率年平均98.1 μS/cm,最大值248.0 μS/cm(5月5日),最小值19.3 μS/cm(6月25日)(图2.33)。

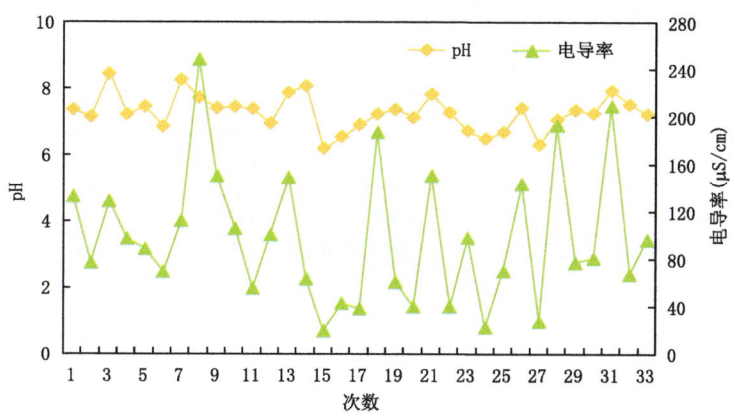

图2.33 2003年武威市民勤县逐次降水pH及电导率变化

2.4.2 评估

(1)2003年干旱气候条件对农业的影响评估

2003年,甘肃省大部分地区降水偏多,虽出现了早春旱,但影响轻;初夏旱明显,对中部春小麦开花及灌浆前期影响重,庆阳市冬小麦灌浆也受到影响,夏粮其余时段水分条件较好;秋粮生长关键期水分条件较好,但成熟收获期的阴雨天气造成一定影响。总体来说,2003年夏、秋粮农业气象条件属近年来较好年份。

(2)2003年干旱气候条件对水资源的影响评估

由于2002年伏秋连旱,甘肃省20多条河流来水普遍偏枯,黄河出现了历史上罕见的枯水现象,加之2003年3月部分地区少雨干旱,2002年水库和水窖蓄水少,直接影响春季灌溉,干旱还造成局部地区人畜饮水困难。

夏、秋两季甘肃省大部分地区降水偏多,对水库、水窖及池塘蓄水十分有利。截至11月底,甘肃省各种水库(不包括刘家峡、八盘峡、盐锅峡和碧口水库)蓄水比2002年同期多52%,其中,河西多51%,河东多64%。

(3)2003年干旱气候条件对其他行业的影响评估

前冬(2002年12月)甘肃省大部分地区降雪偏多,公路有积雪,对交通运输不利。隆冬和后冬气温偏高明显,许多地区突破或接近有气象记录以来同期最高值,对交通运输、人们出行、节日访友和旅游、节约采暖能源等都有利。但容易引发冬季感冒流行,影响人体健康。春季3月大部分地区少雨晴天多,对交通运输、施工、人们出行和旅游等有利。4—11月部分地区出现冰雹、暴雨和连阴天雨天气,对交通运输、施工、人们出行和旅游等都有不同程度的不利影响。

(4)2003年干旱气候条件对城市空气质量的影响评估

2003年,兰州市空气质量优、良日数为218 d,占总日数的60%,比2002年增加63 d,其中,良的日数增加56 d;Ⅲ级以上污染日数均较2002年减少,其中,Ⅴ级重污染为9 d,比2002

年减少 27 d(图 2.34)。

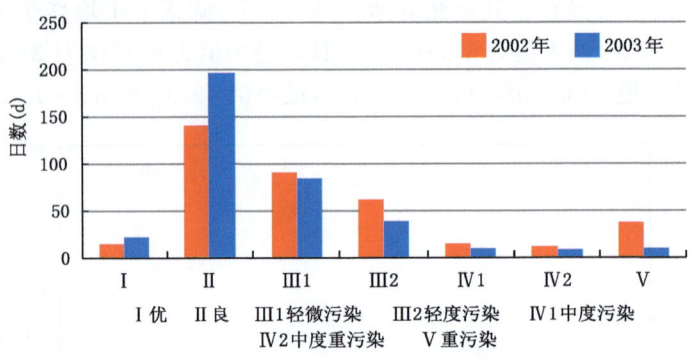

图 2.34　2003 年兰州市空气质量等级与 2002 年对比变化

2.5　2004 年甘肃省干旱生态环境气象监测与评估

2.5.1　监测

(1)2004 年干旱气候监测

2004 年,甘肃省气温偏高,降水偏少,日照时数偏多。第一场透雨出现时间分散,大部分地区透雨偏迟。出现了春旱、夏旱和秋旱,但大部分地区有效降水时、空分布比较适时、均匀,减轻了干旱程度。早、晚霜冻强度强,农作物受灾较重。沙尘暴范围小、次数少。夏季冰雹较多,局地成灾。暴雨较多,暴洪灾害范围大,局地灾情较重。综合分析,2004 年的气候条件属一般(正常)年景。

1)降水

2004 年,甘肃省年平均降水量为 350.8 mm,较常年少 13.5％,为近 6 年最少。最大出现在合水,为 645.6 mm,最小在马鬃山,为 30.1 mm。河西中东部、中部地区为 100～400 mm,省内其余地区为 400～500 mm；与常年同期相比,肃州区北部多 2 成以上,河西西部、甘南、中部偏北地区、陇南少 2～3 成,省内其余地区基本正常(图 2.35)。

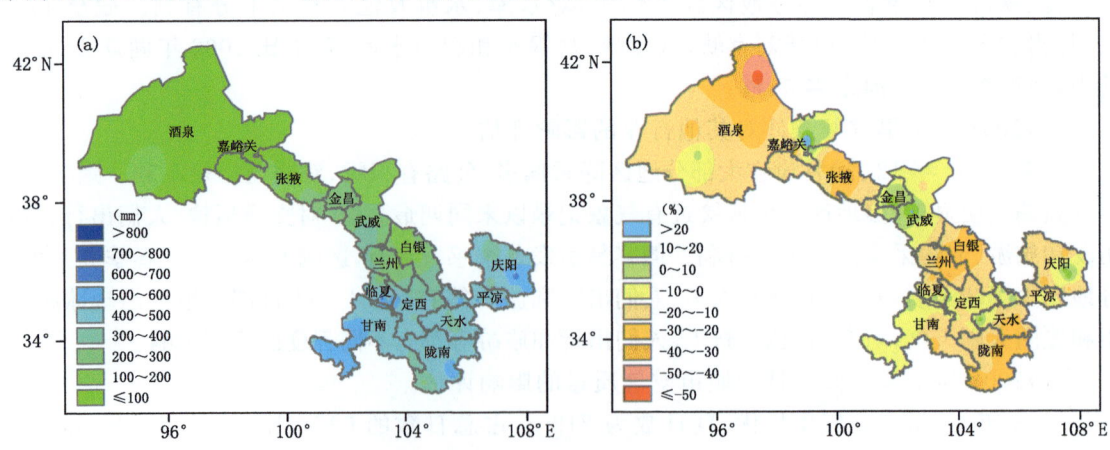

图 2.35　甘肃省 2004 年降水量(a)及距平百分率(b)分布

2)气温

2004年,甘肃省年平均气温为8.6 ℃,较常年高0.8 ℃,是近10年连续第8个偏高年份。最高出现在文县,为15.8 ℃,最低出现在乌鞘岭,为0.6 ℃。祁连山区和甘南高原边坡年平均气温在0~5 ℃,陇南最高,其次为陇东和酒泉市,年平均气温在9~15 ℃。与常年同期相比,全省大部分地区高0.5~1.5 ℃,其中,河西、中部偏北地区、陇东高1.0~1.5 ℃(图2.36)。

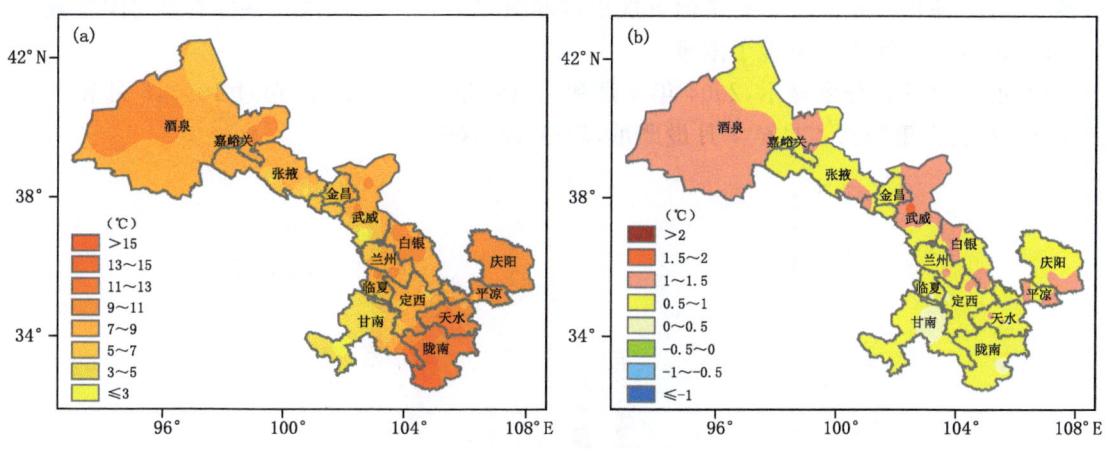

图2.36 甘肃省2004年平均气温(a)及距平(b)分布

3)日照

2004年,甘肃省年平均日照时数为2570.2 h,较常年多4.8%,最多出现在马鬃山,为3561.6 h,最少在文县,为1649.9 h。河西为2800~3500 h,陇中北部和陇东为2200~2800 h,陇中南部、甘南高原、陇南北部为1800~2200 h,陇南南部为1200~1800 h;与常年同期相比,中部偏北地区和陇东北部多200~300 h,省内其余大部分地区多50~200 h(图2.37)。

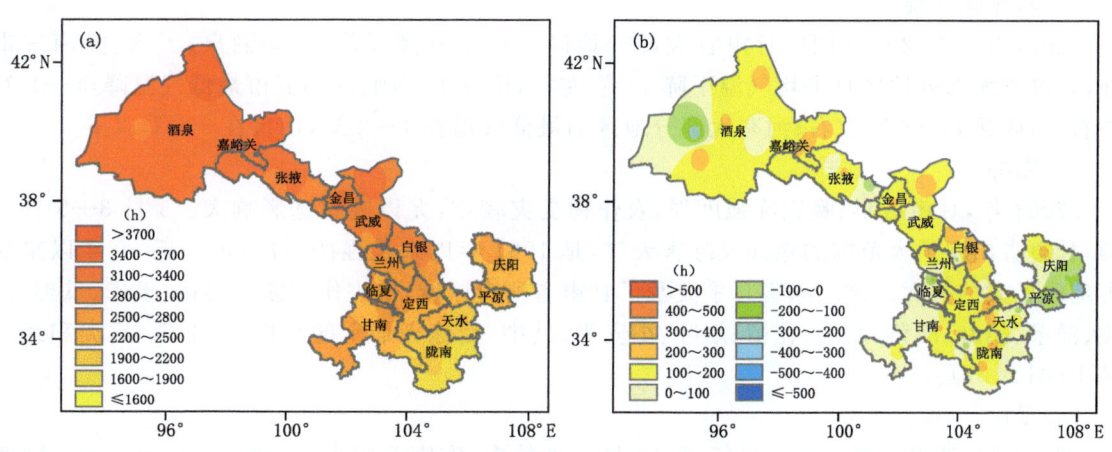

图2.37 甘肃省2004年日照时数(a)及距平(b)分布

(2)2004年天气、气候事件监测

1)干旱

2004年,甘肃大部分地区出现了春旱,严重春旱区在酒泉市北部、定西市南部、天水市和陇南地区北部,降水大都比常年少6~8成;重春旱区在河西西部和东部、中部、陇东和陇南大部分地区,降水大都少4～6成;偏旱区在河西的部分地区、甘南州和庆阳市北部,降水大都比常年少2～4成。6月以来,由于甘肃省大部分地区降水持续偏少,全省出现了初夏至盛夏旱,严重旱区在河西、陇东、白银、兰州、天水和陇南市的东部,这些地区降水少6～9成,重旱区在定西市、陇南市西部、临夏和甘南两州,干旱影响春小麦灌浆,对玉米、洋芋等大秋作物生长不利,部分地区的作物枯萎、春小麦青秕、豆类奄尖,还导致兰州市境内河流来水偏少,庄浪河断流,各大水库、塘坝蓄水减少。石羊河首次出现断流,红崖山水库出现干枯,龟裂的库底触目惊心。部分地区人畜饮水也出现了困难。

各月的干旱日百分率显示,2004年4月和5月特旱百分比最大,超过10%,6月和7月次之,在6%左右。重旱在4月至7月最严重,超过10%(图2.38)。

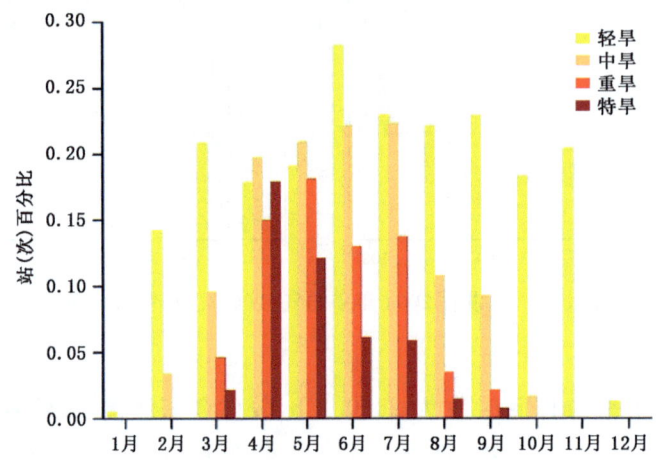

图2.38 甘肃省2004年各月不同等级干旱频率百分比变化

2)寒潮强降温

2004年4月29—30日,甘肃省大部分地区出现了寒潮强降温,除酒泉、天水、陇南三市外,甘肃省大部分地区日平均气温下降11 ℃左右,出现了寒潮;河西五市最低气温降至−1 ℃左右,山区达到−8 ℃左右;河东大部分地区的最低气温在1～2 ℃,山区在−2 ℃以下。

3)霜冻

2004年,甘肃省早、晚霜冻强度强,农作物受灾较重,尤以晚霜冻影响大。5月3—5日清晨,甘肃省出现了大范围的霜冻及冻害天气,是1981年以来最强的一次,也是近50年以来受害范围最大的一次。这次冻害几乎波及了甘肃省所有区域,受害作物涉及棉花、玉米、瓜类、豆类、洋芋、胡麻、油菜、甜菜、花椒、烟叶、小麦等,其中,受冻害最重的是棉花、玉米、瓜类和经济林木(图2.39)。

4)暴雨

2004年,甘肃省暴雨出现早(5月10日)、次数多、灾害范围大,出现了区域性(≥5站)暴雨1次,最强出现在8月19日。5月10日清晨,陇南市礼县草坪、桥头乡发生突发性特大暴雨,草坪乡70 min降水量约120 mm,造成7人死亡,3人受伤,直接经济损失达1489.2万元(图2.40)。

8月19日,甘肃省出现了2004年入汛以来最强的降水天气过程,共有13个站达暴雨,庆城雨量最大达82.5 mm,这次区域性暴雨过程是全省自1981年以来最强的一次。另外,7月

图 2.39　2004 年 5 月 3—5 日酒泉市下河清乡(a)及总寨镇(b)受冻梨树和棉苗

图 2.40　2004 年 5 月 10 日水毁道路(a)及房屋(b)

24 日降水稀少的金塔县(年平均降水量为 62.1 mm)出现了罕见暴雨(雨强达暴雨标准),降水量达 42.6 mm,突破历史日降水极值。暴雨给农业生产、水利设施和群众生命财产造成了一定损失(图 2.41 和图 2.42)。

图 2.41　2004 年 7 月 24 日被暴雨冲毁的进水渠道　　图 2.42　2004 年 7 月 24 日金塔暴雨

5)沙尘暴

2004年,共出现沙尘暴7次,4次为区域性(≥3站)沙尘暴(春季2次,夏季2次),是1990年以来第3个偏少年。最强出现在7月12—13日,甘肃省鼎新、金塔、肃州区、玉门镇先后出现了沙尘暴天气(图2.43),最大风速达18 m/s,最小能见度为200 m,其中,鼎新、金塔达强沙尘暴。2004年夏季沙尘暴天气属近十几年少见。

图2.43　7月12—13日区域性沙尘暴(风沙中的肃州城区)

(3)2004年生态环境监测

1)遥感监测

祁连山积雪:2004年,祁连山年平均积雪面积为17903.7 km²,比2003年多1成以上,比历年(2000—2003年)多3成以上。东、中、西段年平均积雪面积分别比2003年多1成、1成、2成以上,均比历年多3成以上(表2.7)。祁连山最大积雪总面积出现在11月(图2.44a)。东段最大积雪面积出现在3月,中段出现在5月,西段出现在11月(图2.44b)。

表2.7　2004年祁连山积雪面积

	积雪面积(km²)	与2003年比较	与历年比较
东段	4065.2	多12.6%	多30.3%
中段	5930.7	多12.6%	多35.6%
西段	7907.8	多22.7%	多34.2%
总面积	17903.7	多16.9%	多33.8%

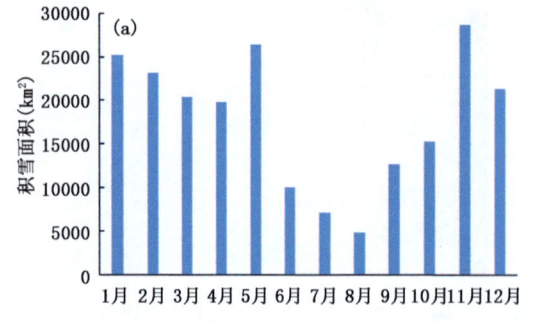 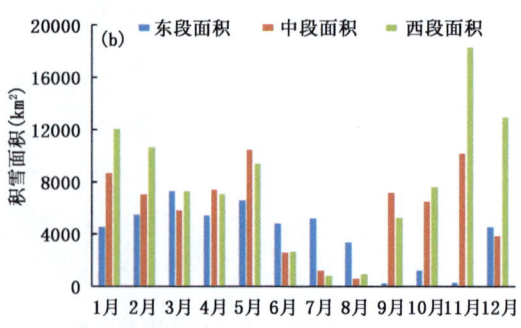

图2.44　2004年祁连山积雪各月总面积(a)与分段面积(b)变化

植被长势：2004年，甘南东南部、陇南南部与东部、天水东南部、庆阳东部植被覆盖度大于50%，祁连山中东部、甘南大部、陇南中部、定西南部、临夏南部、天水中部、平凉中东部、庆阳东南部地区在30%～50%，河西走廊、兰州西部与东部、白银南部和临夏、定西、庆阳等市（州）中北部及天水、平凉两市西部在10%～30%，其余地区在10%以下（图2.45a）。与2003年同期相比，祁连山中部与东部、酒泉中部、张掖中部、武威中北部、白银南部、甘南西部与南部、定西中北部、庆阳中东部及金昌、天水、平凉、陇南等市大部分地区植被长势较好，酒泉北部与南部、张掖大部、武威东南部、兰州大部、白银大部、定西南部、陇南南部和庆阳北部地区植被长势较差，其余地区与2003年相差不大（图2.45b）。

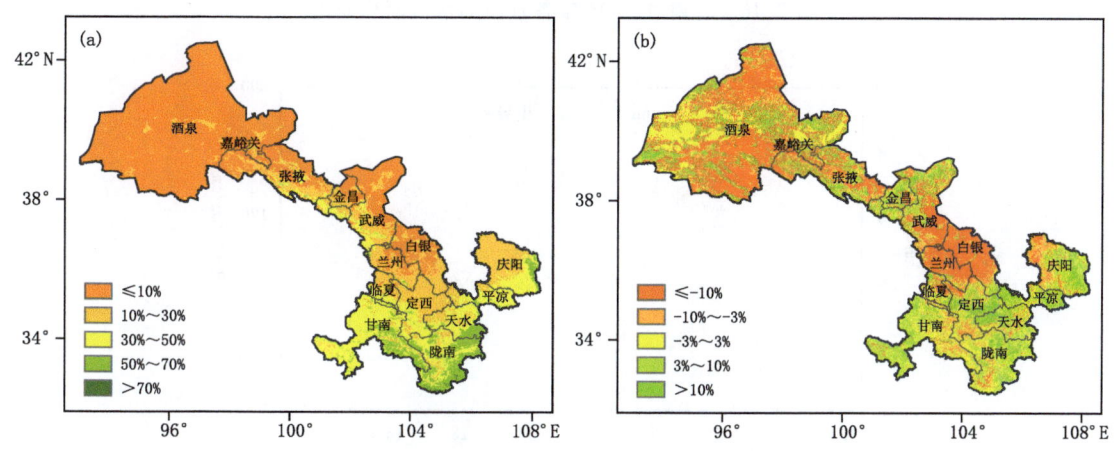

图2.45 甘肃省2004年（a）及2003—2004年（b）植被覆盖度分布

内陆水体面积：2004年，双塔水库年平均水体面积为14.2 km²，比2003年多2成以上，与历年（2000—2003年）基本相同；昌马水库为4.2 km²，比2003年少1成以上；红崖山水库为9.5 km²，比2003年少3成，比历年少近1成；刘家峡水库为103.5 km²，比2003年多近1成，比历年多1成以上（表2.8）。双塔水库最大水体面积出现在3月，昌马水库出现在9月，红崖山水库出现在10月，刘家峡水库出现在10月（图2.46）。

表2.8 2004年甘肃省内陆水体面积情况

	水库面积（km²）	与2003年比较	与历年比较
双塔	14.2	多23.1%	多1.5%
昌马	4.2	少15.8%	—
红崖山	9.5	少30.6%	少6.0%
刘家峡	103.5	多5.5%	多15.6%

2）荒漠生态环境监测

酸雨：2004年，武威市民勤县共监测降水样本18个，降水pH均大于5.6，未出现酸雨天气。全年pH平均为7.03，最大值为8.13（10月16日），最小值为6.37（6月3日）。降水电导率年平均79.5 μS/cm，最大值169.3 μS/cm（9月24日），最小值22.4 μS/cm（7月28日）（图2.47）。

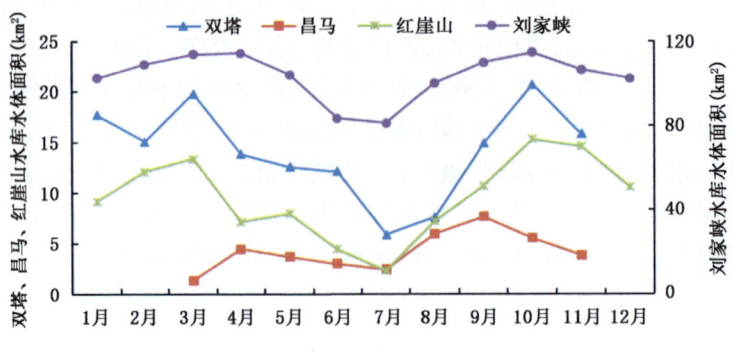

图 2.46　甘肃省 2004 年各月内陆水体面积变化

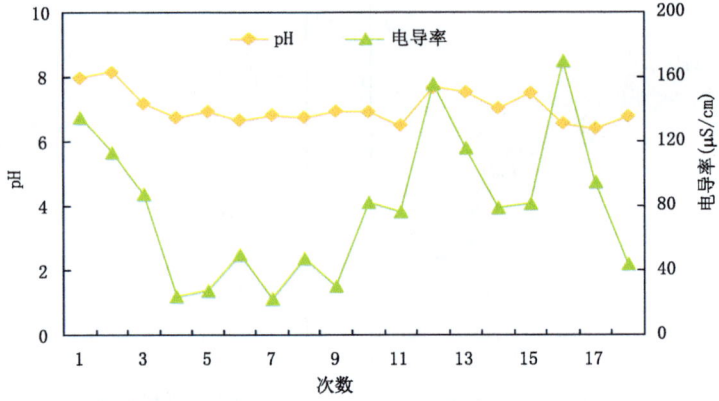

图 2.47　2004 年武威市民勤县逐次降水 pH 及电导率变化

荒漠区土壤墒情：东部荒漠区土壤墒情显示，表层 10～20 cm 土壤相对湿度变化大，在 4％～81％；中层 20～30 cm 土壤相对湿度起伏较小，在 3％～24％；深层 40～50 cm 土壤相对湿度维持在 2％～13％，变化很小。2004 年，东部荒漠区大多数时间土壤墒情较差（图 2.48）。

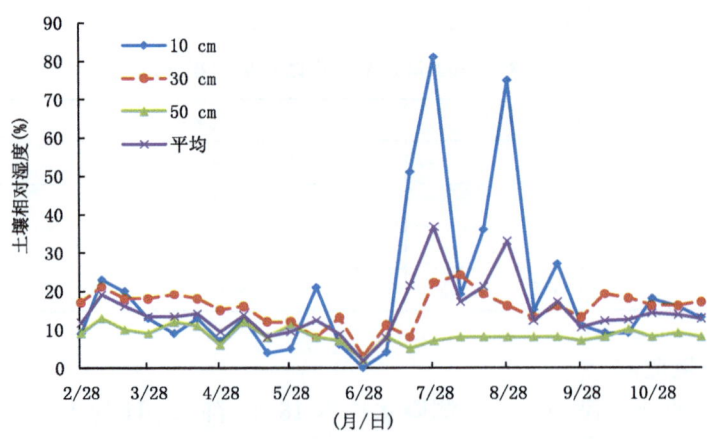

图 2.48　2004 年武威市东部荒漠区土壤墒情变化

2.5.2 评估

(1)2004年干旱气候条件对农业的影响评估

1)冬小麦

从整个生育期看,气象条件利多弊少。在拔节—抽穗的关键期,由于降水持续偏少,土壤墒情较差,不利于冬小麦小花分化增加穗粒数,对产量的形成影响较大。

2)春小麦

春小麦播种到入夏前,由于底墒较好以及干旱影响较小,麦苗整体长势较好。进入6月以后,特别是6月中旬至7月上旬正值春小麦灌浆期,由于旱情不断发展,春小麦灌浆受到影响。总体而言,春小麦整个生育期的农业气象条件较适宜,有利于春小麦稳产、高产。

3)玉米

玉米从播种到4月底长势较好;5月3—5日的强霜冻使各地玉米受到不同程度的冻害,虽然补种及时,但补种的玉米植株有高有矮,有壮有弱,株间生育期参差不齐,苗情长势差于2003年同期,对玉米籽粒成熟有一定影响。

4)马铃薯

6月中旬到7月上旬,干旱对马铃薯的正常生长产生了一定不利影响。7月上旬以后,虽然总体降水偏少,但降水适时,保证了马铃薯的最终产量形成。

(2)2004年干旱气候条件对水资源的影响评估

2004年,降水偏少,对水库、水窖及池塘蓄水不利。兰州市境内河流来水偏少,庄浪河出现断流,石羊河首次出现断流,红崖山水库出现干枯,湖底出现龟裂,部分地区的人畜饮水也出现了困难。截至11月底,甘肃省各种水库(不包括刘家峡、八盘峡、盐锅峡和碧口水库的容量)蓄水 56641 万 m^3,比2003年同期少14%。

(3)2004年干旱气候条件对其他行业的影响评估

1月,河西、甘南高原降雪偏多,牧区草场被积雪覆盖,对牲畜野外放牧不利;积雪对交通运输等造成不利影响。春季和初夏大部分地区降水偏少,晴天多,对交通运输、野外施工、人们出行和旅游等有利。7月和8月部分地区出现暴雨和冰雹,对各行各业均有不同程度的影响。秋季大部分地区气候条件对交通运输、施工、人们出行和旅游等有利。12月下旬降雪、降温天气较多,对交通运输、人们出行访友和旅游有一定不利影响。

(4)2004年干旱气候条件对城市空气质量的影响评估

2004年,兰州市空气质量优、良日数为 199 d,占总日数的54%,比2003年少 19 d,其中,优的日数少 16 d;Ⅲ级轻微污染和轻度污染分别为 107 d 和 42 d,均较2003年增多,其中,轻微污染日数增加明显;Ⅳ级以上污染日数比2003年少,其中,Ⅴ级重污染为 7 d,比2003年少 2 d(图2.49)。

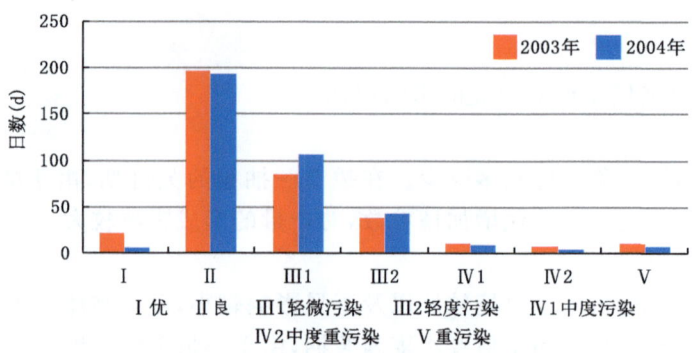

图 2.49 2004 年兰州市空气质量等级与 2003 年对比变化

2.6 2005 年甘肃省干旱生态环境气象监测与评估

2.6.1 监测

(1)2005 年干旱气候监测

2005 年,甘肃省气温偏高,降水正常略偏多,日照时数偏少。第一场透雨出现时间偏迟。出现了春旱、初夏旱、伏旱、伏秋旱、秋旱,有效降水时空分布比较适时、均匀,减轻了干旱程度。晚霜冻范围较大,部分地区农作物受灾。沙尘暴范围小、次数少,局地成灾;冰雹少,灾害较轻;暴雨范围大,灾害较重;连阴雨较多,利多弊少。综合分析,2005 年的气候条件属一般年景。

1)降水

2005 年,甘肃省年平均降水量为 422.91 mm,较常年多 4.3%,最大出现在碌曲,为 784.5 mm,最小在鼎新,为 48.3 mm。甘南、定西、陇南、天水等市(州)年降水量在 500 mm 以上,张掖、武威、兰州、白银等市在 100～350 mm,酒泉市最少,年均降水量在 100 mm 以下;与常年同期相比,除河西西北部和东部、陇东大部、陇南南部正常略偏少外,省内其余地区正常略偏多(图 2.50)。

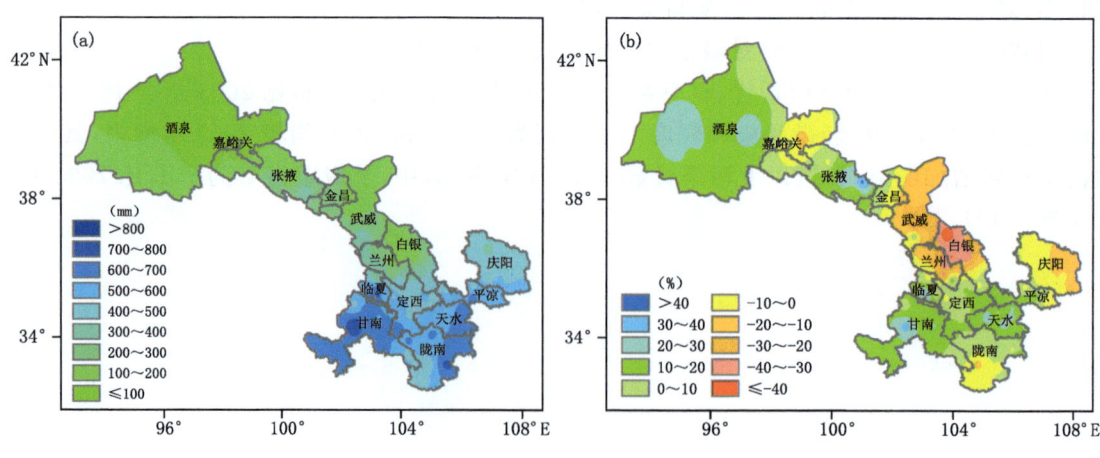

图 2.50 甘肃省 2005 年降水量(a)及距平百分率(b)分布

2)气温

2005年,甘肃省年平均气温为8.4 ℃,较常年高0.7 ℃,是近10年连续第9个偏高0.6 ℃以上的年份。最高出现在文县,为15.3 ℃,最低在乌鞘岭,为0.6 ℃。河西为0.6~8 ℃,中部、陇东为6~10 ℃,甘南为4~8 ℃,陇南为10~14 ℃;与常年同期相比,除甘南高原低2.5 ℃以上外,河西高0.4~1.0 ℃,陇东高0.6~1.5 ℃,陇南市局地高2.5 ℃以上,省内其余地区高0.4~0.8 ℃(图2.51)。

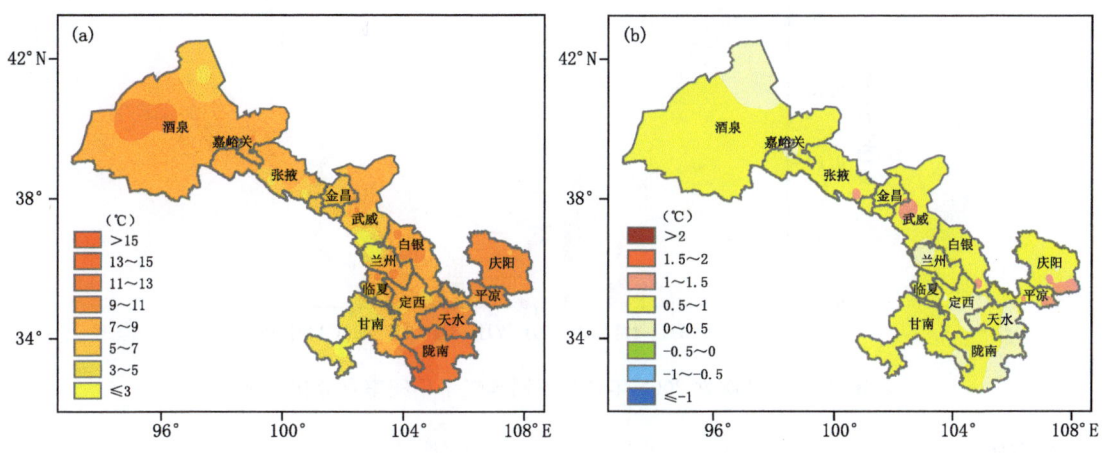

图2.51　甘肃省2005年平均气温(a)及距平(b)分布

3)日照

2005年,甘肃省年平均日照时数为2380.6 h,较常年少3%,最多出现在马鬃山,为3466.4 h,最少在文县,为1433.9 h。河西和陇中北部2300~3500 h,陇中南部、陇东和甘南1800~2500 h,陇南1400~1800 h。与常年同期相比,河西大部、陇中和陇东的北部地区多100~200 h,河西东南部、陇中大部、陇东南部、甘南和陇南地区少100~300 h(图2.52)。

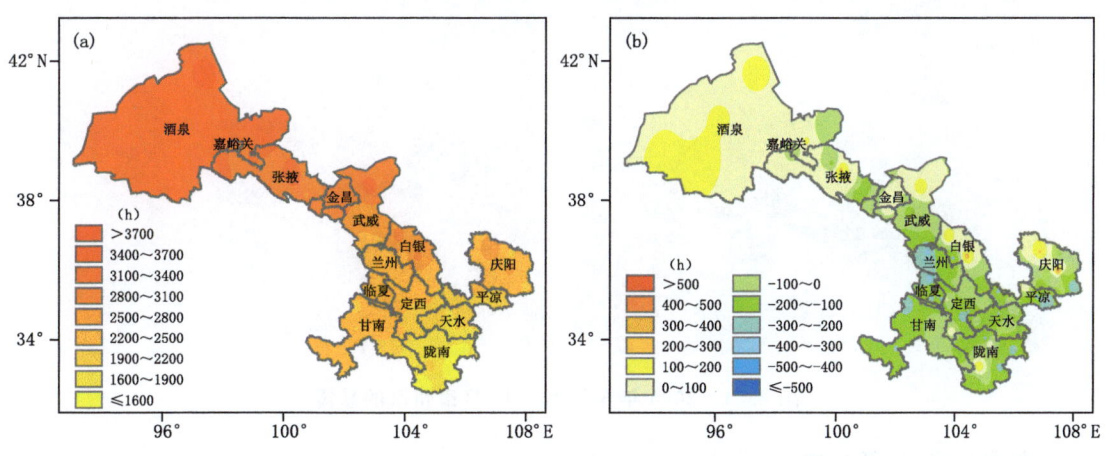

图2.52　甘肃省2005年日照时数(a)及距平(b)分布

(2)2005年天气、气候事件监测

1)干旱

2005年,甘肃省干旱时段多,3上旬至5月上旬大部分地区出现春旱、6月上中旬大部分地区出现初夏旱,7月中旬至8月上旬在陇中北部出现伏旱,8月下旬至9月上旬大部分地区出现伏秋旱,10月下旬至11月下旬大部分地区出现秋旱,给农业生产造成了一些影响。

各月的干旱日百分率显示,2005年5月特旱比例最大(7%左右),4月次之,不到2%。5月重旱百分比最大,超过10%,4月、6月和9月次之,不到5%(图2.53)。

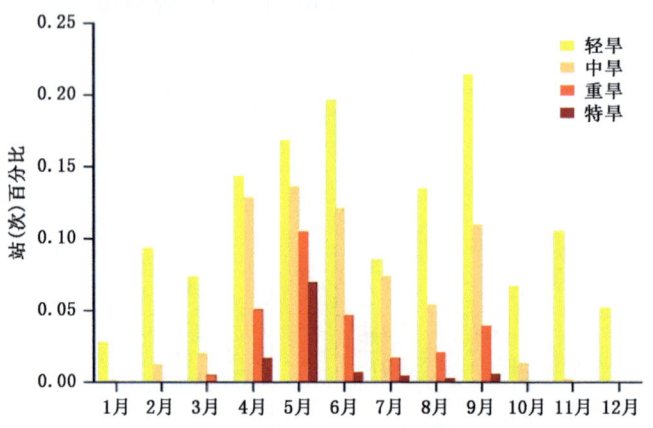

图2.53 甘肃省2005年各月不同等级干旱频率百分比变化

2)雪灾

3月13—15日,甘肃省酒泉市的安西、玉门、肃州区、金塔、肃北、阿克塞等县(区)出现雪灾,其中,肃州区(图2.54)、玉门14日降雪量分别为13.7 mm、13.0 mm,达暴雪,突破历史同期日最大降雪量,肃北县最大积雪深度达60 cm。3月20—25日,甘南州的玛曲、卓尼、临潭三县出现雪灾,其中,玛曲最大积雪深度达50 cm。

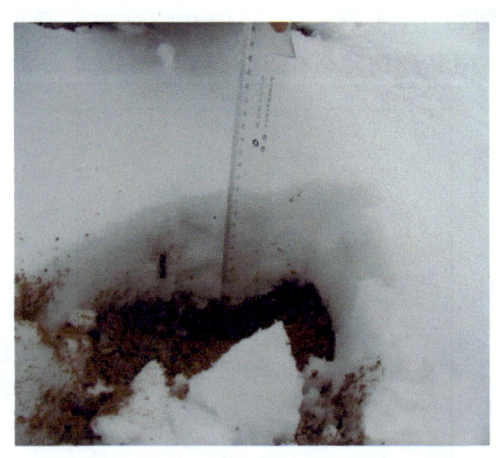

图2.54 2005年3月13—15日肃州区的暴雪

3)寒潮强降温、低温冻害

2005年春季,甘肃省寒潮强降温、低温霜冻等天气较往年多。4月6—9日,甘肃省有31个站48 h降温达到寒潮标准,降幅最大出现在肃北(17.1 ℃);有31个站48 h降温达到强降温标准。4月8—14日、5月6日,甘肃省局部地区出现霜冻。

4)冰雹

2005年,甘肃省冰雹天气偏少,只出现1次区域性冰雹过程(日冰雹站数≥5站),5月30日下午到夜间,甘南、庆阳、定西、武威、平凉、临夏、天水等市(州)共有13个县出现冰雹,其中,庆阳市西峰城区冰雹最大直径达75 mm,地面积雹达4 cm(图2.55),雹灾来势之猛、持续时间之长、强度之大,为有气象记录以来所罕见。

图2.55　2005年5月30日庆阳市西峰区的冰雹

5)暴雨

2005年,甘肃省暴雨过程偏多,有36站(次)出现暴雨,6月30日至7月1日为区域性暴雨过程,甘肃省有30站出现暴雨,其中,康乐、康县、清水、张家川、西峰区、镇原、合水为大暴雨,雨量在107.1~137.6 mm。这次暴雨过程范围之大是甘肃省有气象记录以来最大的一次,造成的经济损失和人员伤亡较重(图2.56)。

5月28日19—23时,甘肃省定西市岷县境内发生局地暴洪灾害,因灾造成8人死亡,9人受伤,直接经济损失达3845.6万元。

6)沙尘暴

2005年,甘肃省沙尘暴过程偏少,有21站(次)出现沙尘暴,其中,4次区域性沙尘暴,分别出现在2月21日、4月18日、6月4日、7月16—17日,其中,7月16—17日最强,甘肃省河西

永登县道路

康县气象局毁坏掩埋的新办公楼后墙

天水麦积区水毁公路

天水麦积区暴洪

图 2.56　2005 年 6 月 30 至 7 月 1 日甘肃省部分地方暴雨灾情

有 13 站出现沙尘暴，6 站达强沙尘暴，最小能见度 100 m，最大风力达 10 级（25.1 m/s），这次沙尘暴过程是甘肃省近 20 年来夏季最强的一次。

(3)2005 年生态环境监测

1)遥感监测

祁连山积雪：2005 年，祁连山年平均积雪面积为 12985.3 km²，比 2004 年少 2 成以上，比历年（2000—2004 年）少近 1 成。东、中段均比 2004 年少 2 成，均与历年基本相同；西段比 2004 年少 3 成以上，比历年少近 2 成（表 2.9）。

表 2.9　2005 年祁连山积雪面积

	积雪面积（km²）	与 2004 年比较	与历年比较
东段	3217.1	少 20.9%	少 2.8%
中段	4724.1	少 20.3%	多 0.8%
西段	5044.1	少 36.2%	少 19.9%
总面积	12985.3	少 27.5%	少 9.1%

祁连山最大积雪总面积出现在3月(图2.57a)。东段最大积雪面积出现在2月,中段、西段均出现在3月(图2.57b)。

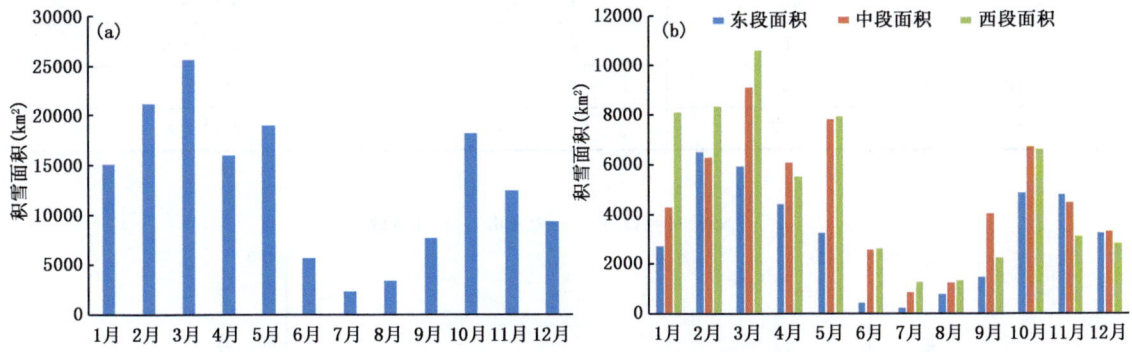

图2.57 2005年祁连山积雪各月总面积(a)与分段面积(b)变化

植被长势:2005年,甘南、陇南、天水等市(州)东南部和庆阳东部植被覆盖度大于50%,祁连山中东部、甘南大部、陇南中部、定西南部、临夏南部、天水中部、平凉中东部、庆阳东南部在30%~50%,河西走廊、兰州西部与东部、白银南部、临夏中北部、定西中北部、天水西部、平凉西部、庆阳中北部在10%~30%,其余地区在10%以下(图2.58a)。与2004年同期相比,祁连山西部、酒泉中南部、金昌西部、兰州北部与东部、白银南部、临夏北部、甘南南部、陇南北部、庆阳西部和张掖、定西、天水、平凉等市大部分地区植被较好,酒泉北部、金昌东部、武威大部、兰州中部、白银大部、临夏南部、甘南西南部和庆阳东部与北部较差,其余地区与2004年差别不大(图2.58b)。

内陆水体面积 2005年,双塔、昌马水库年平均水体面积分别为16.0 km²、5.8 km²,分别比2004年多1成、3成以上,比历年(2000—2004年)多1成、2成以上;红崖山水库为9.2 km²,与2004年基本相同,比历年少近1成;刘家峡水库为102.2 km²,与2004年基本相同,比历年多1成以上(表2.10)。双塔水库最大水体面积出现在10月,昌马水库出现在9月,红崖山水库出现在11月,刘家峡水库出现在4月(图2.59)。

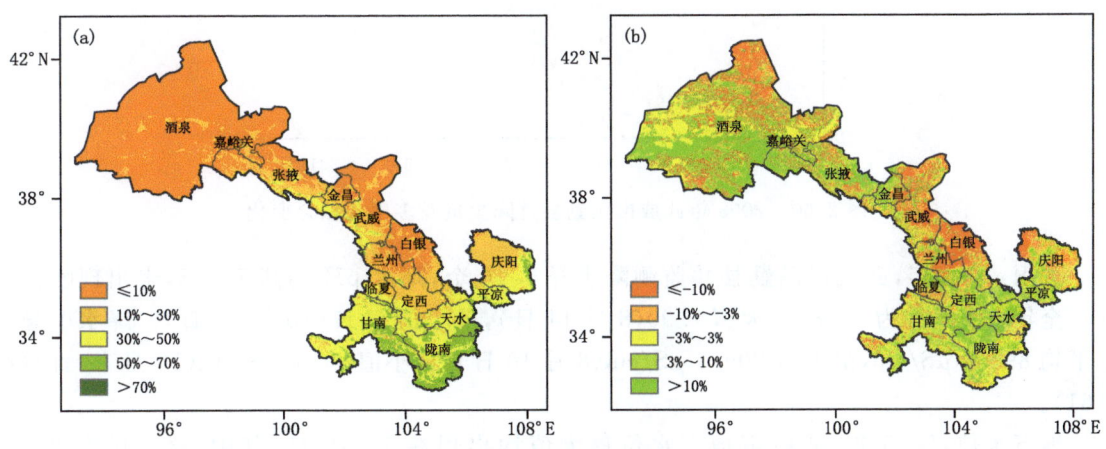

图2.58 甘肃省2005年(a)及2004—2005年(b)植被覆盖度分布

表 2.10 2005 年甘肃省内陆水体面积情况

	水库面积（km²）	与 2004 年比较	与历年比较
双塔	16.0	多 13.0%	多 14.3%
昌马	5.8	多 38.1%	多 26.3%
红崖山	9.2	少 4.1%	少 8.8%
刘家峡	102.2	少 1.2%	多 10.8%

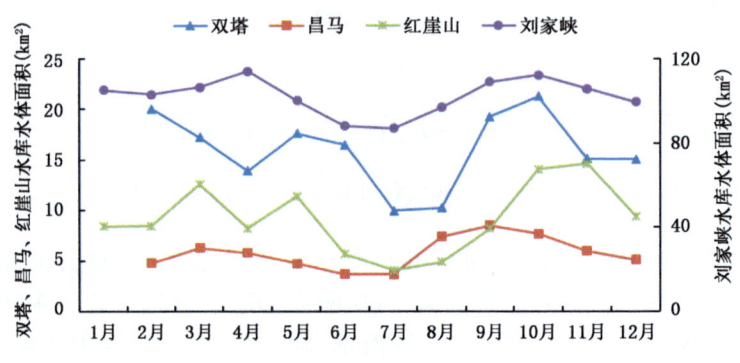

图 2.59 甘肃省 2005 年各月内陆水体面积变化

2）荒漠生态环境监测

大气降尘量：2005 年，武威市民勤县降尘总量为 1265.3 t/km²，最大出现在 5 月达 531.1 t/km²，占全年的 42%，这与春季大风、沙尘天气较多有关。秋季降水较多，植被覆盖度高，降尘量明显减小，最小值出现在 10 月，为 5.6 t/km²（图 2.60）。

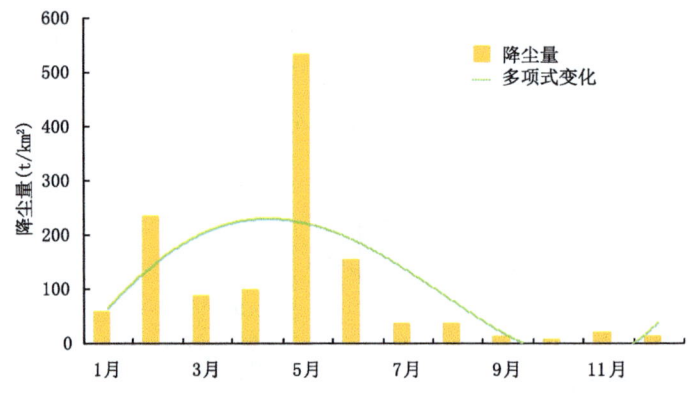

图 2.60 2005 年武威市民勤县月降尘量及多项式拟合变化

酸雨：2005 年，武威市民勤县共监测降水样本 16 个，降水 pH 均高于 5.6，未出现酸雨天气。全年 pH 平均为 7.38，最大值 7.90（8 月 14 日），最小值 6.17（10 月 12 日）。降水电导率年平均 89.68 μS/cm，最大值 209.3 μS/cm（8 月 10 日），最小值 17.7 μS/cm（10 月 12 日）（图 2.61）。

地下水位：2005 年，武威市地下水位最大值均出现在 7—10 月，其中，绿洲区在 8.3～8.9 m，极大值出现在 8 月，为 8.92 m；荒漠区在 30.6～33.6 m，极大值出现在 8 月，为

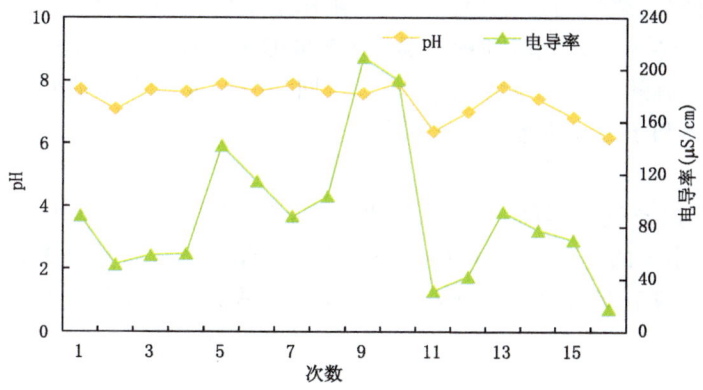

图 2.61　2005 年武威市民勤县逐次降水 pH 及电导率变化

33.6 m。受人类活动等影响,绿洲区地下水位变幅在 0.04～4.67 m,荒漠区在 0.02～3.82 m,绿洲区明显大于荒漠区(图 2.62)。

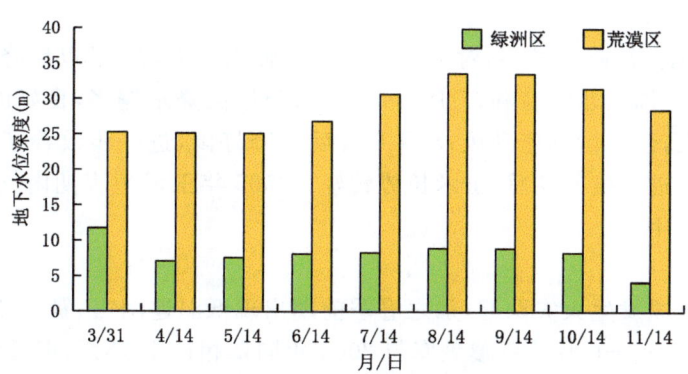

图 2.62　2005 年武威市荒漠与绿洲区地下水位变化

荒漠植物:2005 年,武威荒漠区旱芦苇 4 月 30 日返青,10 月 8 日果实成熟,6 月 30 日测得覆盖度 43%,单株丛鲜重 5.67 克,干重 2.11 克,达到年内最大值;梭梭 4 月 5 日返青,10 月 27 日果实成熟,7 月 31 日测得覆盖度 29%,单株丛鲜重达 1788.14 g,为年内最大值;红柳 4 月 18 日进入芽膨大期,5 月 28 日达到开花盛期,8 月 10 日种子开始成熟脱落,10 月 17 日落叶休眠;柠条 4 月 5 日芽膨大,4 月 30 日进入开花盛期,7 月 24 日种子成熟开始脱落,11 月 5 日开始落叶。

沙丘移动(活动沙丘):2005 年,沙丘移动速度为 2.39～6.16 m/a,平均移动速度为 4.27 m/a,移动方向:西北—东南,方位角在 24°～46°。

沙漠边缘进退:2005 年,沙漠边缘推进速度在 2.37～2.55 m/a,平均为 2.46 m/a。

2.6.2　评估

(1)2005 年干旱气候条件对农牧业的影响评估

1)冬小麦

2005 年,冬小麦从播种到出苗,各地光照充足,气温正常,墒情适宜,利于冬小麦幼苗生长;进入4月,甘肃省气温偏高,降水偏少,致使耕作层墒情持续下降,尤其是庆阳市出现了最严重的干旱,不利于冬小麦分化增加穗粒数,对产量形成产生较大影响;5月中旬甘肃省出现了首场区域性透雨,有效缓解了旱情,对冬小麦后期穗的形成及灌浆非常有利;5月下旬后,旱情再度发展蔓延,不利于冬小麦灌浆乳熟。

2)春小麦

2005年3月甘肃省气温偏高,春麦区降水偏多,土壤墒情良好,春小麦播种顺利;4月至5月上旬的干旱对春小麦的生长影响不大;5月中旬,甘肃省降水明显增多,浅层旱情普遍得到缓解,有利于春小麦拔节期的生长。进入5月下旬后,旱情再度发展蔓延,不利于春小麦拔节抽穗。

3)马铃薯

由于春旱,甘肃省马铃薯的播种受到影响;截至6月中旬降水偏少、气温偏高,对马铃薯苗期生长产生了一定影响;在马铃薯花序形成期的需水关键期,雨水逐渐增多,旱情得到缓解,利于马铃薯正常生长;8月下旬以后较多的阴天使得块茎膨大期的马铃薯日照不足,影响到产量的形成。2005年马铃薯生育期的农业气象条件有利有弊,属一般正常年景。

4)玉米

6月上、中旬,因前期降水较多,对玉米正常生长影响不大,23日以后降水开始增多,充沛的降水对春玉米拔节抽雄非常有利;7月,河东大部分地区降水偏多,良好的墒情对玉米生长十分有利,长势喜人,使苗情迅速升级;8月8日后又降好雨,进一步改善了土壤水分状况,有利于玉米灌浆乳熟;进入拔节期后,玉米长势转好。2005年玉米生育期内气候条件相对有利,整体长势好于2004年。

5)甘南牧草

上半年,玛曲草原发生火灾两起,加之春季前期出现低温连阴雪、暴雪、寒潮、强降温天气,对牧草生产影响较大;5—6月牧草覆盖率与2004年同期相比小18%,但长势较好;下半年,气温、降水条件好,日照时数能够满足牧草生长的需要,牧草覆盖率增大,7—9月牧草覆盖率比2004年同期高9%,牧草长势好于往年。

(2)2005年干旱气候条件对水资源的影响评估

2005年1—9月与2004年同期相比,甘肃省水库蓄水量多15.1%、河西多16.3%、河东多0.5%;10月河西部分地区、陇中北部、陇东北部降水偏少,干旱严重,人、畜饮水困难,特别是庆阳市环县北部11个乡塘坝干涸、小溪断流、水窖无水,严重的旱灾给群众的生产、生活造成了一系列困难和问题;11月甘肃省大部分地区降水偏少,对水库、水窖、塘坝蓄水非常不利。

(3)2005年干旱气候条件对城市空气质量的影响评估

2005年,兰州市空气质量优、良日数为239 d,占总日数的65%,比2004年多40 d;Ⅲ级轻微污染、轻度污染和Ⅳ级中度污染分别为77 d、26 d和5 d,均较2004年减少,其中,Ⅲ级轻微污染日数减少30 d;Ⅳ级的中度重污染和Ⅴ级重污染日数较2004年多,其中,Ⅴ级重污染为12 d,增多5 d(图2.63)。

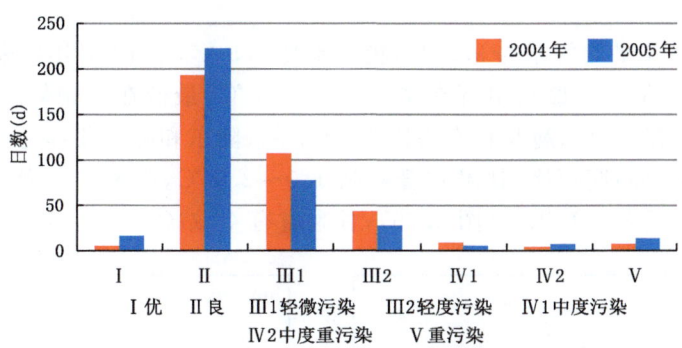

图 2.63　2005 年兰州市空气质量等级与 2004 年对比变化

2.7　2006 年甘肃省干旱生态环境气象监测与评估

2.7.1　监测

(1)2006 年干旱气候监测

2006 年,甘肃省气温偏高,降水偏少,日照时数偏多,沙尘暴次数少。第一场透雨出现时间接近常年。年内出现了春旱、春末初夏旱、伏旱、秋旱。晚霜冻结束迟,范围广,部分地区农作物受灾严重。暴雨、冰雹次数少,局地强度强,受灾严重。高温范围大,持续时间长,影响大。综合分析 2006 年的气候条件属一般年景。

1)降水

2006 年,甘肃省年平均降水量为 383.4 mm,较常年少 5.4%,最大出现在徽县,为 722.6 mm,最小在鼎新,为 34.2 mm。河西走廊为 30～300 mm,祁连山东麓为 350～400 mm,陇中北部和陇东北部为 100～300 mm,甘南和陇南东部为 500～700 mm,省内其余地区为 350～550 mm;与常年同期相比,河西西北部、陇中北部和陇东北部少 2～4 成,河西西南部略偏多,省内其余地区接近常年(图 2.64)。

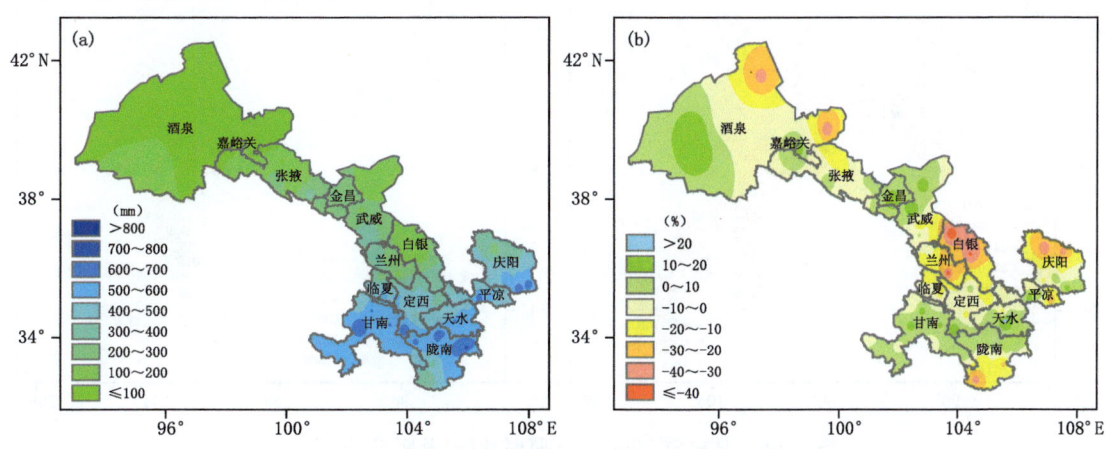

图 2.64　甘肃省 2006 年降水量(a)及距平百分率(b)分布

2)气温

2006年,甘肃省年平均气温为9.2 ℃,较常年高1.5 ℃,是1997年以来连续第10个偏高年,也是近50年以来最高。最高出现在文县,为16.5 ℃,最低在乌鞘岭,为1.3 ℃。河西走廊、陇中为7~9 ℃,祁连山东麓及甘南高原为5~7 ℃,陇东和陇南北部为9~11 ℃,陇南南部为13~15 ℃。与常年同期相比,甘肃省普遍高1.0~2.0 ℃,陇南南部及陇东北部高2 ℃以上,甘南州部分地区低2.5 ℃以上(图2.65);甘肃省有49站(61.3%)突破历史同期极值。

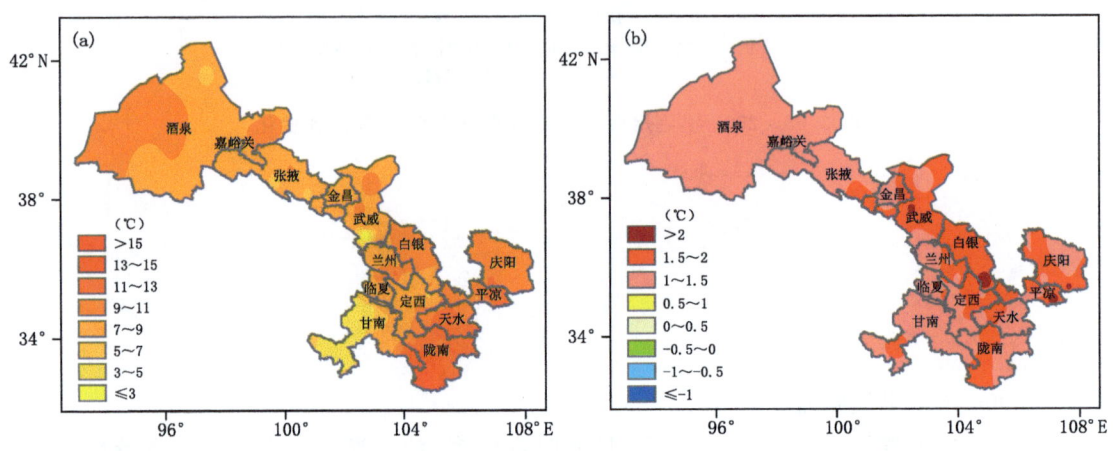

图2.65 甘肃省2006年平均气温(a)及距平(b)分布

3)日照

2006年,甘肃省年平均日照时数为2486.6 h,较常年多1.4%,最多出现在马鬃山,为3452.2 h,最少在康县,为1653.8 h。河西走廊为2800~3400 h,陇中北部、陇东北部为2400~2800 h,甘南高原、陇中南部和陇东北部为2200~2400 h,陇南南部为1600~2000 h。与常年同期相比,除河西中部和陇东南部少50~150 h、陇中西北部少50~300 h外,省内其余地区普遍多50~150 h,其中,武威市北部、陇中南部部分地区、甘南大部和陇南地区多100~300 h(图2.66)。

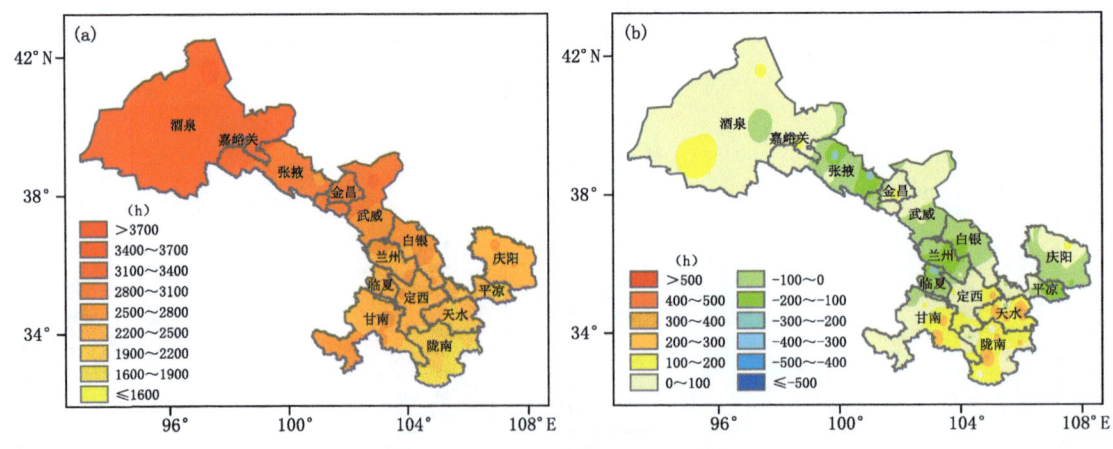

图2.66 甘肃省2006年日照时数(a)及距平(b)分布

(2)2006年天气、气候事件监测

1)干旱

2006年干旱时段较多,3月上旬至4月下旬河西北部、陇中西北部和陇东出现了大范围春旱,5月下旬至6月下旬河西中东部、陇中西北部和南部、陇东和陇南出现了大范围的春末夏初旱,7月上旬至8月下旬河西西部、陇中西北部、陇东、陇南出现了大范围的伏旱,10月上旬至11月中旬河西、陇中北部至东南部、陇东和陇南北部出现秋旱,给全省农业生产造成了不同程度影响,重旱区在陇中、陇东北部,造成粮食绝收,人畜饮水困难。其中,春末夏初干旱和伏旱最为严重。

各月的干旱日百分率显示,2006年7月、8月特旱百分比最大,为5%左右。重旱百分比在4月、7月和8月较大,超过5%(图2.67)。

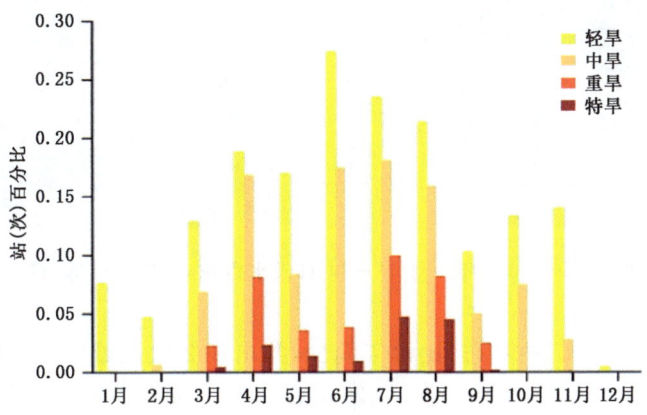

图2.67 甘肃省2006年各月不同等级干旱频率百分比变化

2)沙尘暴

2006年,甘肃省沙尘暴较常年偏少,出现了5次区域性(≥3站)沙尘暴,分别是3月31日、4月1日、4月4日、4月5日和4月10—11日,其中,4月10—11日范围最大,有19县(站)出现沙尘暴,11县(站)为强沙尘暴,39县(站)出现扬沙、浮尘(图2.68),最大风速达32.0 m/s(马鬃山),最小能见度只有100 m(高台、民勤、肃州区),造成2人死亡。

肃州区

兰州

民勤

图2.68 2006年4月10日肃州区、兰州、民勤沙尘暴

3）寒潮强降温、霜冻

3月10—13日，甘肃省自西向东出现寒潮强降温，其中，酒泉、张掖、武威、白银、兰州、临夏、定西、天水、平凉等市（州）及庆阳市的大部分地区48 h日平均气温下降12.0~17.5 ℃。4月12—15日清晨，甘肃省出现了大范围的霜冻，对油菜、小麦、蔬菜、花卉、林果等作物影响较大（图2.69）。

图2.69　2006年4月12—14日天水市花卉、作物受冻情况

4）冰雹

2006年，甘肃省共有31站降雹，比常年偏少，共出现2次区域性（日降雹站数≥5站）冰雹过程。最强出现在8月2日，碌曲、秦安、张家川、崆峒区、灵台、华亭、庆城、西峰区、正宁9个县（区）气象站出现冰雹，秦州区、清水、康县、庄浪、泾川、崇信、镇原等县（区）的多个乡（镇）出现冰雹（图2.70）。

图2.70　2006年8月2日甘肃省平凉市（a）、天水市（b）冰雹灾害

5）暴雨

2006年，甘肃省有23站出现暴雨，较常年少，共出现1次区域性暴雨（日降暴雨站数≥5站），局地灾情严重。7月6日，酒泉市玉门镇青西油田突降暴雨，引发山洪、泥石流造成9人

死亡,1人失踪,2人重伤,13人轻伤,给玉门油田生产、生活造成严重影响(图2.71)。8月30日,甘南州碌曲县突降暴雨,双岔乡毛日村毛日沟放牧点山洪暴发,造成14人死亡。

图2.71 2006年7月6日玉门油田暴雨灾情

(3)2006年生态环境监测

1)遥感监测

祁连山积雪:2006年,祁连山年平均积雪面积为17259.2 km²,比2005年多3成以上,比历年(2000—2005年)多2成以上。东、中、西段年平均积雪面积分别比2005年多1成、1成、6成以上,比历年多1成、1成、3成以上(表2.11)。

表2.11 2006年祁连山积雪面积

	积雪面积(km²)	与2005年比较	与历年比较
东段	3827.6	多19.0%	多16.2%
中段	5308.3	多12.4%	多13.2%
西段	8123.3	多61.0%	多33.5%
总面积	17259.2	多32.9%	多22.7%

祁连山最大积雪总面积出现在2月(图2.72a)。东、中、西段最大积雪面积均出现在2月(图2.72b)。

植被长势:2006年,甘南、陇南、天水等市(州)东南部、庆阳东部植被覆盖度大于50%,祁连山中东部、陇南中部、定西南部、临夏南部、庆阳东南部及甘南、天水、平凉等市(州)大部分地区在30%~50%,河西走廊、兰州西部与东部、白银南部及临夏、定西、庆阳等市(州)中北部在10%~30%,其余地区在10%以下(图2.73a)。与2005年同期相比,河西大部、白银北部、临

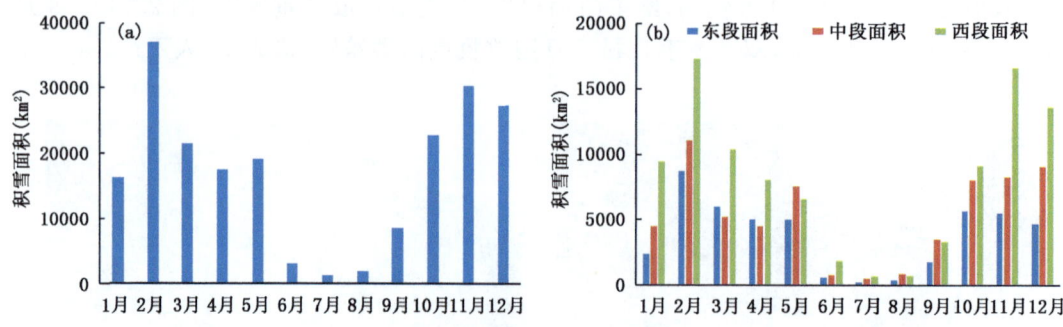

图 2.72 2006 年祁连山积雪各月总面积(a)与分段面积(b)变化

夏中南部、陇南中部、天水中部和庆阳东南部植被较好,祁连山区、酒泉北部与南部、张掖中部、金昌西部、兰州大部、白银中南部、临夏北部、甘南大部、陇南东部和庆阳中部地区较差,其余地区差别不大(图 2.73b)。

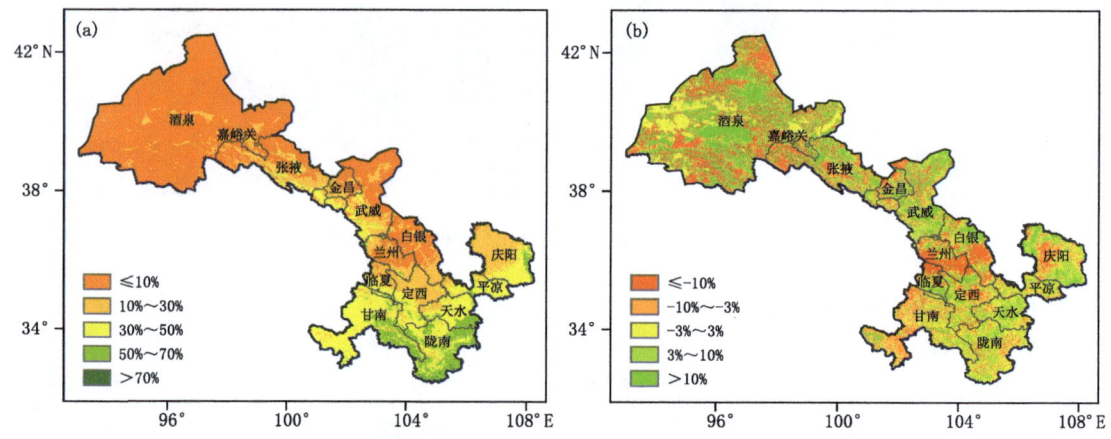

图 2.73 甘肃省 2006 年(a)及 2005—2006 年(b)甘肃省植被覆盖度分布

内陆水体面积:2006 年,双塔水库年平均水体面积为 16.8 km², 与 2005 年基本相同,比历年(2000—2005 年)多 1 成以上;昌马、红崖山水库分别为 6.9 km²、13.6 km²,比 2005 年分别多 1 成、4 成以上,均比历年多 3 成以上;刘家峡水库为 101.3 km²,与 2005 年基本相同,比历年多近 1 成(表 2.12)。双塔水库最大水体面积出现在 2 月,昌马水库出现在 9 月,红崖山水库出现在 10 月,刘家峡水库出现在 4 月(图 2.74)。

表 2.12 2006 年甘肃省内陆水体面积情况

	水库面积(km²)	与 2005 年比较	与历年比较
双塔	16.8	多 4.8%	多 17.0%
昌马	6.9	多 18.6%	多 37.7%
红崖山	13.6	多 48.1%	多 37.1%
刘家峡	101.3	少 0.9%	多 7.8%

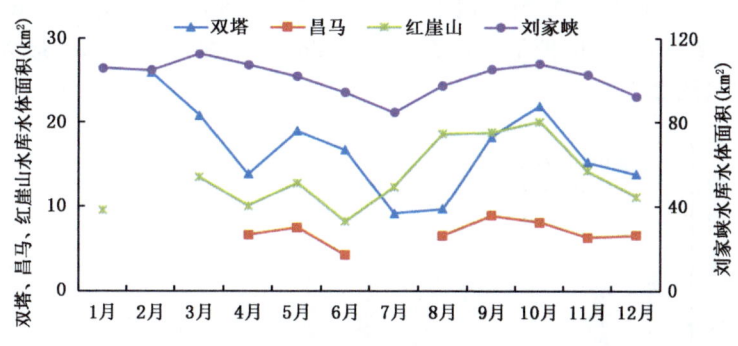

图 2.74 甘肃省 2006 年各月内陆水体面积变化

2)荒漠生态环境监测

大气降尘量:2006 年,武威市北部荒漠区大气降尘总量为 347.59 t/km², 较 2005 年增加 34.4%。降尘主要集中在 3—5 月和 8 月,累计占年总量的 68%。降尘量 8 月最大,11 月最小。季节分布春季降尘量最大,比 2005 年同期多 20%,秋季最少,仅占年总量的 7%(图 2.75)。

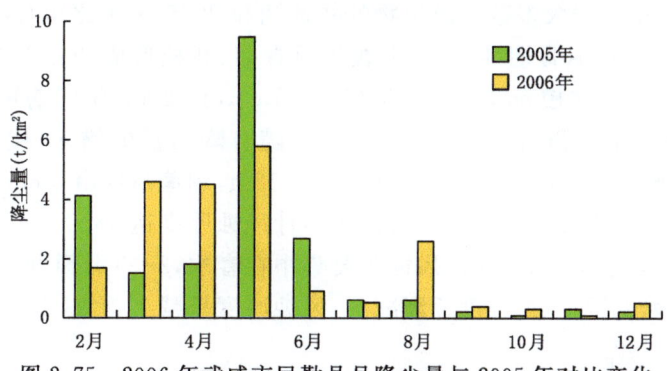

图 2.75 2006 年武威市民勤县月降尘量与 2005 年对比变化

酸雨:2006 年,武威市民勤县共监测降水样本 20 个,pH 范围在 6.82～8.05,未出现酸雨天气。平均较 2005 年增大 0.14,最小值出现在 5 月 11 日,最大值出现在 9 月 3 日。电导率变幅较大,范围为 23.9～330.3 μS/cm,平均(111.31 μS/cm)较 2005 年增大 21.63 μS/cm;最小值出现在 6 月 18 日,最大值出现在 9 月 3 日(图 2.76)。

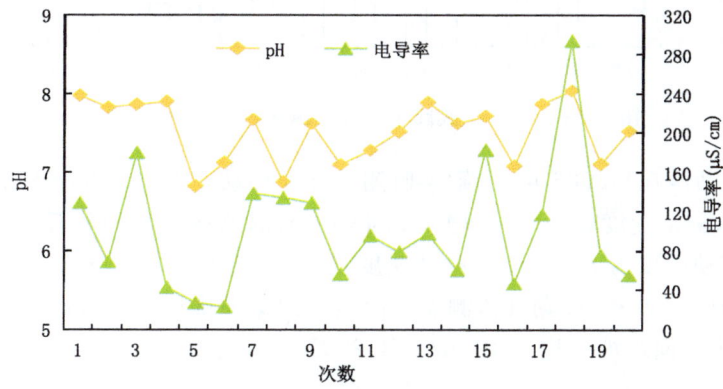

图 2.76 2006 年武威市民勤县逐次降水 pH 及电导率变化

地下水位：2006 年，武威市绿洲区地下水位在 6.3～8.8 m，平均为 7.3 m，最大值出现在 7月，最小值出现在 12 月；荒漠区地下水位在 24.3～26.8 m，平均 25.5 m，最大值出现在 8 月，最小值出现在 3 月（图 2.77）。

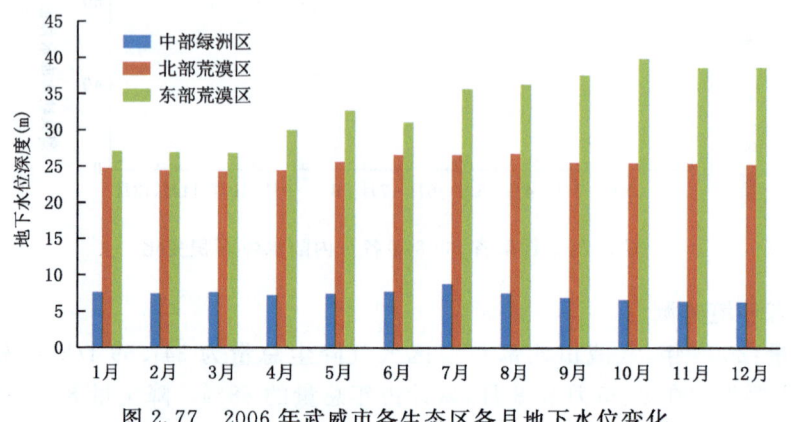

图 2.77　2006 年武威市各生态区各月地下水位变化

荒漠植物：2006 年春季大多数荒漠植物的物候期和 2005 年相比均有不同程度推迟，长势不及 2005 年。其中，冰草返青期推迟 15 d，梭梭返青期、新枝形成期分别推迟 7 d、26 d，红柳开花期推迟 9 d。5—6 月梭梭新枝生长长度仅 2～5 cm，比 2005 年同期短 2～3 cm。刺蓬生长非常缓慢，基本处于停长和枯萎死亡状态。7 月随着降雨量的增多，梭梭生长高度由 6 cm 增加到 17 cm，单株鲜重由 1488.80 g 增加到 2138.52 g，刺蓬高度由 3 cm 增加到 10 cm。

风蚀厚度：2006 年，武威市东部荒漠区砂土累计风蚀厚度达 33.8 cm，极值出现在 4 月，为 7.4 cm，平均日风蚀厚度达 0.25 cm。风蚀主要集中在春季，2—5 月风蚀厚度占年风蚀厚度总量的 59%。进入夏季以后，风蚀程度逐渐减弱，风蚀厚度呈减小趋势（图 2.78）。

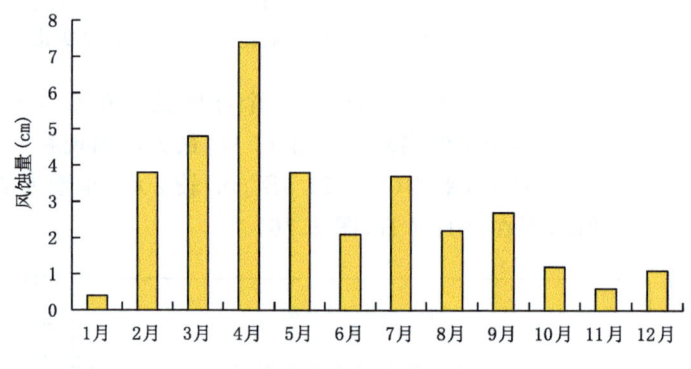

图 2.78　2006 年武威市东部荒漠区各月风蚀量变化

沙丘移动（活动沙丘）：2006 年，民勤县监测点沙丘移动速度在 8.35～8.93 m/a，平均移动速度为 8.64 m/a，移动速度较 2005 年增大 2.48 m/a；凉州区监测点沙丘移动速度在 1.04～5.19 m/a，平均移动速度为 3.12 m/a，移动速度较 2005 年增大 0.73 m/a。

沙漠边缘进退：2006 年，民勤县监测点沙漠边缘向绿洲推进 2.36 m/a，与 2005 年接近；凉州区监测点沙漠边缘向绿洲推进 6.19 m/a，较 2005 年增大 3.64 m/a。

2.7.2 评估

(1)2006年干旱气候条件对农牧业的影响评估

1)农作物

5月上、中旬雨水较多,河东大部分地区旱情得到缓解,有利于冬麦穗粒数的形成,也利于春麦小穗数的增加以及大秋作物苗期生长。5月下旬,冬麦为灌浆期,春麦为拔节抽穗期、玉米进入七叶期,中部马铃薯为苗期、陇南油菜已成熟,陇中和陇东旱情再度显现干旱,对旱区冬麦灌浆、春麦穗粒数的形成及秋粮生长有一定影响。6月降水持续偏少或特少,气温偏高,河东旱情持续发展,陇东及陇中北部旱情尤为严重,对春小麦千粒重的形成影响较重,对玉米、马铃薯的生长发育产生不利影响(图2.79)。到7月中旬,处于分枝期的马铃薯,茎叶基本停止生长,处于花序形成—开花期的马铃薯,花蕾脱落,底叶黄枯,影响马铃薯结薯数和块茎膨大(图2.80)。8月前期,降水特少,陇中中北部、庆阳市西北部、平凉市西部、陇南市南部旱情严重,影响大秋作物产量形成和复种作物的正常生长;8月后期,河东大部分地区雨量较多,造成陇东等地光照不足,影响玉米产量。

图2.79 2006年6月25日陇南市西和县受旱的玉米

图2.80 2006年7月23日定西市受高温干旱影响的马铃薯

2)酿酒葡萄

2006年,夏季前期武威市气温高,处在开花受粉期的酿造葡萄受粉坐果好、果粒多、长势均匀,生长好于往年;进入果实膨大期时遇到了大到暴雨,在高湿、高温影响下,葡萄园发生了中等强度霜霉病,影响葡萄果实膨大,部分葡萄果粒感染腐烂。7月和8月阴雨天气较多,种植区日照偏少,对葡萄的高产和糖分积累产生不利影响。综合分析2006年气候条件对酿酒葡萄生长的影响利大于弊。

3)甘南牧草

2006年夏季,甘南牧区降水基本正常,气温偏高,日照充足,牧草生长发育良好(表2.13)。

表2.13　2006年7月牧草生长与2005年同期对照

	玛曲				合作			
	牧草产量 (kg/hm²)		草层高度 (cm)		牧草产量 (kg/hm²)		草层高度 (cm)	
	鲜草	干草	高	低	鲜草	干草	高	低
2006年	4912	2143	88	47	3679	—	57	31
2005年	4848	1784	87	45	2193	707	52	30

4)中药材

2006年气象条件对岷县中药材的生长、产量的形成有利有弊,总体长势较好。当归:在移栽至出苗、成药期岷县降水偏多,利于当归生长;在叶生长期,日照偏多,温度高于适宜温度,影响产量的形成;伏期的高温天气对当归的根增长极为不利,2006年当归产量为正常年(图2.81)。黄芪:7—8月是黄芪开花结果和根生长期,由于降水偏多,气温过高,光合产物消耗大,向主根输送转化积累减少,芪根疏松,品质下降。党参:7—8月降水偏多,气温偏高,是参根迅速膨大期,也是需水关键期,利于党参生长(图2.82)。

图2.81　岷县梅川镇当归生长地块(a)和岷县十里镇地膜当归(b)

(2)2006年干旱气候条件对水资源的影响评估

2006年1—10月甘肃省水库蓄水量与2005年同期相比,少28.5%,河西少27.5%,河东少42.0%,只有武威市和庆阳市分别多29.2%和8.1%。黄河上游流域降水偏少,气温偏高,流量比常年偏小;河西内陆河中昌马河、托勒河来水正常;黑河夏季河流来水929.9 m³/s,比

图 2.82　岷县茶埠镇党参生长地块(a)和岷县梅川镇黄芩生长状况(b)

2005 年同期小 18.2 m³/s,对缓解旱情不利;石羊河来水大为改观,进入 7 月流量明显增大,7月中下旬、8 月中旬的流量大于 2005 年和常年同期,分别是常年同期的 65%、50%、4 倍,尤其 8 月中旬的旬平均流量高达 35.80 m³/s。

(3)2006 年干旱气候条件对城市空气质量的影响评估

2006 年,兰州市空气质量优、良日数为 205 d,占总日数的 56%,比 2005 年少 34 d;Ⅳ级中度重污染比 2005 年少 3 d,其余Ⅲ级以上污染日数均较 2005 年多,其中,Ⅴ级重污染为 28 d,比 2005 年多 16 d(图 2.83)。

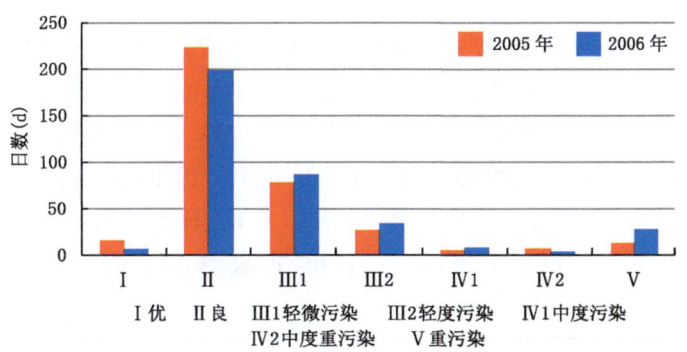

图 2.83　2006 年兰州市空气质量等级与 2005 年对比变化

2.8　2007 年甘肃省干旱生态环境气象监测与评估

2.8.1　监测

(1)2007 年干旱气候监测

2007 年,甘肃省气温异常偏高,降水偏多,日照时数偏少。河东出现春旱连夏初旱;沙尘暴、冰雹天气偏少;夏季高温日数偏多;暴洪强度大,局地受灾严重;晚霜冻结束较早,初霜冻出现偏早;连阴雨次数偏多,利大弊小;初春陇南小麦条锈病大面积发生,危害程度偏重。

1）降水

2007年，甘肃省年平均降水量为447.2 mm，较常年多1成，最大出现在和政，为810.7 mm，最小在瓜州，为70.2 mm。河西西部为70～200 mm，河西中东部、陇中北部为200～350 mm，其中，民乐为530.7 m；祁连山区和甘南高原为350～630 mm，陇中大部、陇东和陇南西部为350～650 mm，陇南东部为500～700 mm；与常年同期相比，河西西部多6～8成，其中，敦煌和金塔多1.1倍；河西中东部、陇中西部多2～4成，陇中南部、甘南高原北部、陇南东部正常，陇东、甘南高原南部、陇南西部少2成左右（图2.84）。

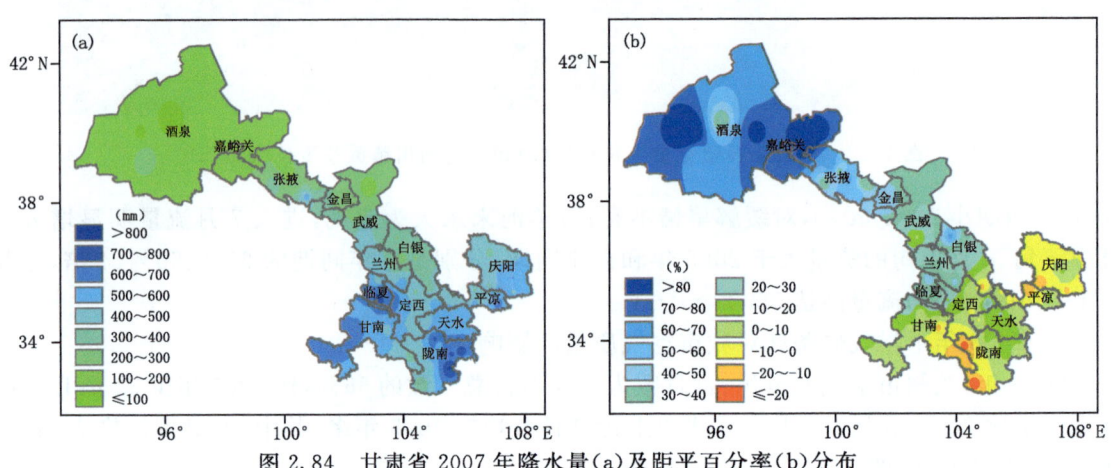

图2.84 甘肃省2007年降水量(a)及距平百分率(b)分布

2）气温

2007年甘肃省年平均气温为8.9 ℃，较常年高1.2 ℃，是1997年以来连续第11个偏高年，也是近57年来第3个最高年份。最高出现在文县，为16.1 ℃，最低在乌鞘岭，为0.8 ℃。河西走廊、陇中为6～10 ℃，祁连山区和甘南高原为2～8 ℃，陇东和陇南北部为10～12 ℃，陇南南部为12～16 ℃；与常年同期相比，除甘南州低2.5 ℃以上外，省内其余地区气温异常偏高，河西高0.8～2.6 ℃，河东大部分地区高0.7～2.1 ℃（图2.85），马鬃山、敦煌、瓜州、金塔、玉门、广河6站突破1951年以来极值，鼎新、甘州、古浪、安定、康乐、西峰、灵台、文县8站达1951年以来极值。

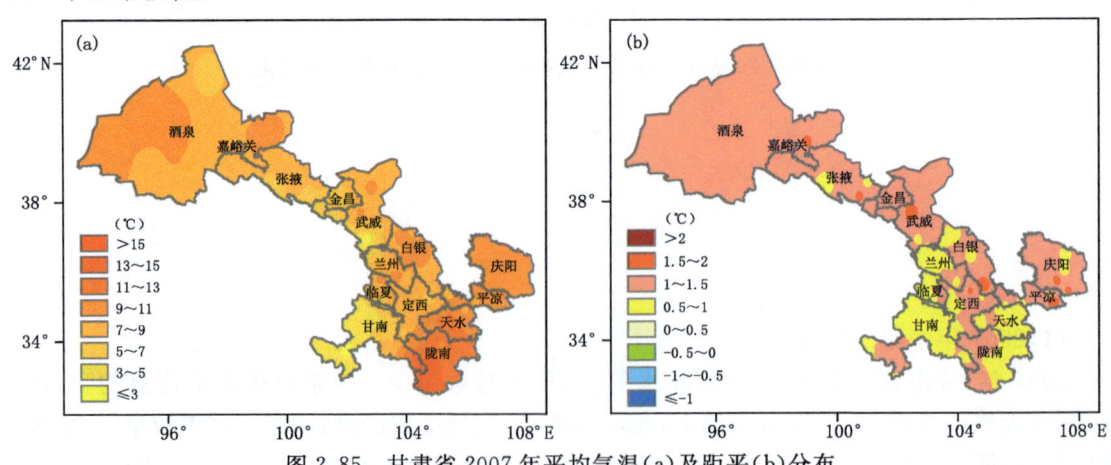

图2.85 甘肃省2007年平均气温(a)及距平(b)分布

3) 日照

2007年,甘肃省年平均日照时数为2357.1 h,较常年少3.9%,最多出现在马鬃山,为3357.6 h,最少在文县,为1537.7 h。河西为2400～3300 h,陇中、陇东和甘南高原1900～2600 h,陇南为1500～2300 h。与常年同期相比,河西西部、陇东北部和甘南南部多30～200 h,河西中东部、陇中、陇东南部、甘南北部和陇南少80～350 h(图2.86)。

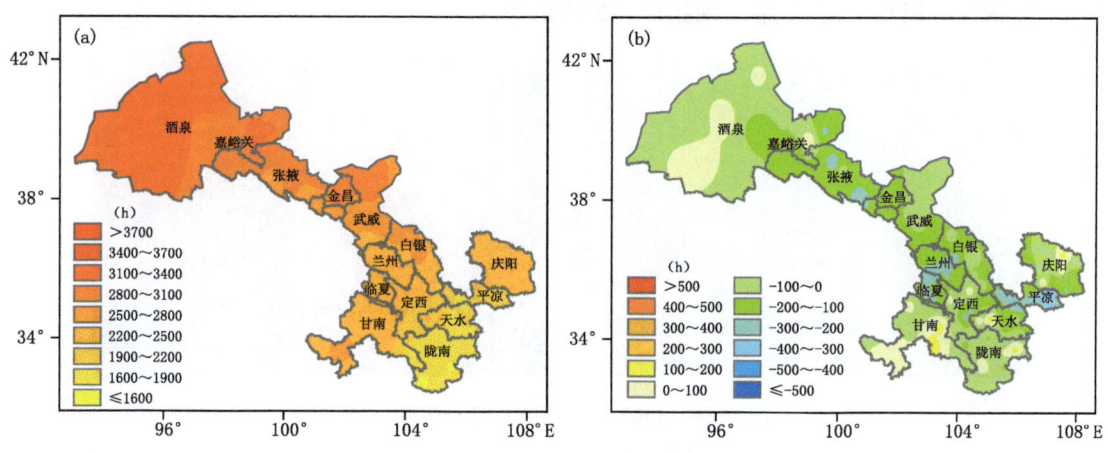

图2.86 甘肃省2007年日照时数(a)及距平(b)分布

(2) 2007年天气、气候事件监测

1) 干旱

2007年3月下旬至6月上旬,降水持续偏少,气温明显偏高,白银市、定西市、天水市、陇东、陇南北部和甘南州东部出现了春旱连夏初旱,严重旱区在陇中东北部、陇东和天水市,部分地区降水量突破了1951年以来同期最少极值。持续干旱使作物萎蔫,部分地区作物枯死,马铃薯出苗不齐或死苗,种子分化,干旱形势十分严峻,春旱的持续时间和严重程度为近60年来少见。

各月的干旱日百分率显示,2007年5月特旱比例最大,超过10%,6月次之,接近5%。重旱在5月最严重,超过10%,6月次之,接近5%(图2.87)。

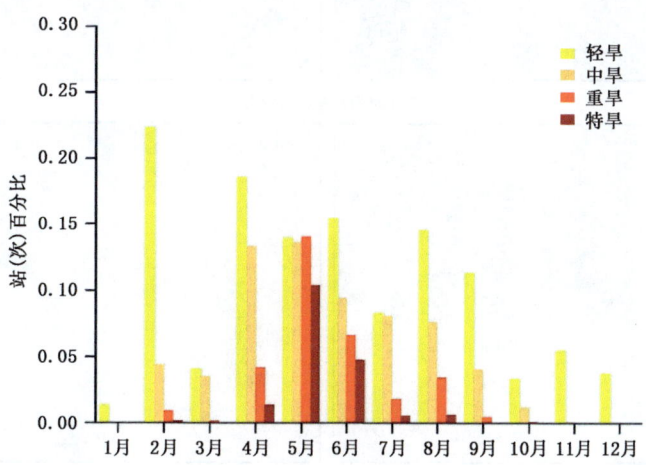

图2.87 甘肃省2007年各月不同等级干旱频率百分比变化

2）沙尘暴

2007年，甘肃省共出现40站（次）沙尘暴，6次区域性沙尘暴，其中，5次出现在春季。2007年春季区域性沙尘暴过程比常年同期少，但在近5年中属最多年份。范围最大出现在3月27—28日，民勤、金昌、肃州区出现沙尘暴，白银、兰州、临夏、定西、天水、陇南、平凉、庆阳等市（州）的11站出现扬沙，34站出现浮尘；4月2日，敦煌、瓜州出现最强沙尘暴（图2.88）、玉门、金塔、高台出现沙尘暴，1站出现扬沙、12站出现浮尘。

图2.88　2007年4月2日瓜州强沙尘暴

3）冰雹

2007年，甘肃省冰雹出现时间迟、次数少、灾害轻。共出现47站（次）冰雹，其中，2次区域性冰雹天气过程，分别是7月13日（6站）和7月26日（5站），局地灾害比较严重（图2.89）。

7月24日华亭冰雹灾害

7月26日甘谷冰雹灾害　　　　　　　　　7月26日秦安县冰雹灾害

图2.89　2007年甘肃省部分地方的冰雹灾害

4)病虫害

2006年冬季气温偏高,利于病菌越冬;2007年3月上半月降水多,利于其滋生发展,导致小麦条锈病发病时间普遍提前,发病范围大;3月底,陇南条锈病偏重发生,陇东属中等程度发生年份,甘肃省小麦条锈病发病面积约10万 hm^2(图2.90)。3月下旬至5月中旬,降水特少,在一定程度上抑制了小麦条锈病的发展蔓延,但引起了麦蚜虫等病虫害严重发生,至5月16日,庆阳市麦蚜虫发生面积达12.1万 hm^2。9月马铃薯晚疫病发病面积较大,主要是重茬地和新大坪品种危害严重,其他地块或品种发生较轻。

秦州区皂角镇徐家店西坡梁二阴地条锈病　　　　　定西市陇西3月27日文峰条锈病

图2.90　2007年3月底甘肃省河东小麦条锈病

5)暴雨

2007年,甘肃省共出现17站(次)的暴雨,与常年同期持平,其中,有3次区域性暴雨天气过程(6月16日、7月27日、8月8日),夏季暴雨(洪)使甘肃省部分地区受灾严重。7月25日泾川降水量为143.4 mm,是1957年以来最强降水;8月26日和政降水量为109.0 mm,是1960年以来次强降水(最强为1979年8月10日,119.3 mm)。8月8日兰州、天水出现突发性暴雨,雨强大,出现严重城市积涝(图2.91)。

6)连阴雨

2007年,甘肃省连阴雨偏多,共出现区域性连阴雨天气过程14次,其中,春季3次、夏季7次、秋季4次。夏季连阴雨总站次是1997年以来最多年份(图2.92),6月14—24日范围最大,达63站,是1951年以来范围最大年份;9月26日至10月15日的连阴雨,范围之大、持续时间之长、过程降水之大,为1951年以来同期所罕见。

7)高温

2007年,甘肃省高温日数偏多,≥32 ℃高温共660站(次),比常年同期多74站(次),有些地区还出现了32 ℃以上的持续高温天气,金塔8月1—13日32 ℃以上的高温持续13 d之久。全省共19站出现≥35 ℃高温,与常年同期相比,高台、临泽、甘州、民勤、凉州、武都6站少1~3 d,其余地区多1~7 d,最高气温在35.0~37.9 ℃。

(3)2007年生态环境监测

1)遥感监测

祁连山积雪:2007年,祁连山年平均积雪面积为16286.6 km^2,比2006年略少,比历年(2000—2006年)多1成以上。东段年平均积雪面积比2006年少1成以上,与历年基本相同;

中段比 2006 年多近 1 成,比历年多 2 成;西段比 2006 年少 1 成以上,比历年多 1 成以上(表 2.14)。

8月26日临夏州和政暴洪灾情

7月25日平凉泾川暴洪灾情

8月8日天水市城市内涝　　　　　　　　8月8日兰州市城市内涝

图 2.91　2007 年夏季暴雨灾情

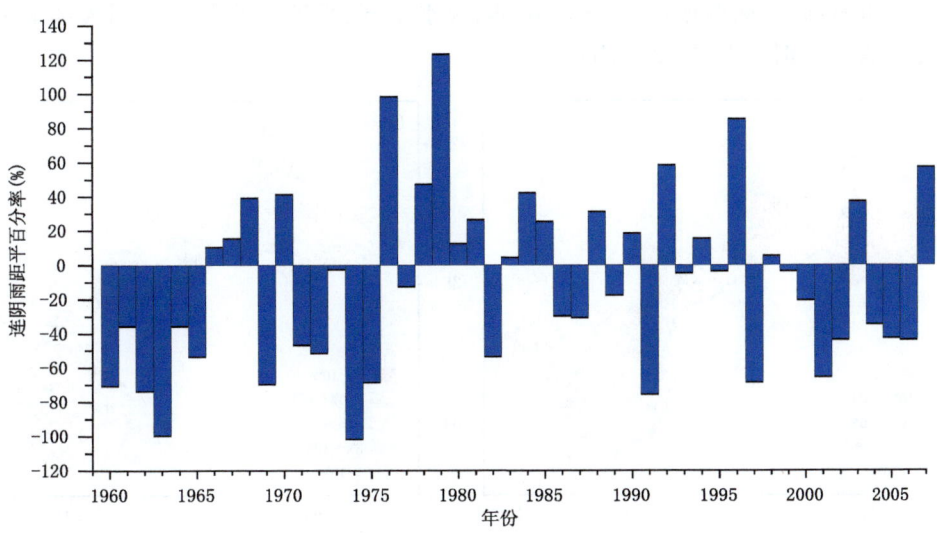

图 2.92 甘肃省历年夏季连阴雨总站(次)距平百分率变化

表 2.14 2007 年祁连山积雪面积

	积雪面积(km²)	与 2006 年比较	与历年比较
东段	3318.4	少 13.3%	少 1.5%
中段	5770.5	多 8.7%	多 20.7%
西段	7197.7	少 11.4%	多 12.9%
总面积	16286.6	少 5.6%	多 12.1%

祁连山最大积雪总面积出现在 9 月(图 2.93a)。东段最大积雪面积出现在 9 月,中段也出现在 9 月,西段出现在 4 月(图 2.93b)。

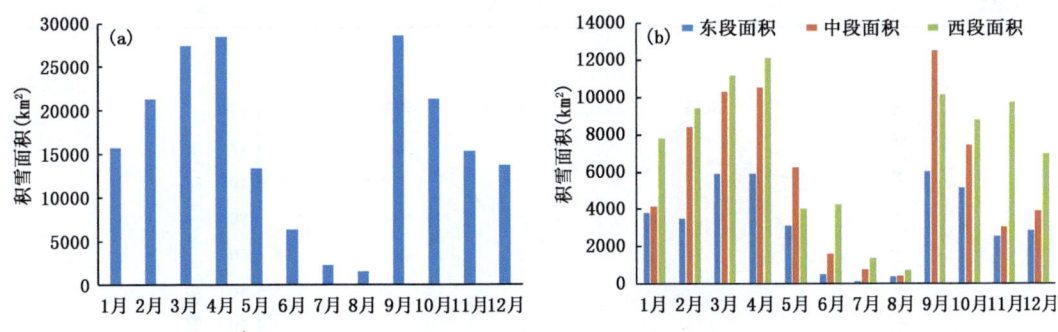

图 2.93 2007 年祁连山积雪各月总面积(a)与分段面积(b)变化

植被长势:2007 年,甘南中部与东南部、陇南南部与东部、天水东南部、庆阳东部植被覆盖度大于 50%,祁连山中东部、陇南中部、庆阳东南部和定西、临夏等市(州)南部及甘南、天水、平凉等市(州)大部在 30%~50%,河西走廊和兰州、白银两市大部及临夏、定西、庆阳等市(州)中北部在 10%~30%,其余地区在 10% 以下(图 2.94a)。与 2006 年同期相比,河西、兰州、白银、临夏等市(州)大部和定西、陇南两市中部植被较好,祁连山区、酒泉西部、金昌中部、武威北部、定西南部、甘南西南部、陇南西南部、天水中部、平凉西北部和庆阳大部地区植被长势较差,其余地区差别不大(图2.94b)。

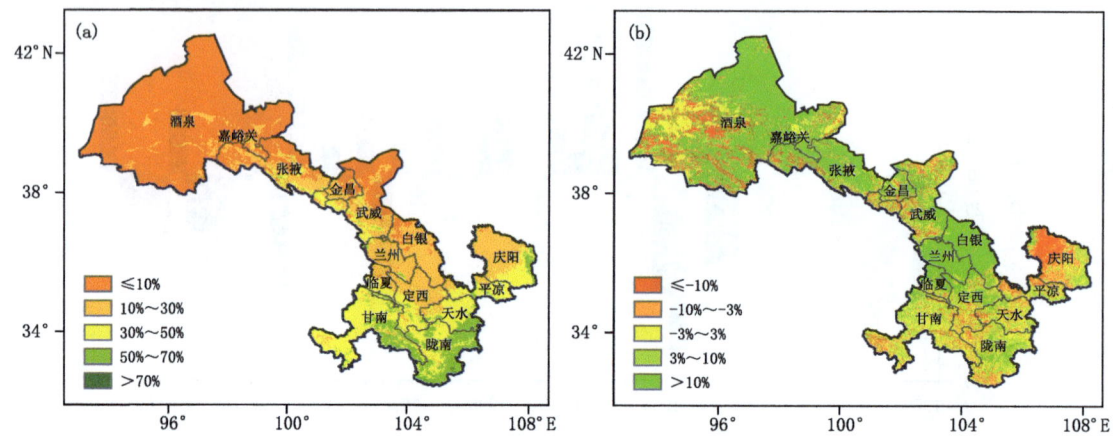

图 2.94　甘肃省 2007 年(a)及 2006—2007 年(b)植被覆盖度分布

内陆水体面积:2007年,双塔水库年平均水体面积为 14.7 km²,比 2006 年少 1 成以上,与历年(2000—2006 年)基本相同;昌马、红崖山水库分别为 6.6 km²、13.1 km²,均与 2006 年基本相同,均比历年多 2 成以上;刘家峡水库为 101.5 km²,与 2006 年基本相同,比历年多近 1成(表2.15)。双塔、昌马、红崖山、刘家峡水库最大水体面积均出现在 10 月(图 2.95)。

表 2.15　2007 年甘肃省内陆水体面积情况

	水库面积(km²)	与 2006 年比较	与历年比较
双塔	14.7	少 12.2%	多 0.2%
昌马	6.6	少 4.1%	多 20.6%
红崖山	13.1	少 3.1%	多 26.2%
刘家峡	101.5	多 0.2%	多 6.8%

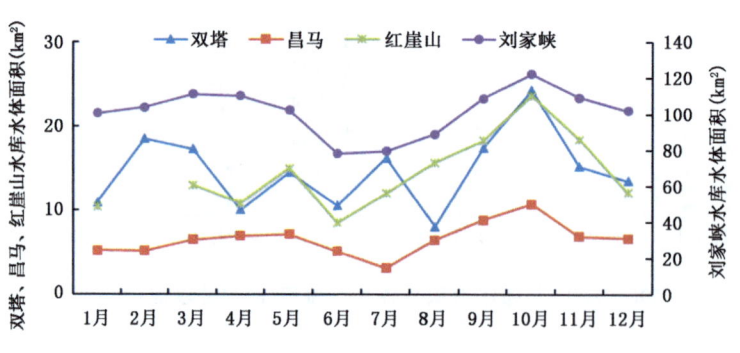

图 2.95　甘肃省 2007 年各月内陆水体面积变化

2)荒漠生态环境监测

大气降尘量:2007 年,武威市民勤县降尘总量为 361.6 t/km²,较 2006 年同期少 32.5 t/km²。春季达 166.5 t/km²,占全年的 46%,较 2006 年同期增加了 12.7 t/km²,这主要与春季大风、沙尘暴天气较多有关。秋季阴雨天气较多,降尘明显减小(39.3 t/km²),只有2006年同期的1/2。全年最大值出现在4月为84.8 t/km²,最小值出现在11月为3.9 t/km²(图2.96)。

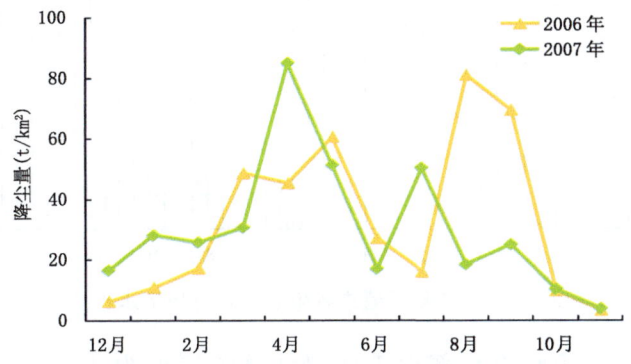

图2.96　2007年武威市民勤县月降尘量与2006年对比变化

酸雨:2007年,武威市民勤县共监测降水样本30个,pH均高于5.6,未出现酸雨天气。全年pH平均为7.07,较2006年减小0.45,最大值为8.23(5月9日),最小值为5.76(10月5日)。pH春季最大为7.37,夏、秋季较小,分别为6.94和6.72。降水电导率年平均81.5 μS/cm,较2006年减小20.3 μS/cm。最大值189.0 μS/cm(7月2日),最小值25.9 μS/cm(8月25日)。电导率春季>夏季>秋季,分别为99.86 μS/cm、82.6 μS/cm、42.42 μS/cm。这主要由于春季大气污染较重,降水被污染后产生较多的阴、阳离子,导电性能较强(图2.97)。

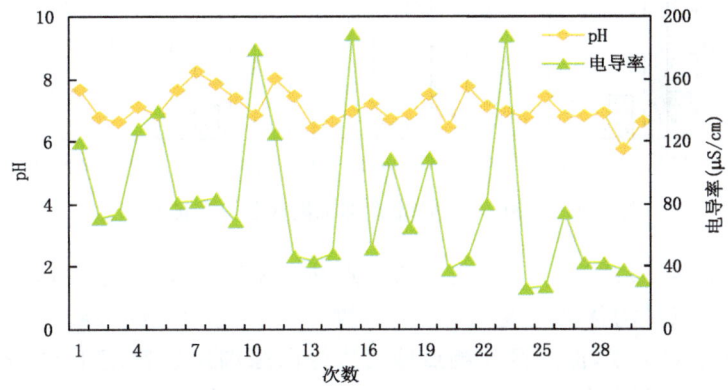

图2.97　2007年武威市民勤县逐次降水pH及电导率变化

地下水位:2007年,武威市绿洲区地下水位平均为6.3 m,较2006年升高1.0 m;东部荒漠区平均25.4 m,北部荒漠区平均为26.6 m,东、北部荒漠区水位相对绿洲区变幅较大,但各生态区水位深度均呈秋季>夏季>春季>冬季的变化态势(图2.98)。

荒漠植物:2007年,由于气温持续偏高,武威市荒漠植物各发育期有不同程度的提前,但枯黄落叶则有所退后。刺蓬4—6月上旬生长缓慢,6月下旬至8月中旬生长速度最快,8月下旬至9月生长减缓直到停长,8月底测得覆盖度40%,产量为3043.8 kg/hm²(鲜重)。梭梭5月下旬至6月下旬生长缓慢,7月上旬至8月下旬生长最快,9月上旬停长,8月底测得覆盖度为44%,产量为1849.9 kg/hm²(鲜重)。

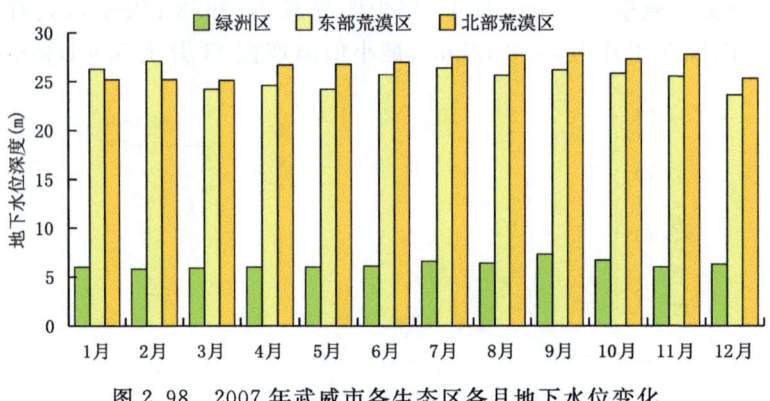

图 2.98 2007 年武威市各生态区各月地下水位变化

风蚀厚度：2007 年，武威市东部荒漠区累计风蚀厚度为 13.9 cm，较 2006 年同期小 21.0 cm。风蚀最大值出现在 4 月，累计厚度为 3.1 cm，最小值出现在 10 月和 11 月，累计厚度均为 0.5 cm（图 2.99）。

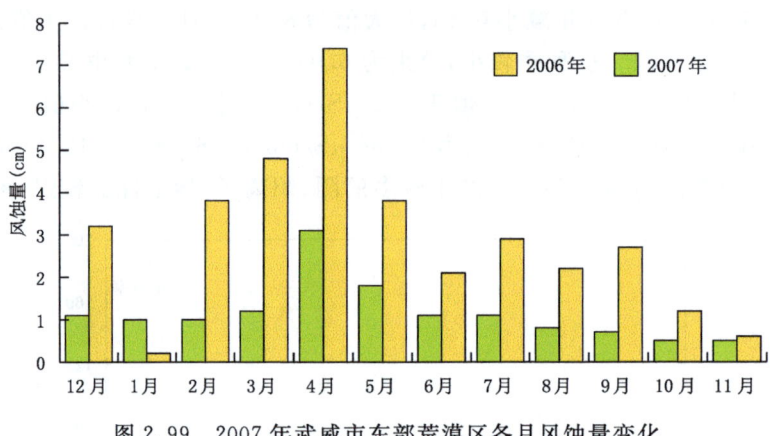

图 2.99 2007 年武威市东部荒漠区各月风蚀量变化

沙丘移动（活动沙丘）：2007 年，凉州区监测点沙丘平均移动速度 3.14 m/a，与 2006 年同期接近，民勤县监测点平均移动速度 5.90 m/a，较 2006 年小 2.74 m/a。

沙漠边缘进退：2007 年，凉州区监测点沙漠边缘向绿洲推进速度 1.52 m/a，较 2006 年减小 4.67 m/a，民勤县监测点向绿洲推进 2.24 m/a，较 2006 年减小 0.12 m/a。

2.8.2 评估

（1）2007 年干旱气候条件对农牧业的影响评估

1）冬、春小麦

2007 年，得益于 3 月上、中旬的降水，大部分地区春小麦生长比较顺利；3 月下旬以后，降水明显偏少，对处于拔节—抽穗期的冬小麦生长有不利影响；5 月降水普遍偏少，气温特高，旱情不断加剧，严重影响冬小麦灌浆乳熟、春小麦苗期生长。6 月中旬以后雨水充裕，有效缓解了河东持续已久的特大干旱，尤其是 7 月，大部分地区降水偏多，气温接近常年，此时春小麦处于乳熟—成熟—收获期，对春小麦的生长十分有利。暴雨和冰雹给冬、春小麦造成了一定的危害。

2)玉米

3月下旬至6月上旬的干旱对玉米播种及苗期生长产生一定影响,6月中旬大范围的连阴雨天气有效缓解了持续已久的特大干旱,时值玉米抽雄前后,较好的墒情及光温匹配对玉米孕穗和抽雄极为有利,苗情迅速升级。7—9月气象条件较适宜,对处于乳熟—成熟期的玉米正常生长有利。9月下旬到10月上旬的连阴雨,使部分玉米的晾晒受到很大影响,发霉变质。

3)马铃薯

3月下旬至6月上旬的干旱使马铃薯未能按时播种或播种后不能出苗。7月农业气象条件有利马铃薯的生长及产量形成。9月气象条件基本适宜马铃薯生长。10月的连阴雨及低温天气严重影响了早播马铃薯的收获及迟播马铃薯的后期生长,使仍在生长中的迟播马铃薯停止生长并很快死亡,早播的马铃薯无法收获,造成一定损失。

4)甘南牧草

春季,甘南高原降水偏多,对牧草生长有利。夏季降水虽然偏少,但适时的降水满足了牧草生长。9月,甘南牧草处于籽实成熟期和黄枯期,9月气象条件有利于牧草产量的提高和人工牧草的收获。2007年牧草产量好于2006年(表2.16)。

表2.16 甘南玛曲2007年秋季牧草产量与2006年同期比较

	鲜草产量(kg/hm^2)	干草产量(kg/hm^2)
2006年	3872.0	2360.0
2007年	4756.0	2874.0

(2)2007年干旱气候条件对水资源的影响评估

3月下旬至6月上旬,河东干旱使泾河断流70多天,长达70 km,水库、塘坝和水窖无水可蓄而干枯,使工、农业用水紧缺,也使人、畜饮水发生严重困难。河西各内陆河径流量与常年同期相比,党河和杂木河枯2成、讨赖河、梨园河正常,昌马河丰2成、疏勒河丰1.8倍、黑河丰2成、西营河丰1成;河东各外流河径流量与常年同期相比,洮河正常,大夏河、渭河、散渡河、葫芦河、泾河、西川、白龙江等枯2~9成。7月一些地区出现了大雨、暴雨、连阴雨,对水库蓄水有利。

(3)2007年干旱气候条件对能源、交通、旅游业等的影响评估

1)能源

2007年气温异常偏高,冬季采暖的能耗降低,对节约能源有利,春季和夏季使用空调降温,电能的消耗量增大。1—6月和11月大部分地区日照时数偏多,对太阳能利用十分有利。

2)交通、旅游业

2007年1—2月降雪天气少,交通运输比较有利,尤其是对春节长假期间人们出行非常有利。夏秋季由于暴洪和连阴雨使部分地区出现严重的内涝,道路受损,影响交通安全,对人们出行和旅游业有很大不利影响,尤其是十一黄金周期间阴雨绵绵,气温普遍偏低1~3 ℃,甘肃省游客人数及旅游收入同比下降。

(4)2007年干旱气候条件对城市空气质量的影响评估

2007年,兰州市空气质量优、良日数为271 d,占总日数的74%,比2006年增加66 d,是2002年以来最多;Ⅳ级中度重污染与2006年持平,均为3 d,其余Ⅲ级以上污染日数均较2006年减少,其中,Ⅴ级重污染为4 d,比2006年减少24 d,是2002年以来最少的一年(图2.100)。

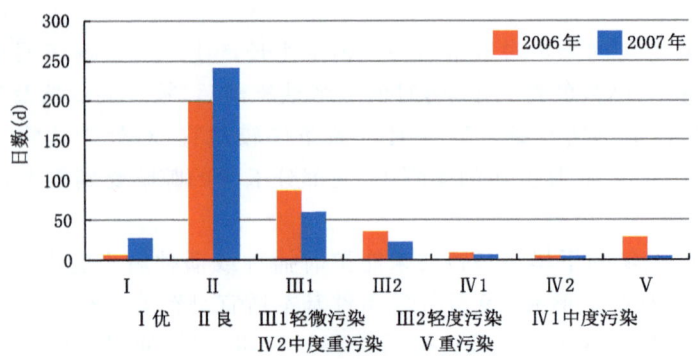

图 2.100　2007 年兰州市空气质量等级与 2006 年对比变化

2.9　2008 年甘肃省干旱生态环境气象监测与评估

2.9.1　监测

(1) 2008 年干旱气候监测

2008 年,甘肃省年平均气温偏高,降水接近常年,日照时数略偏多。隆冬出现持续低温积雪冰冻,设施农业损失严重;春季寒潮强降温、霜冻范围大,低温冻害严重;春旱连夏旱,陇中和陇东旱情较重;沙尘暴、冰雹、暴雨日数偏少,局地灾害较重;夏季高温日数偏多,仲秋气温为近 7 年次高。全年气候条件较好。

1) 降水

2008 年,甘肃省年平均降水量为 394.9 mm,接近常年。最大出现在康县,为 766 mm,最小在敦煌,为 11.6 mm。河西西部 20～200 mm,河西中东部、陇中北部为 200～500 mm,甘南、陇中南部及陇南为 500～700 mm;与常年同期相比,甘南高原北部、陇中南部、陇南北部少 2 成;省内其余地区接近常年(图 2.101)。马鬃山为近 50 年以来次少,敦煌和瓜州接近 1951 年以来次少值。

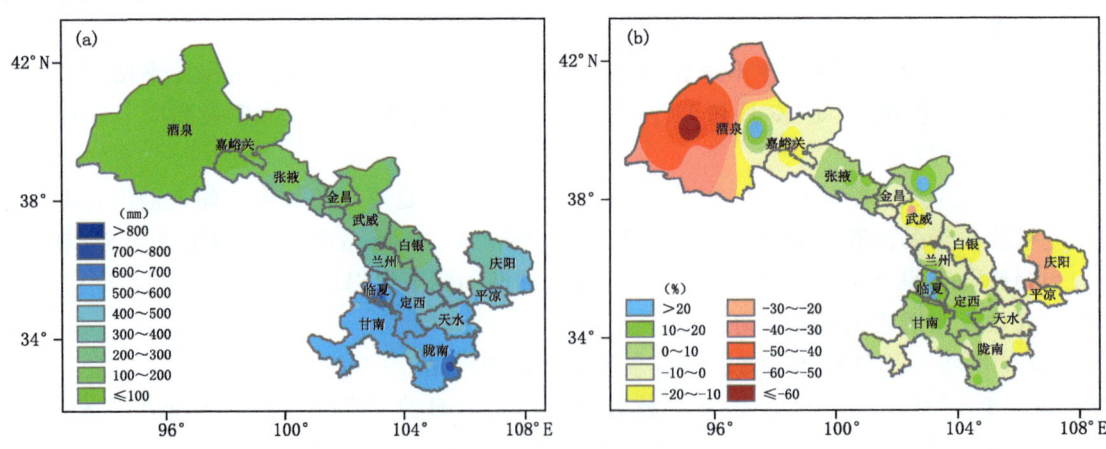

图 2.101　甘肃省 2008 年降水量(a)及距平百分率(b)分布

2)气温

2008年,甘肃省年平均气温8.2 ℃,较常年高0.5 ℃,是1997年以来连续第12个偏高年。最高出现在文县,为16.1 ℃,最低在乌鞘岭,为0.8 ℃。祁连山区和甘南高原为2~6 ℃,河西走廊、陇中为6~10 ℃,陇东和陇南北部为8~12 ℃,陇南南部为12~15 ℃。与常年相比,甘肃省大部气温高0.5~1.0 ℃,河西东部部分地区和陇中东北部高1.0~1.3 ℃,省内其余地区接近常年(图2.102)。

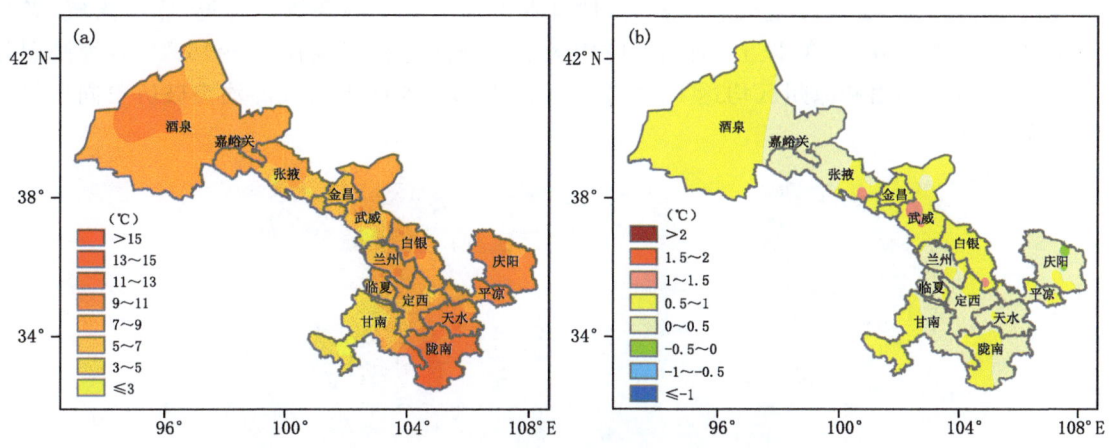

图2.102 甘肃省2008年平均气温(a)及距平(b)分布

3)日照

2008年,甘肃省年平均日照时数为2489.5 h,较常年多32.1 h,最多出现在马鬃山,为3537.2 h,最少在康县,为1575.9 h。河西为2690~3520 h,陇中、陇东和甘南高原为1800~2860 h,陇南为1580~2500 h。与常年同期相比,除陇中西部、甘南北部、陇东南部少20~200 h,省内其余地区多20~250 h(图2.103)。

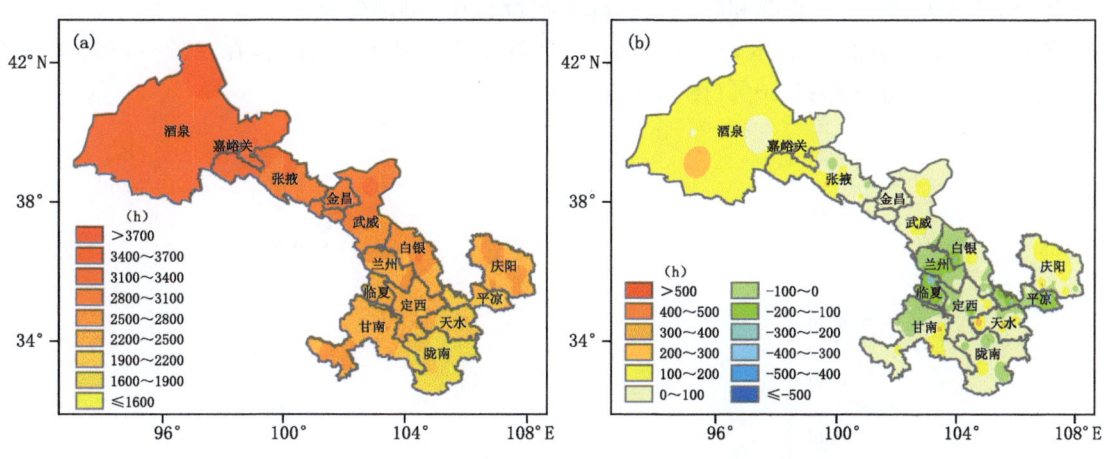

图2.103 甘肃省2008年日照时数(a)及距平(b)分布

(2)2008年天气、气候事件监测

1)低温积雪冰冻

2008年隆冬,甘肃省出现了低温积雪冰冻天气,范围之广、持续时间之长、降雪日数之多、降雪量之大、危害之重均为近60年罕见。降雪日数和降雪量之多均为百年一遇。低温积雪冰冻天气致使日光温室和塑料大棚被积雪压塌,设施瓜菜生产受冻减产幅度较大,牲畜受冻死亡,甘肃南部冬油菜和露地蔬菜相继受冻,高速公路普遍限速或关闭,长途客运班车出现停运,兰州空港也不同程度受到影响。持续大范围降雪降温天气给全省农业生产、交通安全运输、旅游和春运、人民生活带来严重影响。

2)寒潮强降温、霜冻

4月19—22日,受强冷空气东移影响,甘肃省出现了大范围寒潮强降温、霜冻天气,各地48 h降温幅度普遍在10 ℃以上,河西及陇中大部分地区过程降温在12～16 ℃,敦煌降温幅度达17.4 ℃,马鬃山和凉州区均达16.4 ℃。河西大部分地区平均气温均突破历史同期最低纪录(图2.104)。

图2.104　2008年4月21日秦安县受冻的桃树及受冻的油菜

3)干旱

3月下旬至5月下旬甘肃省大部分地区降水比常年同期少2～9成,其中,河东大部分地区少5～9成,出现干旱,陇中部分地区、陇东大部分和陇南大部分地区达重旱。5月上旬至7月中旬,河西中东部、陇中北部和陇东北部降水持续偏少,旱情较重。

各月的干旱日百分率显示,2008年5—7月特旱百分比相对较大,在2%～7%,重旱在5—7月最严重,百分比超过10%(图2.105)。

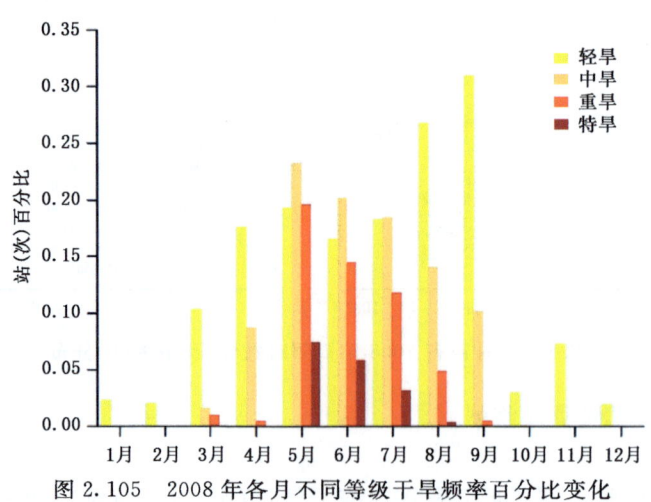

图2.105　2008年各月不同等级干旱频率百分比变化

4)沙尘暴

2008年,甘肃省共出现15站沙尘暴(图2.106),比常年同期少,其中,4次区域性沙尘暴,最强出现在5月2—3日,敦煌、肃北、甘州区、金昌、永昌、凉州区、民勤、景泰出现沙尘暴,另外,有8站出现扬沙,12站出现浮尘。这是甘肃省2008年遭遇的范围最大、强度最强的一次区域性沙尘(暴)天气。

图2.106　2008年5月7日酒泉市瓜州强沙尘暴

5)暴雨

2008年,甘肃省共出现暴雨16站(次),较常年同期少,全年共出现2次区域性暴雨天气过程,最强出现在7月20—21日,甘肃省的成县、康县、礼县、西和、徽县降暴雨,其中,成县21日雨量为126.3 mm,是1960年以来最强降水。暴雨使甘肃省部分地区受灾严重(图2.107)。

7月18日定西市临洮暴雨灾情

8月20日甘南州夏河暴雨灾情

图2.107　2008年暴雨灾情

(3) 2008年生态环境监测

1) 遥感监测

祁连山积雪：2008年，祁连山年平均积雪面积为17113.5 km²，比2007年略多，比历年（2000—2007年）多1成以上。东段年平均积雪面积与2007年及历年均基本相同；中、西段均比2007年略多，分别比历年多2成、1成以上（表2.17）。祁连山最大积雪总面积出现在1月（图2.108a）。东段最大积雪面积出现在3月，中段出现在1月，西段也出现在1月（图2.108b）。

表2.17 2008年祁连山积雪面积

	积雪面积（km²）	与2007年比较	与历年比较
东段	3231.1	少2.6%	少3.9%
中段	6160.5	多6.8%	多25.6%
西段	7721.9	多7.3%	多19.2%
总面积	17113.5	多5.1%	多16.1%

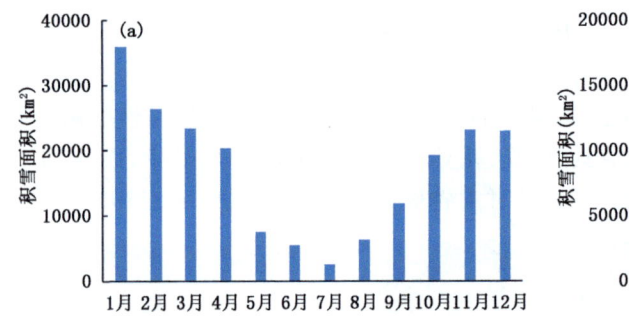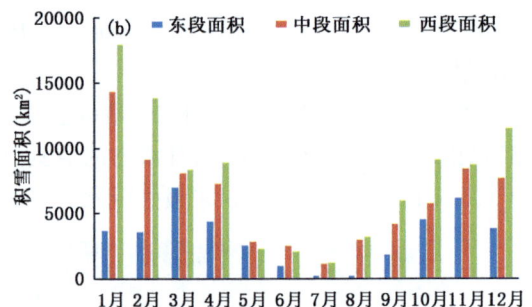

图2.108 2008年祁连山积雪各月总面积（a）与分段面积（b）变化

植被长势：2008年，甘南中部与东南部、陇南南部与东部、天水东南部、庆阳东部植被覆盖度大于50%，祁连山中东部、甘南大部、陇南中部、定西中南部、临夏中南部、天水大部、平凉大部、庆阳东南部在30%~50%，河西、兰州大部、白银中南部、临夏北部、定西北部、庆阳中北部在10%~30%，其余地区植被覆盖度在10%以下（图2.109a）。与2007年同期相比，武威北部、兰州东部与西部、白银南部、临夏大部、定西中部和庆阳北部植被较好，河西大部、兰州南部、白银北部、甘南大部、陇南中北部、天水中部和平凉中部地区植被较差，其余地区与2007年差别不大（图2.109b）。

内陆水体面积：2008年，双塔水库年平均水体面积为12.6 km²，比2007年及历年（2000—2007年）均少1成以上；昌马水库为5.6 km²，比2007年少1成以上，与历年基本相同；红崖山水库13.8 km²，与2007年基本相同，比历年多2成以上；刘家峡水库为105.6 km²，与2007年基本相同，比历年多1成（表2.18）。双塔、昌马、红崖山水库最大水体面积均出现在10月，刘家峡水库出现在9月（图2.110）。

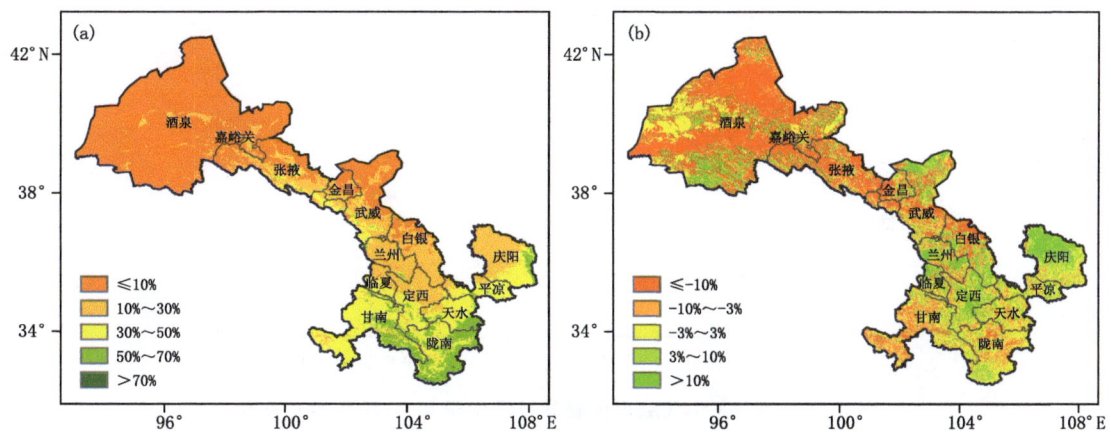

图 2.109　甘肃省 2008 年(a)及 2007—2008 年(b)植被覆盖度分布

表 2.18　2008 年甘肃省内陆水体面积情况

	水库面积(km²)	与 2007 年比较	与历年比较
双塔	12.6	少 14.2%	少 14.0%
昌马	5.6	少 15.2%	少 1.8%
红崖山	13.8	多 5.0%	多 28.3%
刘家峡	105.6	多 4.0%	多 10.2%

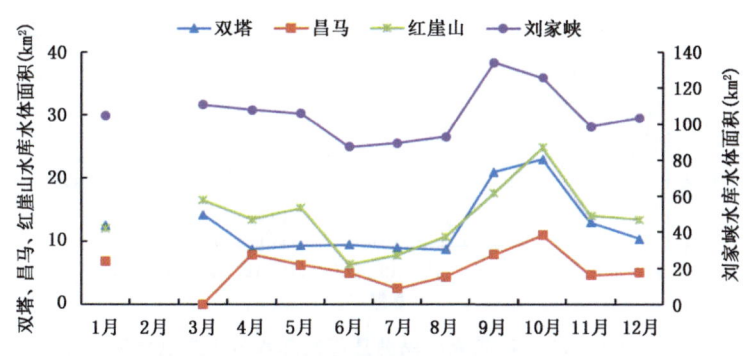

图 2.110　甘肃省 2008 年各月内陆水体面积变化

2）荒漠生态环境监测

大气降尘量：武威市北部绿洲区 2008 年降尘总量 1516.1 t/km²，是 2007 年的 4 倍，主要是 5 月降尘异常偏多(达 1194.3 t/km²)所致。2008 年降尘分布与往年有所不同，5—8 月降尘量占全年的 88%，主要原因是 5 月 2 日和 6 月 21 日出现了强沙尘暴天气。1 月出现了持续低温阴雨雪天气和 9 月出现了连阴雨天气，空气洁净，年降尘分别只有 8.7 t/km² 和 12.9 t/km²（图 2.111）。

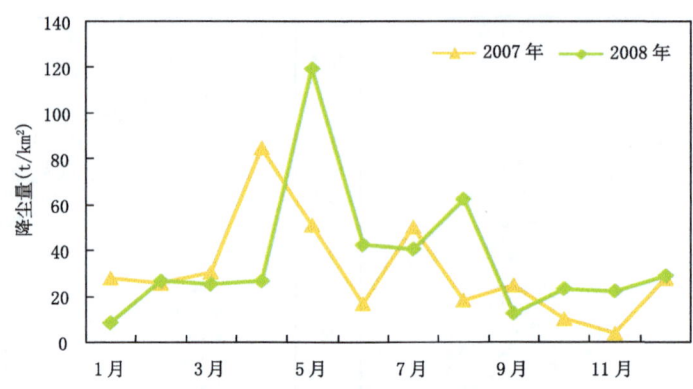

图 2.111 2008 年武威市民勤县月降尘量与 2007 年对比变化

酸雨:2008 年,武威市民勤县共监测降水样本 24 个,pH 均高于 5.6,未出现酸雨天气。全年 pH 平均为 7.12,与 2007 年持平,最大值为 8.05(7 月 3 日),最小值为 6.07(9 月 22 日)。降水电导率年平均为 69.75 μS/cm,较 2007 年减小 11.7 μS/cm,最大值为 168.8 μS/cm(5 月 6 日),最小值为 15.7 μS/cm(1 月 27 日),春、夏季较大分别为 92.8 μS/cm 和 83.4 μS/cm,这是由于该时段沙尘天气较多,大气污染较重,降水产生较高浓度的阴、阳离子,因而导电性能增强,秋季降水较多,空气相对洁净,电导率只有 48.5 μS/cm(图 2.112)。

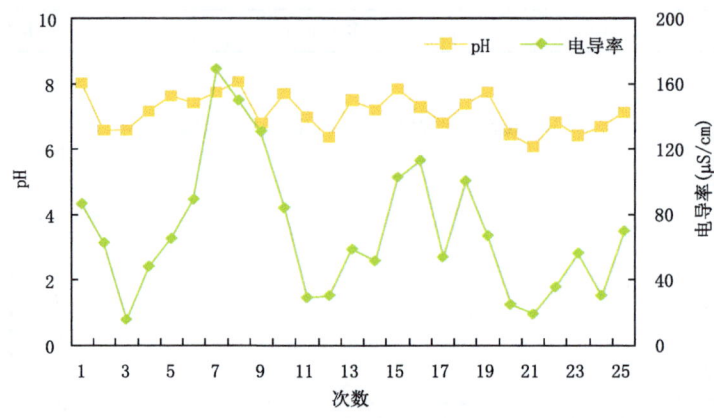

图 2.112 2008 年武威市民勤县逐次降水 pH 及电导率变化

地下水位:自 2005 年监测以来,武威市中部绿洲区地下水位呈缓慢上升趋势,由 2005 年的 7.7 m 上升至 2008 年 6.2 m;北部绿洲区也有所上升,2008 年由于出现了严重春夏连旱,需水量增大,地下水位波动较大,但农事活动停止以后,水位逐渐恢复,由 7 月最深 26.5 m 回升至 12 月的 25.1 m,较往年有明显上升(图 2.113)。

荒漠植物:荒漠区植物返青、芽膨大等物候期与 2007 年大致相同,由于年初降水充足,植物长势较好。后期出现了严重春夏连旱,降水稀少,受其影响柠条、红柳、二白杨开花和落叶期,冰草黄枯等均有不同程度的提前,生育期明显缩短。刺蓬、梭梭从 5 月下旬至 7 月下旬生长几乎停止,直到 7 月下旬出现有效降水后才恢复生长,8 月底测得刺蓬、梭梭产量分别为 1183 kg/hm²(鲜重)、680.8 kg/hm²(鲜重),比 2007 年减少 61.1%、63.2%。

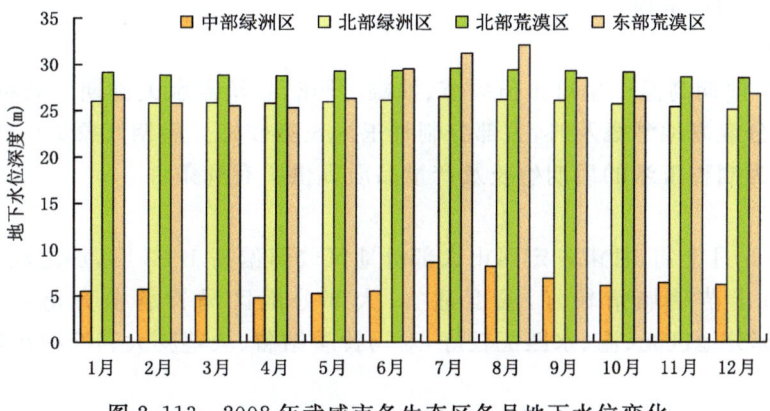

图 2.113　2008 年武威市各生态区各月地下水位变化

风蚀厚度：2008 年，武威市东部荒漠区累计风蚀量 5.3 cm，较 2007 年有明显减小。最大出现在 3 月，累计风蚀量 0.7 cm，最小出现在 1 月和 8 月，累计风蚀量为 0.3 cm（图 2.114）。

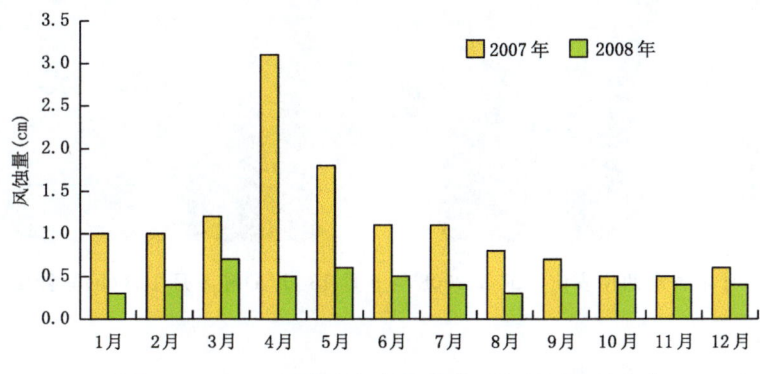

图 2.114　2008 年武威市东部荒漠区各月风蚀量变化

沙丘移动：2008 年，凉州区（半固定沙丘）与民勤县（活动沙丘）监测点沙丘移动速度分别为 1.45 m/a 和 6.70 m/a，凉州区自 2005 年监测以来，呈减缓态势，较 2007 年降低 1.69 m/a，民勤监测点较 2007 年升高 0.80 m/a。

沙漠边缘进退：2008 年，凉州区与民勤县监测点沙漠边缘向绿洲推进速度分别为 1.30 m/a 和 2.35 m/a，凉州区监测点较 2007 年降低 0.22 m/a，民勤较 2007 年升高 0.11 m/a。

2.9.2　评估

（1）2008 年干旱气候条件对农牧业的影响评估

1）冬、春小麦

2008 年初春较好的土壤墒情、充足的热量条件和光照，对冬小麦返青生长有利；4 月下旬甘肃省普遍出现寒潮强降温、雨雪和霜冻天气，对正处于孕穗发育期的冬小麦影响很大，但降水对春小麦生长非常有利。5 月至 6 月上旬，陇中偏北地区和陇东大部分地区的干旱，使部分地区春小麦出现枯萎现象，干旱影响到冬小麦的灌浆、春小麦的拔节抽穗；6 月中下旬甘肃省出现了几场范围较大的降水过程，河东大部分地区旱情得到有效缓解，对大部分地区的春小麦灌浆非常有利。7 月中旬以后大部分地区雨水充沛，对春小麦成熟十分有利，但雹（暴）洪灾害明显增多,小麦受到一定损失。

2)制种玉米

2008年夏季前期高温干旱对正值拔节、抽雄、开花、吐丝需水关键期的制种玉米产生了一定影响,但大部分灌溉地灌溉及时,大部分制种玉米长势较好。后期气象条件匹配较好,温、湿气象条件适宜,为制种玉米的后期生长及产量品质提供了有利条件。

3)马铃薯

4月中旬至5月上旬,甘肃省定西市大部分地区气温偏高1～2℃,加之浅层墒情较好,马铃薯播种顺利;出苗期墒情较好,温度适宜,大部分地区马铃薯苗齐苗壮,生长良好(图2.115);8月大部分地区光、温、水匹配较好,对马铃薯结薯、块茎膨大和淀粉积累较为有利。

图2.115　甘肃省定西市安定区北部2008年6月18日(a)和8月1日(b)马铃薯生长状况

4)酿酒葡萄

武威酿酒葡萄开花期在6月,这段时间天气以晴为主,平均气温大多在18～22℃,对葡萄的开花授粉坐果有利;酿酒葡萄果实膨大的快速生长期在8月中下旬,大多数时间气温处在适宜生长的范围,对葡萄果实生长有利(图2.116)。2008年夏季,葡萄生长期气温偏高,光照充足,空气干燥,加快了葡萄果实化学成分转化,减少营养浪费,对葡萄果实增大和糖分积累有利。

图2.116　2008年8月24日皇台葡萄生产基地刚灌完水的酿酒葡萄长势

5)中草药

2008年夏季,气候条件对定西市主要中药材种植区的中药材生长发育较为有利,虽局地出现冰雹、暴洪等灾害,给当归、党参等中药材的生长发育造成一定的不利影响,但总体来看气候条件仍属偏好年份。除7月上旬各地降水偏少,气温偏高,对中药材生长不利外,中草药生长期的其他时间降水偏多,温度适宜。良好的墒情为当归、党参、黄芪、黄芩、柴胡等中药材的生长提供了有利的条件,各地中药材叶色正,普遍长势良好(图2.117)。

图 2.117　2008年8月5日定西市渭源当归(a)和黄芩(b)生长状况

6)青稞

2008年夏季,气象条件对青稞的抽穗、灌浆、乳熟生长较为有利,无大灾害性天气影响,青稞长势良好(图2.118)。

图 2.118　2008年8月中旬甘南的青稞长势

7)甘南牧草

2008年初春,牧草生长区土壤墒情较好、热量条件和光照充足,对牧草返青生长有利;5月上、中旬降水偏少,牧草返青后前期生长受到影响,尤其是玛曲出现了春旱,第一场透雨出现时间偏迟,使牧草长势略差于2007年;6—8月,甘南牧区气温正常略高,降水正常略多,日照充足,牧草整体长势良好。2008年气象条件对甘南牧草生长较为有利(图2.119)。

图 2.119　2008 年 8 月 25 日甘南牧草长势

(2) 2008 年干旱气候条件对水资源的影响评估

2008 年春、夏季，甘肃省部分地区降水持续偏少，对水库、塘坝蓄水造成一定影响，武威市 7 座重点水库蓄水较常年同期少 27%；金昌市由于皇城、西大河、金川峡三座水库蓄水比 2007 年同期少了 73%；酒泉市三大河流夏季平均流量和 2007 年相比，讨赖河少 1%，昌马河少 13.3%，党河少 25.3%；张掖市黑河 6 月来水量明显减少；武威市夏季各大河流来水情况明显不及 2007 年和常年，尤其石羊河来水量形势严峻，来水量异常偏少。9—10 月，甘肃省大部分地区降水偏多，出现大范围连阴雨，降水日数大部地区也偏多，使水库、塘坝和水窖蓄水比较充分，省内各主要水库蓄水量偏丰。

(3) 2008 年干旱气候条件对能源、交通、旅游业等的影响评估

1) 能源

春季气温偏高，日照偏多，冷空气活动少，锅炉采暖用气量和用煤量减少，对节约能源及太阳能利用非常有利。夏季气温偏高，高温日数多，空调使用率高，电能的消耗量增大；季内对流性天气比较多，风速大，对风能利用十分有利。初秋出现大范围连阴雨，出现了相对低温时段，日照偏少，对太阳能利用有一定影响。10—12 月，甘肃省大部分地区气温偏高、降水少、日照偏多，对太阳能利用十分有利。冬季低温持续时间长，煤炭、天然气、电等能源的消耗量增大，冷空气活动频繁，风速加大，对风能发电有利，但对太阳能利用有一定影响。

2) 交通、旅游业

1 月中旬以来的低温积雪冰冻天气，路面积雪结冰，对交通运输、人们出行访友、旅游和春运产生了很大影响，高速公路普遍限速或关闭，交通受阻，长途客运班车出现停运，兰州空港也不同程度地受到了影响。其他时段对交通运输、人们出行访友、旅游非常有利，但寒潮强降温、河西出现大风沙尘暴及冰雹、暴雨、连阴雨、局地强对流对交通、旅游业造成不同程度的影响。

(4) 2008 年干旱气候条件对城市空气质量的影响评估

2008 年，兰州市空气质量优、良日数为 251 d，占总日数的 69%，比 2007 年少 20 d，其中，优的日数少 18 d；Ⅳ级中度污染和中度重污染分别为 3 d 和 1 d，均比 2007 年少，其余Ⅲ级以上污染日数均较 2007 年多，其中，Ⅴ级重污染为 5 d，比 2007 年多 1 d (图 2.120)。

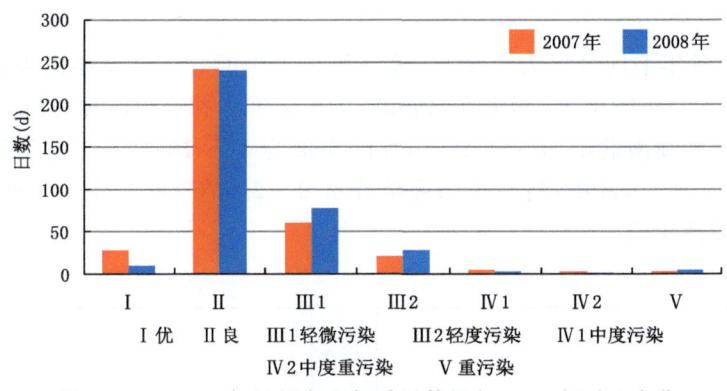

图 2.120　2008 年兰州市空气质量等级与 2007 年对比变化

2.10　2009 年甘肃省干旱生态环境气象监测与评估

2.10.1　监测

(1)2009 年干旱气候监测

2009 年,甘肃省气温偏高,降水偏少,日照时数偏少。河东部分地区连续发生了冬春旱连初夏旱和仲秋旱,其中,春旱连初夏旱旱情严重,对农业生产影响较重;沙尘暴、霜冻、暴雨、冰雹天气过程偏少,部分地区受灾严重;高温日数偏多,导致干旱加剧;区域性连阴雨接近常年,初秋连阴雨范围广、持续时间长且雨量大,利多弊少。综合分析 2009 年的气候条件属一般年景。

1)降水

2009 年,甘肃省年平均降水量为 359.9 mm,较常年少 11%,为近 5 年最少。最大出现在康县,为 943.5 mm,最小在瓜州,为 19.0 mm。河西西部为 10～100 mm,河西中东部、陇中北部为 200～300 mm,陇东为 300～500 mm,陇中南部、甘南及陇南为 400～750 mm,其中,陇南东南部为 750～1000 mm。与常年同期相比,河西中部、陇南东南部多 1～2 成,甘南南部略多;省内其余地区少 1～3 成,其中,河西西部少 2～6 成(图 2.121)。肃北为近 37 年(建站以来)最少。

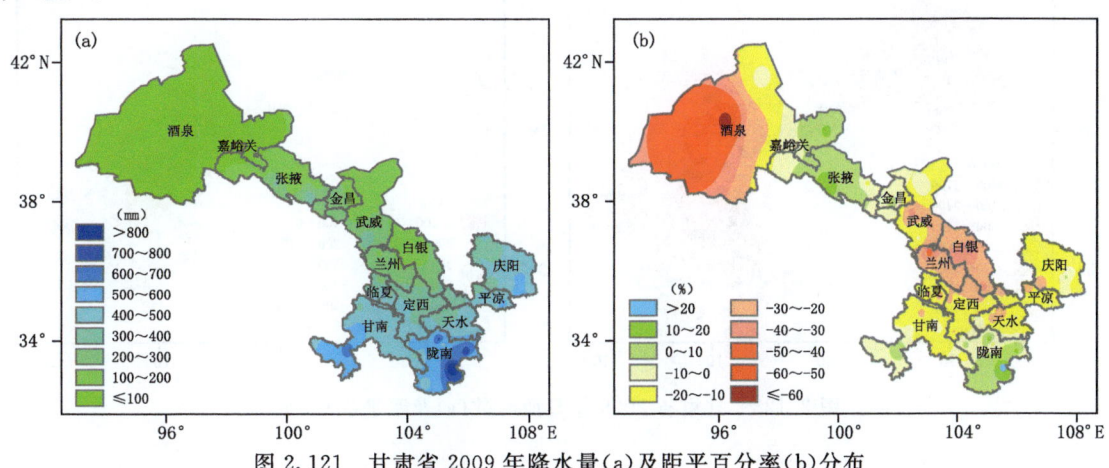

图 2.121　甘肃省 2009 年降水量(a)及距平百分率(b)分布

2)气温

2009年,甘肃省年平均气温为8.8 ℃,较常年高1.1 ℃,是1997年以来连续第13个偏高年。最高出现在文县,为15.5 ℃,最低在乌鞘岭,为1.2 ℃。祁连山区和甘南高原为2~6 ℃,河西走廊、陇中、陇东和陇南北部为6~12 ℃,陇南南部为12~16 ℃。与常年同期相比,甘肃省各地普遍高0.5~1.5 ℃,其中,河西东部局部高2.0~2.5 ℃(图2.122),河西和陇南的个别站点为建站以来最高年份。

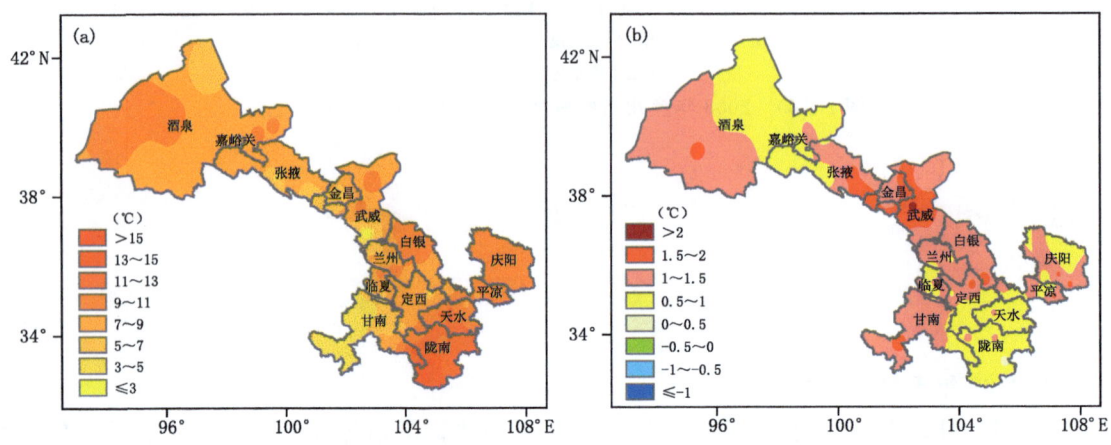

图2.122 甘肃省2009年平均气温(a)及距平(b)分布

3)日照

2009年,甘肃省年平均日照时数为2353.6 h,较常年少103.7 h,最多出现在马鬃山为3513.1 h,最少在康县,为1271.8 h。河西为2600~3500 h,陇中北部和陇东为2200~2800 h,陇中南部、甘南高原、陇南北部为1800~2200 h,陇南南部为1200~1800 h。与常年同期相比,河西部分地区和陇东北部多20~240 h,省内其余地区少20~400 h,其中,陇中部分地区、甘南大部、陇东南部个别地区和陇南东南部少150~400 h(图2.123)。

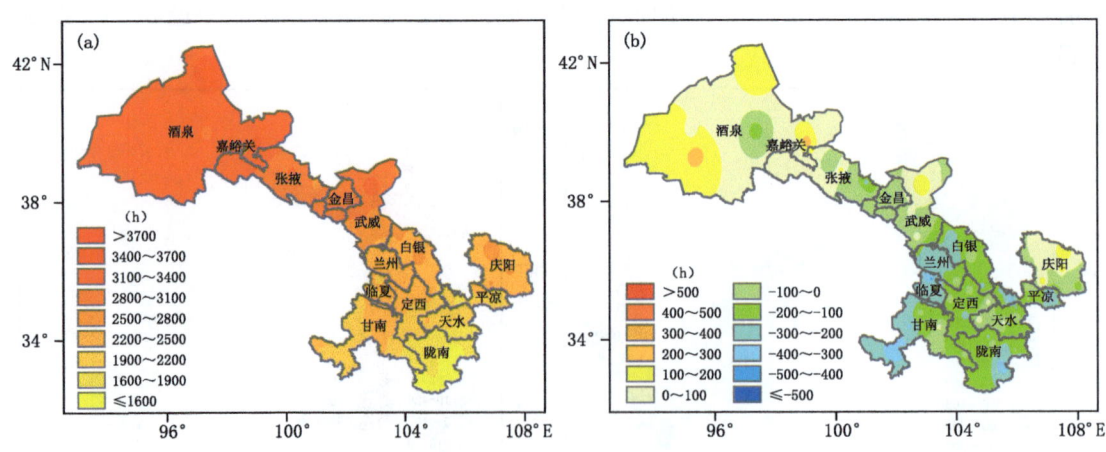

图2.123 甘肃省2009年日照时数(a)及距平(b)分布

(2)2009年天气、气候事件监测

1)干旱

3月上旬至6月下旬,河西西部、陇中中北部和陇东部分地区降水持续偏少,特别是5月下旬至6月下旬陇东和陇中降水不及常年一半,陇东部分地区出现春末夏初干旱,河西西部和陇中中北部发生了春旱连春末夏初干旱;10月上旬至11月上旬,陇中大部、甘南高原个别地区、陇东大部和陇南北部地区又出现干旱。

各月的干旱日百分率显示,2009年7月特旱百分比最大,超过10%,4—6月次之,均在5%以下。7月重旱最严重,接近20%,4—6月重旱在5%~10%(图2.124)。

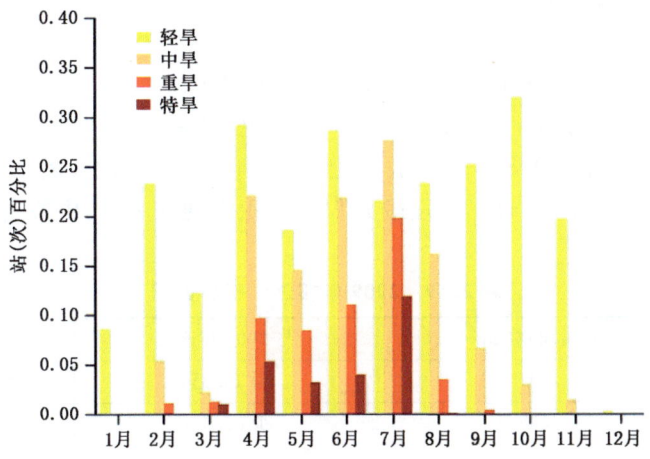

图2.124　甘肃省2009年各月不同等级干旱频率百分比变化

2)沙尘暴

2009年,甘肃省出现15站沙尘暴,较常年少,为近12年最少,其中,3次区域性(≥3站)沙尘暴天气过程,其中,4月29—30日为2009年出现范围最大、程度最强、影响最重的区域性沙尘(暴)天气过程(图2.125)。

图2.125　2009年4月30日玉门市强沙尘暴

3)连阴雨

2009年秋季,甘肃省连阴雨次数略偏多,且范围广、持续时间长、雨量多。共出现2次区域性连阴雨天气,其中,9月1—14日为大范围连阴雨,过程雨量15.2～163.3 mm,大部分地区持续5～15 d,河西大部分地区降水较往年同期多6成～7倍,有6站降水创历史同期最多纪录。

4)高温

2009年,甘肃省共有56站出现日最高气温≥32 ℃高温日数达992站(次),比常年同期多364站(次),为近3年最多;共有32站出现日最高气温≥35 ℃高温,共171日次,比常年同期多82站(次)。高温造成河西、陇中、陇东和陇南出现了干热风,为近12年最多,影响春小麦产量,并使土壤水分蒸发和植物蒸腾增强,导致干旱加剧。

(3)2009年生态环境监测

1)遥感监测

祁连山积雪:2009年,祁连山年平均积雪面积为12802.5 km²,比2008年少2成以上,比历年(2000—2008年)少1成以上。东、中段年平均积雪面积比2008年分别少1成、2成以上,均比历年少近1成;西段比2008年少2成以上,比历年少1成以上(表2.19)。祁连山最大积雪总面积出现在2月(图2.126a)。东段最大积雪面积出现在2月,中段也出现在2月,西段出现在12月(图2.126b)。

表2.19　2009年祁连山积雪面积

	积雪面积(km²)	与2008年比较	与历年比较
东段	2697.9	少16.5%	少9.4%
中段	4592.6	少25.5%	少8.9%
西段	5512.0	少28.6%	少16.7%
总面积	12802.5	少25.2%	少14.7%

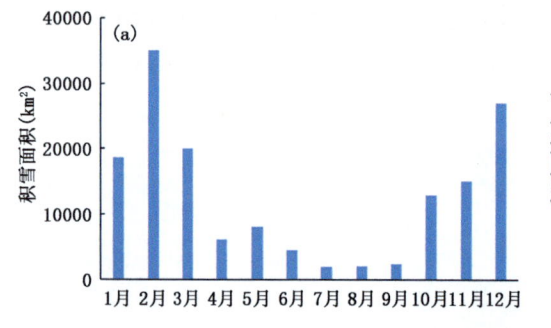 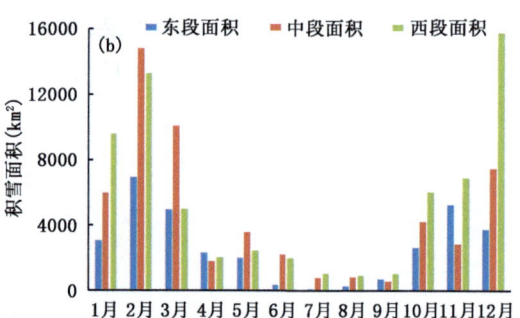

图2.126　2009年祁连山积雪各月总面积(a)与分段面积(b)变化

植被长势:2009年,甘南中部与东南部、陇南南部与东部、天水东南部、庆阳东部植被覆盖度大于50%,祁连山中东部、陇南中部、庆阳东南部和定西、临夏等市(州)中南部及甘南、天水、平凉等市(州)大部分地区在30%～50%,河西走廊、兰州大部、白银中南部、临夏北部、定西西北部、庆阳中北部在10%～30%,其余地区在10%以下(图2.127a)。与2008年同期相比,祁连山区、张掖中部、武威北部、白银南部、庆阳北部及甘南、陇南、天水等市(州)大部分地区植被较好,张掖西北部、武威中东部、兰州大部、白银中北部、平凉西部、庆阳东部及酒泉、临夏、定西等市(州)大部分地区植被较差,其余地区与2008差别不大(图2.127b)。

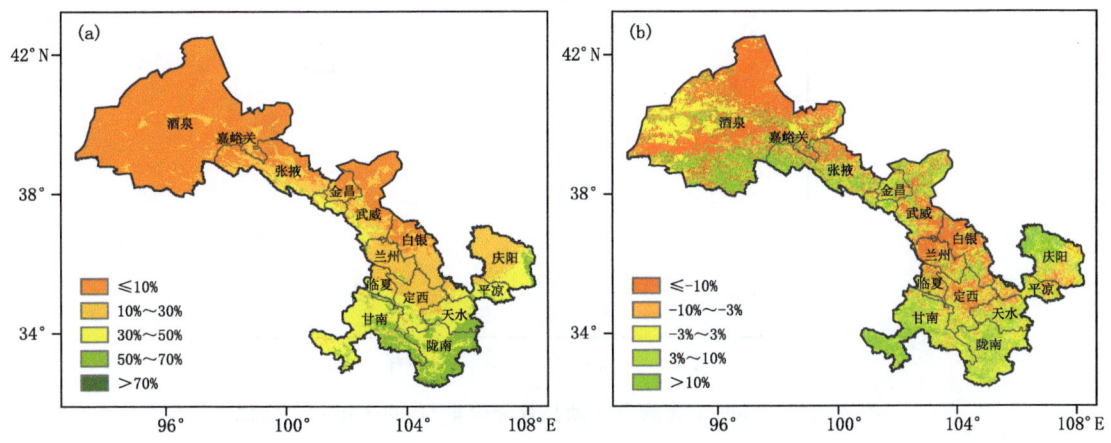

图 2.127　甘肃省 2009 年(a)及 2008—2009 年(b)植被覆盖度分布

内陆水体面积:2009 年,双塔水库年平均水体面积为 11.5 km²,比 2008 年少近 1 成,比历年(2000—2008 年)少 2 成;昌马水库为 6.0 km²,比 2008 年多近 1 成,比历年多近 1 成;红崖山水库为 13.4 km²,与 2008 年基本相同,比历年多 2 成以上;刘家峡水库为 99.5 km²,比 2008 年少近 1 成,与历年基本相同(表 2.20)。双塔、昌马、红崖山水库最大水体面积均出现在 10 月,刘家峡水库出现在 3 月(图 2.128)。

表 2.20　2009 年甘肃省内陆水体面积情况

	水库面积(km²)	与 2008 年比较	与历年比较
双塔	11.5	少 9.1%	少 20.6%
昌马	6.0	多 6.8%	多 5.2%
红崖山	13.4	少 2.8%	多 20.9%
刘家峡	99.5	少 5.7%	多 2.7%

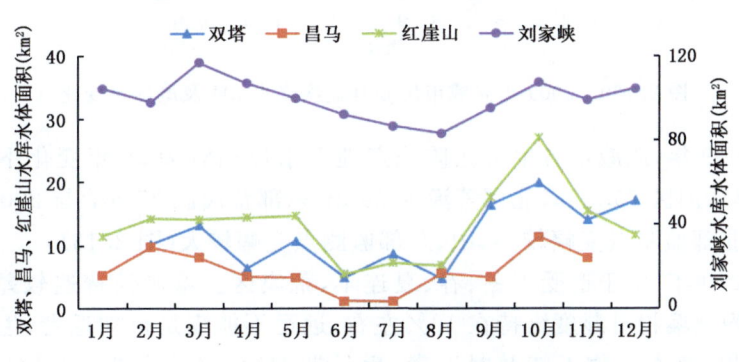

图 2.128　甘肃省 2009 年各月内陆水体面积变化

2)荒漠生态环境监测

大气降尘量:2009 年,武威市北部绿洲区月平均降尘量为 37.53 t/km²。春季风沙天气较多,降尘量达 225.1 t/km²,占全年降尘量的 50%,5 月最大为 104.5 t/km²。降尘最小值出现在 6 月,为 10.0 t/km²(图 2.129)。

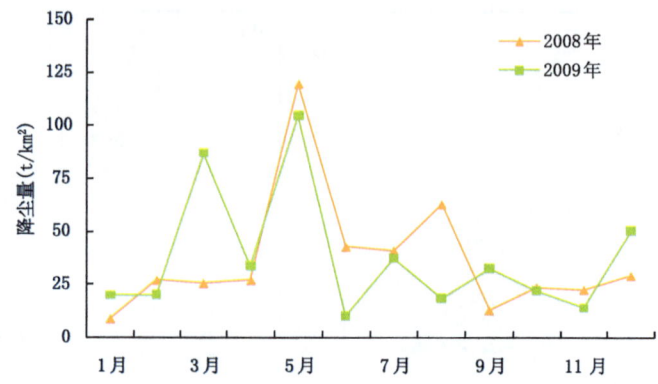

图2.129　2009年武威市民勤县月降尘量与2008年对比变化

酸雨:2009年,武威市北部绿洲区共监测降水样本18个,出现酸雨天气样本1个。pH年平均为7.06,较2008年小0.06,最大7.80(9月19日),最小5.28(8月24日),这是近几年首次出现酸雨天气。降水电导率年平均为66.23 μS/cm,较2008年小3.52 μS/cm,最大161.80 μS/cm(8月7日),最小7.90 μS/cm(8月18日)。春季大气污染较重,电导率最大,平均为105.37 μS/cm,夏、秋季空气相对洁净,电导率平均只有54.35 μS/cm和63.04 μS/cm(图2.130)。

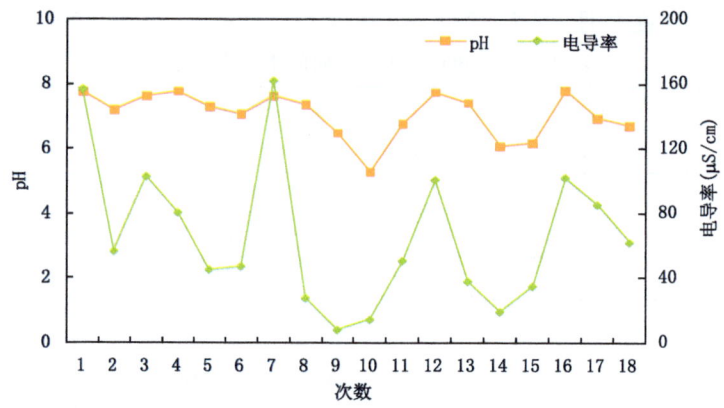

图2.130　2009年武威市民勤县逐次降水pH及电导率变化

地下水位:2009年,武威市各生态区监测点地下水位相对2008年变化不大,中部绿洲区平均6.6 m,北部绿洲区25.7 m,北部荒漠区29 m,东部荒漠区27 m,与2008年相比变幅均在0.1~0.6 m,北部监测点变幅较小,中、东部监测点变幅较大(图2.131)。

荒漠植物:2009年,由于遭受了冬、春、夏连旱,荒漠区土壤墒情普遍较差,2月至8月中旬,0~50 cm平均土壤相对湿度维持在10%左右,远远不能满足植被返青、生长的水分需求,造成植株生长缓慢,草本植物不能及时返青,生长期缩短,覆盖度低,产量低,长势明显不及2008年。

风蚀厚度:2009年,武威市东部荒漠区累计风蚀量4.2 cm,较2008年小1.1 cm。最大值出现在2月和4月,累计风蚀量均为0.5 cm,其余月份累计风蚀量为0.3~0.4 cm。

沙丘移动:2009年,凉州区(半固定沙丘)与民勤县(活动沙丘)监测点沙丘移动速度分别为0.27 m/a和5.20 m/a,凉州和民勤监测点较2008年明显减小1.18 m/a和1.50 m/a。

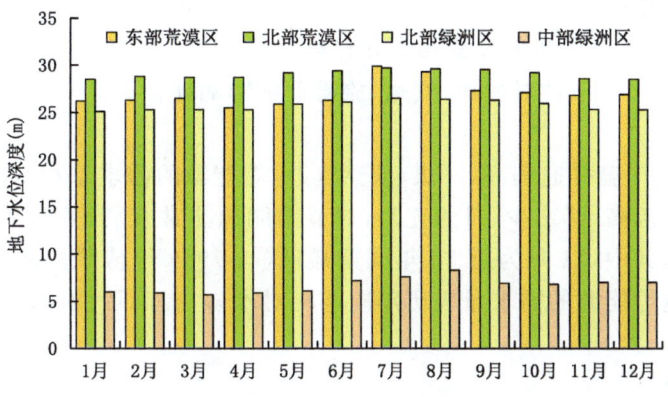

图 2.131 2009 年武威市各生态区各月地下水位变化

沙漠边缘进退:2009 年,凉州区与民勤县监测点沙漠边缘向绿洲推进速度分别为 1.02 m/a 和 2.32 m/a,凉州区较 2008 年小 0.28 m/a,民勤较 2008 年小 0.03 m/a。

2.10.2 评估

(1)2009 年干旱气候条件对农牧业的影响评估

1)春小麦

2009 年春小麦播种期,大部分地区耕作层墒情适宜,对春小麦播种出苗较为有利;河西灌溉农业区春灌及时,春小麦在出苗—分蘖期生长顺利;河东大部分地区降水偏少,局部地区遭受干旱影响,不利于春小麦根系下扎,影响最终产量。

2)冬小麦

2009 年 9 月和 10 月各出现了一次区域性连阴雨天气过程,提高了冬麦区土壤水分,冬小麦播种质量好,出苗齐全,无缺苗断垄现象,光、温、湿条件利于冬小麦形成壮苗。11 月上、中旬,甘肃省出现了大范围降温降雪天气,为冬小麦越冬积累了比较丰富的水分资源,并加快了越冬作物的冬眠进度,减少了作物冬前的水、养分的无效消耗,同时也遏制了旺长现象的发生,为冬小麦来年丰收奠定了扎实的基础。

3)秋作物

7 月中、下旬甘肃省出现的几次明显降水使旱情得到很大缓解,非常有利于玉米、马铃薯等大秋作物的生长;初秋出现长时间大范围连阴雨天气,对大秋作物成熟收获、小秋作物的产量形成造成不利影响。10 月上旬至 11 月上旬河东大部分地区又出现仲秋旱,频繁的干旱事件,影响大秋作物的生长发育。

4)甘南畜牧业

2009 年春季,甘南州各地气温偏高,降水正常,无低温连阴雪天气,牲畜顺利度过了"春乏期"。5 月上、中旬牧区出现了春季连阴雨,大部分地区气温特低,致使牧草返青后生长发育缓慢。9—10 月甘南草场牧草处于籽实成熟期到黄枯期,降水正常,气温偏高,日照充足,对牧草品质、产量的提高较为有利。牲畜膘情较好。

(2)2009 年干旱气候条件对水资源的影响评估

2009 年 1—9 月,甘肃省各主要河流来水与多年同期相比,只有昌马河、疏勒河、梨园河、黑河偏丰,讨赖河、杂木河正常,其他河流来水均偏枯。9 月出现了大范围连阴雨,主要水库蓄水量与2008年同期相比,红崖山水库丰5成,龙羊峡水库丰3成。11—12月甘肃省大部分地区降水偏多,对各水库、塘坝和水窖蓄水十分有利。

(3)2009年干旱气候条件对能源、交通、旅游业的影响评估

1)能源

2009年,甘肃省气温普遍偏高,对煤、天然气、电等能源的需求量相对减少,降低了能源消耗。尤其1—4月气温高、降水少、日照充足,对节约能源非常有利,并对太阳能利用也十分有利。年末气温偏低,其中,11月为近30年同期最低(与1986年持平),降水日数偏多,日照偏少,对煤、天然气、电等能源的需求量较历年同期相对增多,提高了能源消耗,也不利于太阳能利用。

2)交通、旅游业

2009年,甘肃省年平均气温偏高,降水日数及大风、扬沙、浮尘、沙尘暴、寒潮、强降温、冰雹、暴雨、连阴雨、雷暴等日数均比常年少,对全省交通、旅游业非常有利。夏季局地冰雹、暴雨、连阴雨、强对流及初秋大范围连阴雨和秋末降雪、降温天气,对交通、旅游业造成不同程度的影响。全年气候条件对交通、旅游业的影响利大于弊。

(4)2009年干旱气候条件对城市空气质量的影响评估

2009年,兰州市空气质量优、良日数为237 d,占总日数的65%,比2008年少14 d;Ⅲ级轻微污染和Ⅳ级中度污染分别为98 d和5 d,比2008年多;Ⅴ级重污染为5 d,与2008年持平;Ⅲ级轻度污染和Ⅳ级中度重污染均比2008年少(图2.132)。

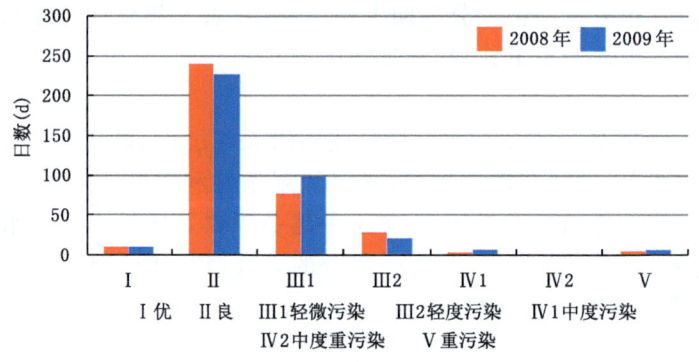

图2.132　2009年兰州市空气质量等级与2008年对比变化

2.11　2010年甘肃省干旱生态环境气象监测与评估

2.11.1　监测

(1)2010年干旱气候监测

2010年,甘肃省气温偏高,降水接近常年,日照时数偏少。盛夏出现局地强降水,引发特大泥石流、山体滑坡等气象次生地质灾害,造成重大人员伤亡及财产损失;暴雨日数接近常年,但局地暴雨强度大,部分地区受灾严重;冰雹特少,大风沙尘(暴)、晚霜冻偏少,局地灾害较重;高温日数较多,陇中和陇东北部出现春末旱连夏旱和秋末旱,影响较大。总体来说,2010年气

候条件属一般年景。

1) 降水

2010年,甘肃省年平均降水量为399.5 mm,接近常年,最大出现在康县,为879.7 mm,最小在瓜州,为32.7 mm。祁连山区为200~400 mm,河西走廊为50~200 mm,陇中北部为100~200 mm,陇中南部、甘南高原为300~600 mm,陇东、陇南为400~800 mm;与常年同期相比,河西中西部多2成至1倍,陇东大部分地区多2~5成;陇中大部、陇南大部分地区少2~4成,陇南南部个别地区少9成;省内其余地区接近常年(图2.133)。

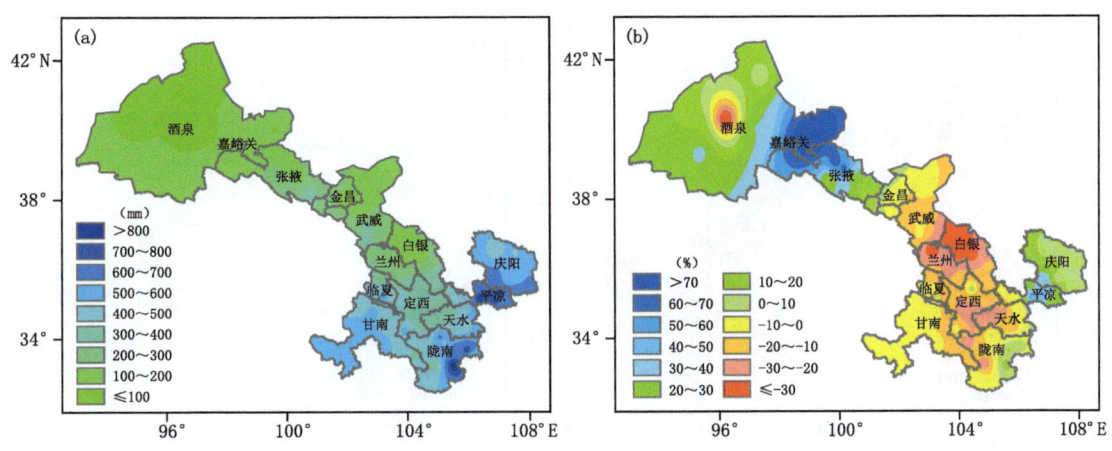

图 2.133 甘肃省2010年降水量(a)及距平百分率(b)分布

2) 气温

2010年,甘肃省年平均气温为8.7 ℃,较常年高1.0 ℃,是1997年以来连续第14个偏高年。最高出现在武都和文县,均为15.4 ℃,最低在乌鞘岭,为0.8 ℃。祁连山区和甘南高原为2~6 ℃,河西走廊、陇中、陇东和陇南大部地区为6~12 ℃,陇南南部部分地区为12~14 ℃。与常年同期相比,全省各地年平均气温普遍高0.5~2 ℃,其中,河西东部、甘南、陇中南部、陇东南部高1.5~2.0 ℃,河西西南部及陇南东南部气温与常年同期相当(图2.134);甘南大部分地区为建站以来最高年份。

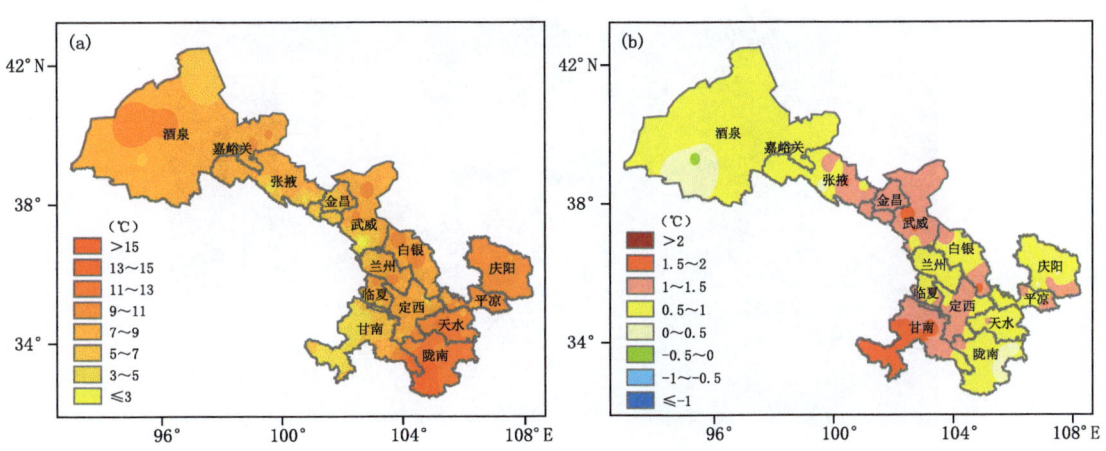

图 2.134 甘肃省2010年平均气温(a)及距平(b)分布

3)日照

2010年,甘肃省年平均日照时数为2403.8 h,较常年少54.3 h,最多出现在马鬃山,为3499.3 h,最少在康县,为1310.7 h。河西为2600~3400 h,陇中北部、甘南大部和陇东北部为2300~2600 h,陇中南部、陇南北部1900~2300 h,陇南南部1300~1900 h。与常年同期相比,河西部分地区、陇中个别地区、甘南个别地区和陇东北部多20~150 h,省内其余地区少20~150 h,其中,陇中部分地区、陇东南部个别地区和陇南东南部少150~300 h,其中,泾川少589 h(图2.135)。

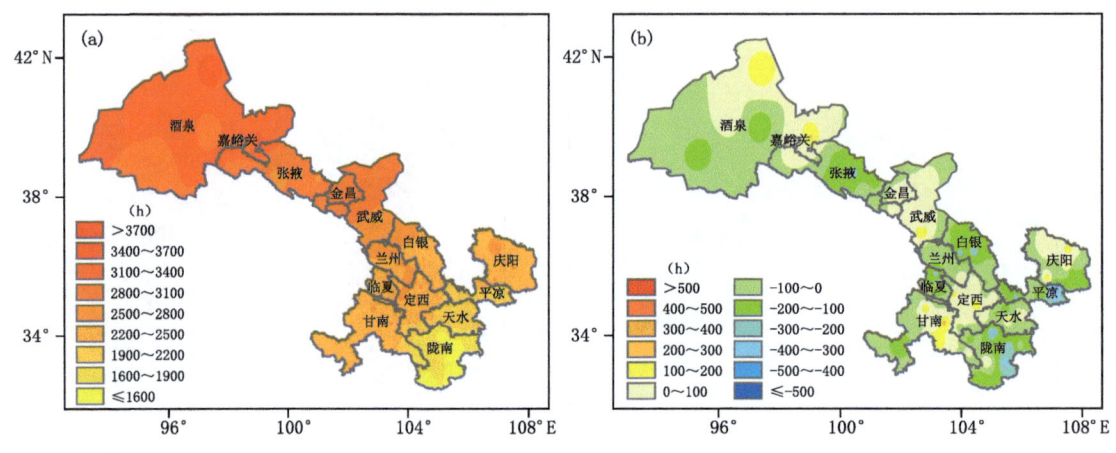

图2.135 甘肃省2010年日照时数(a)及距平(b)分布

(2)2010年天气、气候事件监测

1)甘肃舟曲发生特大山洪泥石流灾害

8月7日20时至8日05时,甘肃省舟曲县出现局地暴雨,其中,东山镇降水量达96.3 mm,1 h最大降水量77.3 mm。此次降雨过程局地性强、短时强度大、突发性强。由于舟曲县城位于两山的峡谷地带,植被覆盖低、地表土壤裸露,土质疏松、汶川地震导致舟曲县城周边山体松动、岩层破碎、地表松散物大量堆积等因素影响,局地短时强降水引发舟曲县特大山洪泥石流灾害,造成重大人员伤亡及财产损失(图2.136)。

图2.136 甘肃省2010年"8·8"舟曲特大山洪泥石流灾害

2）干旱

2010年4月下旬至5月中旬，甘肃河东大部分地区由于降水持续偏少，出现春旱，重旱区主要在陇中北部、陇东大部及陇南北部；7月上旬至8月下旬，陇中部分地区、陇东北部个别地区和陇南西部个别地区出现干旱。8月中旬至9月中旬，陇中北部部分地区持续干旱，陇中和陇东北部春末旱连夏旱，影响较重。秋末（11月），全省大部分地区出现中到重旱。

各月的干旱日百分比显示，2010年5月特旱比例最大，超过5％，6月至8月次之。重旱4—5月、7—8月相对较严重，重旱超过5％（图2.137）。

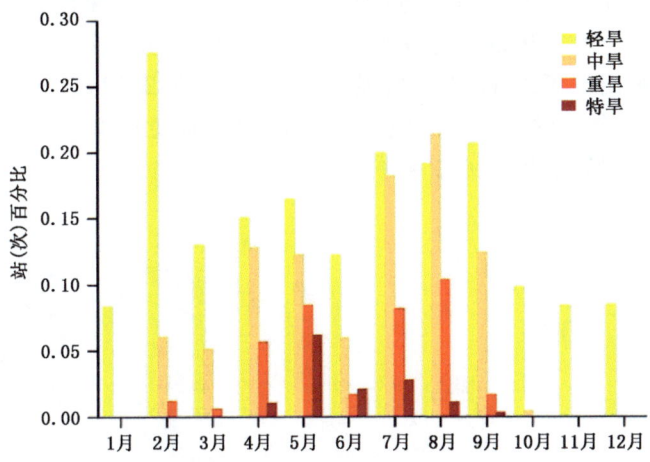

图2.137　甘肃省2010年各月不同等级干旱频率百分比变化

3）暴雨

2010年，甘肃省共有15站出现暴雨，较常年略多，共出现1次区域性暴雨过程（7月22—25日，80个乡（镇）出现暴雨，36个乡（镇）大暴雨），强度较强，最大降水量出现在灵台县朝那乡（319.4 mm），灵台、华亭、泾川的日降水量均突破了历史极值。暴雨造成16人死亡、2人失踪，直接经济损失约7.1亿元（图2.138）。8月11—12日，陇南市出现了暴雨、局部大暴雨天气，全市有11个乡（镇）出现暴雨，1个乡（镇）大暴雨，最大降水量出现在成县黄渚镇（258.9 mm），造成37人死亡、17人失踪、295人受伤，直接经济损失30.4亿元。

图2.138　2010年7月23日甘肃平凉遭暴雨袭击

4）高温

2010年，甘肃省共有46个县（区）出现日最高气温高于35 ℃的高温天气，高温日数为近50年最多。酒泉、张掖、武威、白银、定西、兰州和陇南等市的16县（区）日最高气温达到或突破历史极值，敦煌、瓜州、金塔和民勤出现了超过40 ℃的高温天气，兰州7月28日最高气温达到历史极值（39.8 ℃），与2000年持平。

5）大风、沙尘暴

2010年，甘肃省共出现大风627站（次）（53站）、沙尘暴47站（次）（20站）、扬沙293站（次）（49站）、浮尘335站（次）（68站），均较常年少，其中，年沙尘暴日数为1987年以来连续第24个偏少年。4月24—26日出现了近9年来最强的一次区域性沙尘暴天气过程，沙尘暴天气范围大、强度强。民勤出现了近17年来最强"黑风"天气（图2.139），能见度接近0 m，最大风速达28 m/s。山丹、高台、金昌、景泰出现强沙尘暴，最小能见度200 m。敦煌、玉门、金塔、肃南、肃北、环县出现沙尘暴，能见度600～900 m。

图2.139　2010年4月24日甘肃省民勤县黑风

6）区域性连阴雨偏多

全年共出现区域性连阴雨天气过程15次，较常年偏多，其中，8月底至9月上旬的连阴雨过程范围最大（甘肃省40县（区）），持续时间为5～12 d。陇东个别地区持续阴雨天气造成山体滑坡气象次生灾害，灵台、华亭两县部分乡（镇）受灾。

7）寒潮强降温等低温冻害

2010年，甘肃省大部分地区出现了寒潮强降温等低温冻害，较常年偏多，出现时段主要集中在3—4月和10月，其中，4月9—13日、10月24—25日两次寒潮强降温天气过程对交通、农牧业生产造成了较重影响，河西大部、陇中和陇东部分地区不同程度受灾（图2.140），河西个别地区受灾严重。

（3）2010年生态环境监测

1）遥感监测

祁连山积雪：2010年，祁连山年平均积雪面积为15612.7 km²，比2009年多2成以上，比历年（2000—2009年）略多。东段年平均积雪面积比2009年多1成以上，比历年略少；中段与2009年基本相同，比历年少近1成；西段比2009年多4成以上，比历年多2成（表2.21）。

图 2.140 2010 年 4 月 12—15 日甘肃省温室大棚(a)、桃树(b)、冬小麦(c)、油菜(d)受灾情况

表 2.21 2010 年祁连山积雪面积

	积雪面积(km²)	与 2009 年比较	与历年比较
东段	3094.8	多 14.7%	少 5.8%
中段	4648.4	多 1.2%	少 7.0%
西段	7869.5	多 42.8%	多 20.9%
总面积	15612.7	多 22.0%	多 5.6%

祁连山最大积雪总面积出现在 1 月(图 2.141a)。东段最大积雪面积出现在 2 月,中段出现在 10 月,西段出现在 1 月(图 2.141b)。

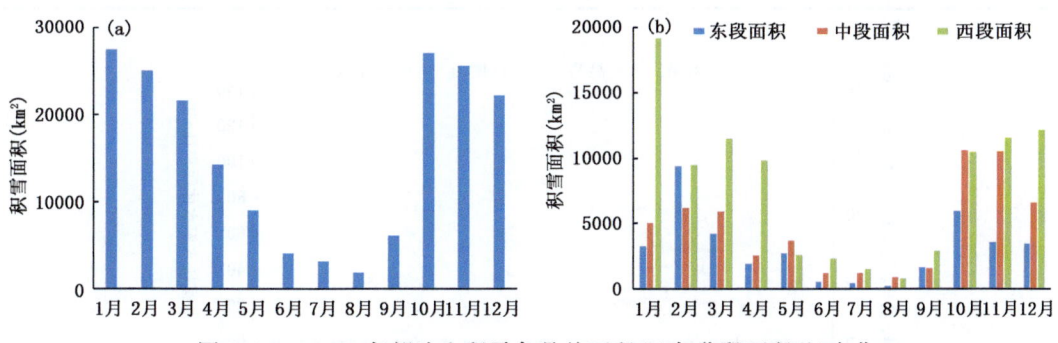

图 2.141 2010 年祁连山积雪各月总面积(a)与分段面积(b)变化

植被长势:2010 年,甘南、陇南、天水 3 市(州)东南部、庆阳东部植被覆盖度大于 50%,祁连山中东部、甘南大部、陇南中部、定西中南部、临夏中南部、天水大部、平凉大部、庆阳东南部

30%~50%,河西、兰州大部、白银中南部、临夏、定西、庆阳等市(州)北部在10%~30%,其余地区在10%以下(图2.142a)。与2009年同期相比,河西、兰州、平凉、庆阳等地大部、白银东南部、定西北部植被较好,金昌西部、武威中北部、兰州中部、白银西北部、甘南西南部、陇南南部、定西中南部、天水大部和庆阳东部地区植被较差,其余地区与2009年差别不大(图2.142b)。

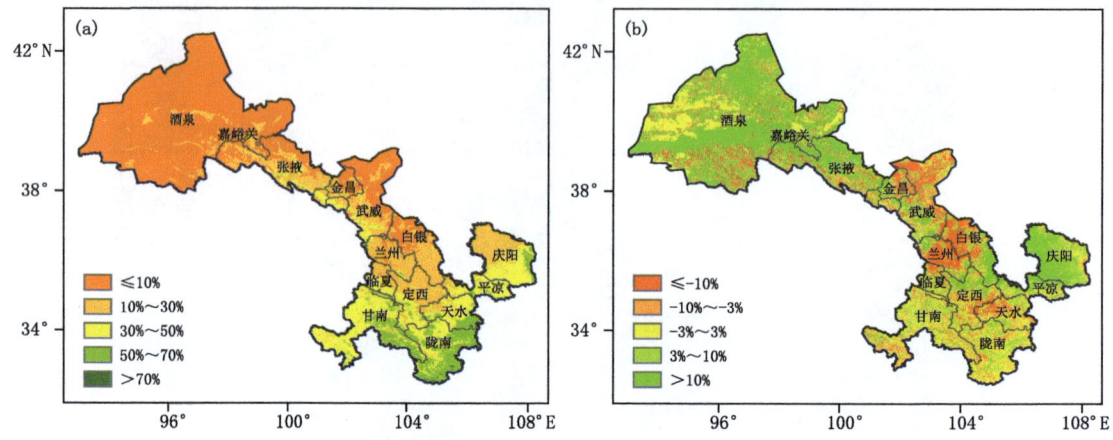

图2.142　甘肃省2010年(a)及2009—2010年(b)植被覆盖度分布

内陆水体面积:2010年,双塔水库年平均水体面积为13.0 km²,比2009年多1成以上,比历年(2000—2009年)少近1成;昌马水库为6.0 km²,与2009年基本相同,比历年略多;红崖山水库为15.2 km²,比2009年多1成以上,比历年多3成以上;刘家峡水库为99.1 km²,与2009年和历年基本相同(表2.22)。双塔、昌马、红崖山水库最大水体面积均出现在10月,刘家峡水库出现在5月(图2.143)。

表2.22　2010年甘肃省内陆水体面积情况

	水库面积(km²)	与2009年比较	与历年比较
双塔	13.0	多12.9%	少8.5%
昌马	6.0	多1.2%	多5.7%
红崖山	15.2	多13.2%	多34.0%
刘家峡	99.1	少0.5%	多2.0%

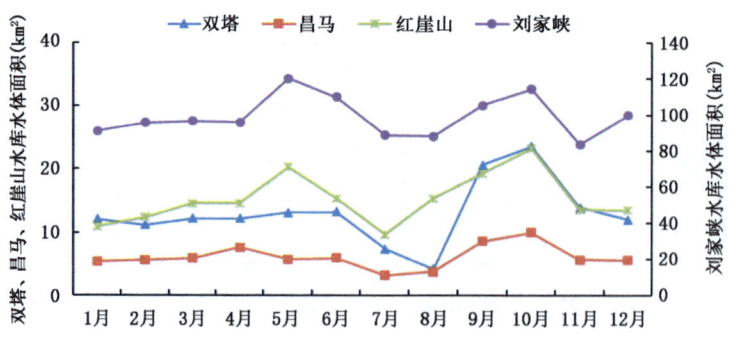

图2.143　甘肃省2010年各月内陆水体面积变化

2)荒漠生态环境监测

大气降尘量:2010年,武威市北部绿洲区降尘总量为923.0 t/km²,较2009年增加472.7 t/km²。春季降尘量最大达663.0 t/km²,占全年总降尘量的72%。尤其是4月下旬民勤出现了黑风天气,降尘明显增多,4月降尘量511.6 t/km²,占全年总降尘量的55%(图2.144)。

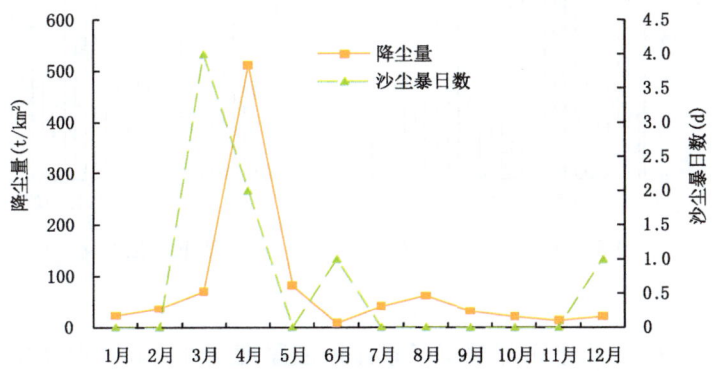

图2.144　2010年武威市民勤县月降尘量与沙尘暴日数对比变化

酸雨:2010年,武威市民勤县共监测降水样本27个,出现酸雨天气样本1个。年平均pH为7.20,较2009年大0.14,最大值为8.32(5月24日),最小值为4.62(9月19日),出现酸雨天气(pH<5.6)。降水电导率年平均为98.40 μS/cm,较2009年大32.17 μS/cm,最大值为356.0 μS/cm,最小值为6.2 μS/cm(图2.145)。

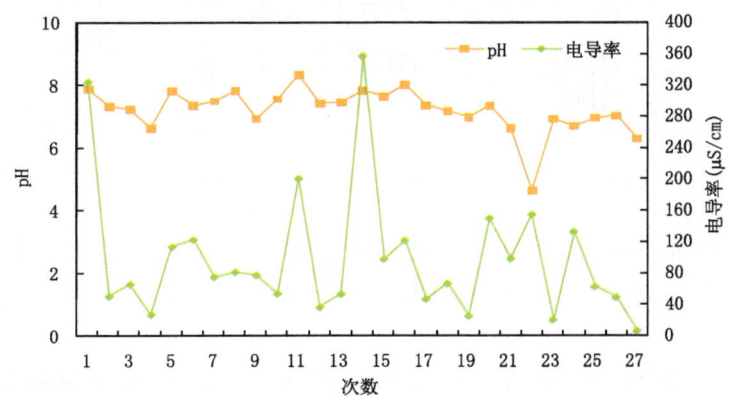

图2.145　2010年武威市民勤县逐次降水pH及电导率变化

地下水位:2010年,武威市各生态区监测点地下水位相对2009年变化较小,中部绿洲区为7.6 m,北部绿洲区25.9 m,北部荒漠区28.9 m,东部荒漠区28.8 m。其中,北部荒漠区较2009年上升0.1 m,主要用水时段(2—9月)较2009年上升0.2 m,12月较2009年回升0.4 m;北部绿洲区主要用水时段(2—9月)较2009年上升0.1 m(图2.146)。

荒漠植物:2010年,武威市东部荒漠区梭梭返青期晚于2009年,随着春季降水增加,梭梭新枝生长加快,入秋后由于持续干旱梭梭生长出现停滞现象;刺蓬受春季低温天气影响,5月下旬返青,但返青后生长较快,后期受干旱影响生长速度减缓。二白杨、柠条、红柳的叶变色比2009年推迟3~15 d,冰草黄枯普遍期推迟12 d。2010年,荒漠区植物长势总体较好,提高了

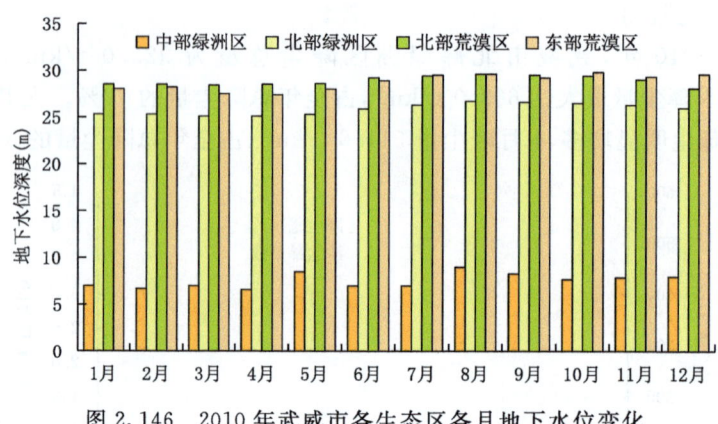

图 2.146　2010 年武威市各生态区各月地下水位变化

覆盖度。

风蚀厚度：2010 年，武威市东部荒漠区累计风蚀厚度 4.0 cm，是近 3 年中最小的一年，较 2009 年小 0.2 cm，较 2008 年小 1.3 cm（图 2.147）。

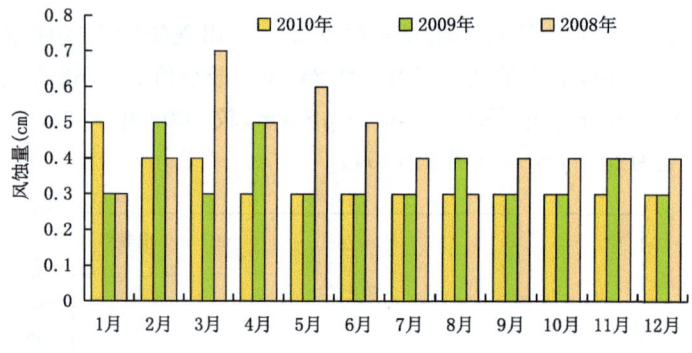

图 2.147　2010 年武威市东部荒漠区各月风蚀量变化

沙丘移动：2010 年，凉州区（半固定沙丘）与民勤县（活动沙丘）监测点沙丘移动速度分别为 1.23 m/a 和 5.20 m/a，凉州区监测点较 2009 年大 0.96 m/a，民勤县监测点与 2009 年持平。

沙漠边缘进退：2010 年，凉州区与民勤县监测点沙漠边缘向绿洲推进速度分别为 1.08 m/a 和 2.13 m/a，凉州区监测点较 2009 年略增大 0.06 m/a，民勤县监测点较 2009 年减小 0.19 m/a。

2.11.2　评估

（1）2010 年干旱气候条件对农牧业的影响评估

1）农作物

2009 年封冻墒情差（2006 年以来最差的一年），其后相继出现了冬旱（2009 年 12 月至 2010 年 2 月），春末旱（4 月下旬至 5 月中旬），夏旱（7 月上旬至 8 月下旬），秋旱（秋末 11 月），频繁的干旱事件，对冬小麦越冬、开花灌浆造成一定影响（图 2.148），并对春小麦拔节孕穗及大秋作物苗期生长造成一定影响，同时高温少雨天气不利于玉米花期授粉、灌浆乳熟和马铃薯的块茎膨大,秋末干旱影响冬小麦苗期生长,但有利于秋作物的收获和晾晒。

图 2.148　2010 年春季甘肃省临洮水地(a)、通渭旱地(b)冬小麦返青期长势

2)设施农业、蔬菜瓜果

3 月,甘肃省大风日数比常年同期多,出现两次区域性沙尘暴天气过程,对日光温室、蔬菜瓜果小拱棚及日光温室内蔬菜、瓜果作物的生长产生严重影响,使部分作物挂果少,生长慢,畸形果多,产量低。尤其 4 月 24 日出现的特强区域性沙尘暴天气过程及伴随的降温天气,对设施农业造成了严重危害,部分温室大棚棚膜被吹破,棚内蔬菜、瓜果受到不同程度的冻害。大风沙尘及降温还使养殖大棚棚膜破损,多头牲畜失踪、冻死。另外,2010 年春季,甘肃省冷空气活动频繁,加之河西部分地区降雪量大,造成塑料大棚被毁、日光温室严重受损,反季节蔬菜被冻坏、冻死。

3)甘南畜牧业

3—4 月,甘南牧区气温正常略偏高,降水正常略偏多,无寒潮强降温、低温连阴雨天气出现,使牲畜顺利度过了"春乏期";甘南牧区除玛曲外其余各地出现了春旱,致使牧草返青后生长缓慢;5 月下旬后期全州出现区域性的中到大雨,使前期旱情得到明显的缓解,对牧草生长极为有利。

(2)2010 年干旱气候条件对水资源的影响评估

2010 年,甘肃省年平均降水接近常年,各月时空分配不均,其中,1 月和 11 月分别少 74% 和 78%,对河流来水造成一定影响,其他月份省内主要河流来水量与多年同期均值相比,河西内陆河流域偏丰,河东黄河、长江流域偏枯;尤其是春季,大雨、中雨及降水日数均较常年同期偏多,为近 7 年最多年份,对水库、塘坝和水窖蓄水十分有利。

(3)2010 年干旱气候条件对能源、交通、旅游业的影响评估

1)能源

2010 年,甘肃省气温高、降水日数少,居民冬季采暖所需煤、天然气、电等能源消耗有所减少,对节约能源非常有利。夏季甘肃省出现大范围高温,空调、电扇等电器使用频繁,水、电资源消耗增加,兰州市和甘肃电网日最大负荷及日用电量均创历史新高,对节约能源非常不利。10 月下旬全省出现寒潮强降温雨雪天气,导致甘肃省日用电量陡增,电能消耗大,并使河西部分地区电力设施遭到破坏,供电中断,给当地人民生活带来一定影响。另外,全年大风日数和日照时数较常年少,对风能和太阳能利用有一定影响。

2)交通、旅游业

2010 年,甘肃省气温偏高,年降水日数及大风沙尘、寒潮、强降温、冰雹、暴雨、连阴雨、雾

等日数均比常年偏少,全年气候总体对全省交通、旅游业非常有利。但夏季暴雨、冰雹、区域性连阴雨、盛夏高温、局地强降水等对交通、旅游业造成不同程度的影响,尤其是7月下旬和8月上旬,甘南、陇东南等地局地暴雨及强降水频繁,造成部分地方交通要道通行中断或不畅,对当地交通运输业及旅游业造成极大影响。据统计甘肃省旅游总收入14.5亿元,较2009年同期增长62.3%;接待游客362.3万人,较2009年增长19.1%。

(4)2010年干旱气候条件对城市空气质量的影响评估

2010年,兰州市空气质量优、良日数为225 d,占总日数的62%,比2009年少12 d,但优的日数为39 d,为2002年以来最多,良的日数为186 d,是2003年以来最少;Ⅲ级轻微污染为80 d,比2009年少18 d,其余Ⅲ级以上污染日数均较2009年多,其中,Ⅴ级重污染为14 d,比2009年多9 d(图2.149)。

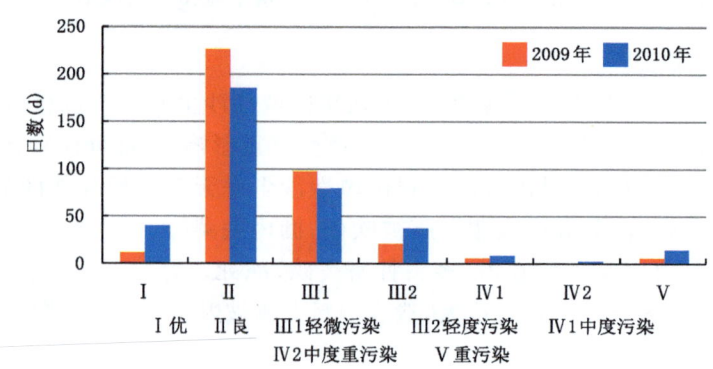

图2.149　2010年兰州市空气质量等级与2009年对比变化

2.12　2011年甘肃省干旱生态环境气象监测与评估

2.12.1　监测

(1)2011年干旱气候监测

2011年,甘肃省气温略偏高,降水接近常年,日照时数较常年少。暴雨日数接近常年,局地暴雨强度大,受灾严重;大风、沙尘暴、冰雹、霜冻过程偏少;高温日数偏多;陇中和陇东北部春旱和夏旱影响较重;连阴雨次数偏多,有利有弊。总的来说,2011年的气候条件属较好年景。

1)降水

2011年,甘肃省年平均降水量为419.8 mm,接近常年。最大降水量出现在徽县,为881 mm,最小在瓜州,为32.4 mm。祁连山区为100~500 mm,河西走廊为10~300 mm,陇中北部为100~300 mm,陇中南部、甘南高原、陇东和陇南大部分地区为300~700 mm,陇南东部为700~800 mm。与常年同期相比,河西中西部和陇中大部分地区少1~3成,河西部分地区、陇南东部个别地区多2~4成,省内其余地区接近常年(图2.150)。

2)气温

2011年,甘肃省年平均气温为8.3 ℃,较常年高0.6 ℃,是1997年以来连续第15个偏高年。最高出现在文县,为15.2 ℃,最低在乌鞘岭,为0.5 ℃。祁连山区和甘南高原为1~5 ℃,

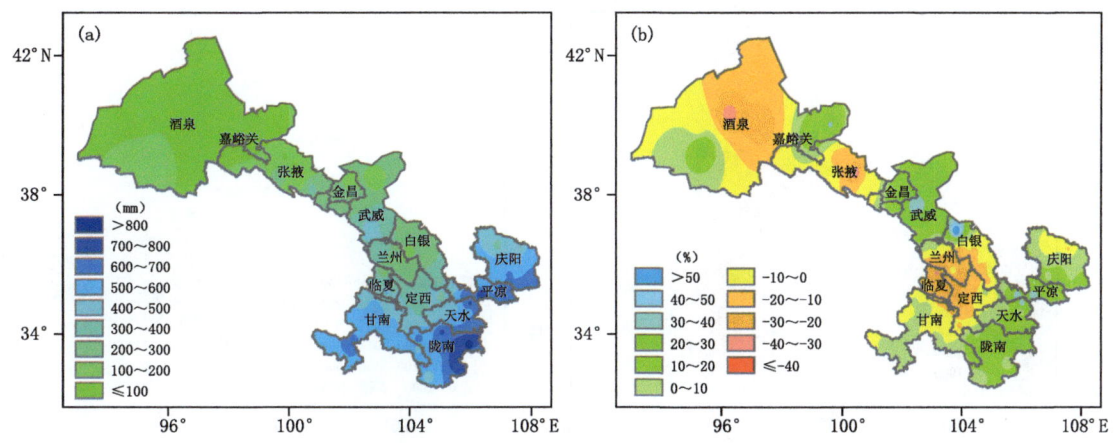

图 2.150　甘肃省 2011 年降水量(a)及距平百分率(b)分布

河西走廊、陇中、陇东和陇南大部分地区为 5~11 ℃,陇南南部部分地区为 11~15 ℃。与常年同期相比,全省各地年平均气温普遍高 0.5~1.5 ℃,其中,甘南南部部分地区高 1.0~1.5 ℃ (图 2.151)。

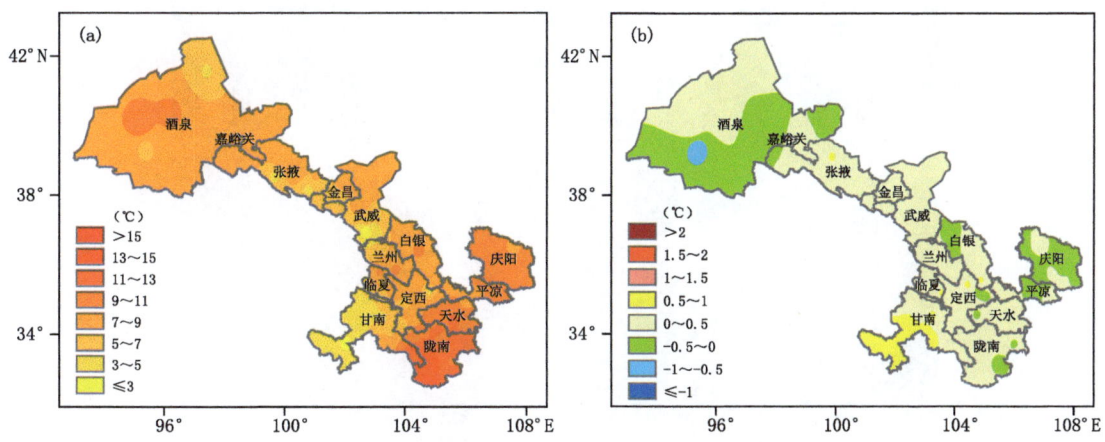

图 2.151　甘肃省 2011 年平均气温(a)及距平(b)分布

3)日照

2011 年,甘肃省年平均日照时数 2329 h,比常年少 102 h。最多出现在金塔,为 3732 h,最少在康县,为 1326 h。河西普遍在 2800 h 以上,其中,酒泉市大部、武威市民勤超过 3100 h,陇南和天水两市大部分地区及平凉市局地 1600~1900 h,陇南市东南部低于 1600 h,省内其余地区年日照时数为 1900~2500 h。与常年同期相比,河西西部和东部部分地区、甘南州个别地区多 100~400 h,其中,金塔多 501 h,省内其余地区少 100~300 h,其中,陇中部分地区、陇东南个别地区少 300~500 h(图 2.152)。

(2)2011 年天气、气候事件监测

1)干旱

年内分别出现了冬旱、春旱和夏旱,其中,春旱对甘肃省农作物影响较大,干旱区主要出现在陇中部分地区、陇东大部分地区和陇南北部地区,重旱区在陇中北部和陇东北部,其中,陇中

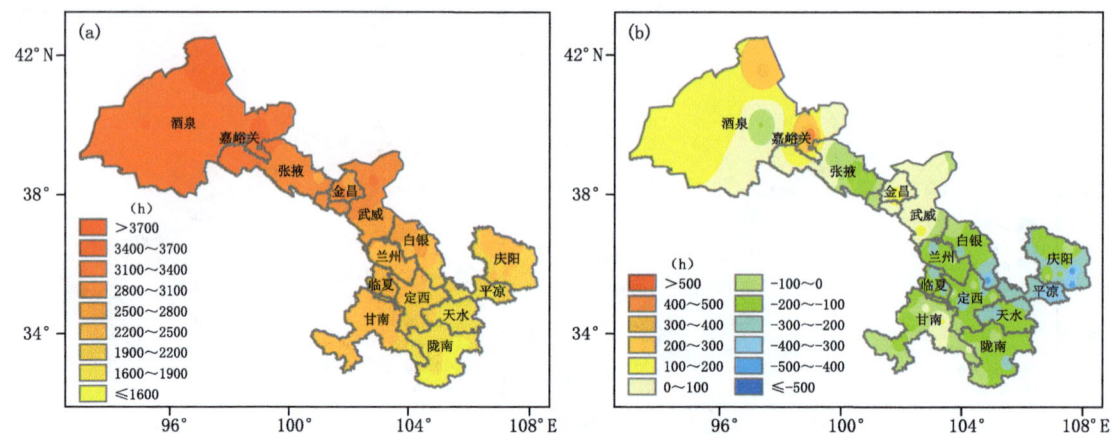

图 2.152　甘肃省 2011 年日照时数(a)及距平(b)分布

和陇东北部春末旱连夏旱,影响较大,会宁、通渭、永靖、古浪、环县、庆城、镇原、麦积、甘谷、秦安等县(区)受灾较重(图 2.153)。

图 2.153　2011 年甘肃省环县春旱

各月的干旱日百分比显示,2011 年 4—6 月特旱百分比最大,在 8% 左右。重旱在 4 月和 6 月百分比最大,超过 15%,5 月、7 月和 8 月次之,重旱百分比在 5%~10%(图 2.154)。

2)暴雨

2011 年,甘肃省共有 22 站出现暴雨,较常年略多,其中有 2 次区域性暴雨天气过程(7 月 28 日、8 月 20 日)。6 月 15—16 日,甘肃省酒泉市阿克塞、肃北和敦煌部分乡(镇)遭遇了罕见的暴雨,降水最大中心在肃北和阿克塞,肃北日降水量 73.7 mm,突破历史日最大降水量(1994 年 6 月 18 日 59.9 mm),党城湾镇降水量 82.1 mm(有气象资料以来日降水量最大);敦煌市阳关镇累计降水量 57.1 mm(图 2.155),阿克塞累计降水量 96.1 mm,柳园镇北山 6 h 降水量达 40.2 mm。

3)高温

2011 年,甘肃省共有 35 个县(区)出现日最高气温高于 35 ℃ 的高温天气,敦煌市、肃州

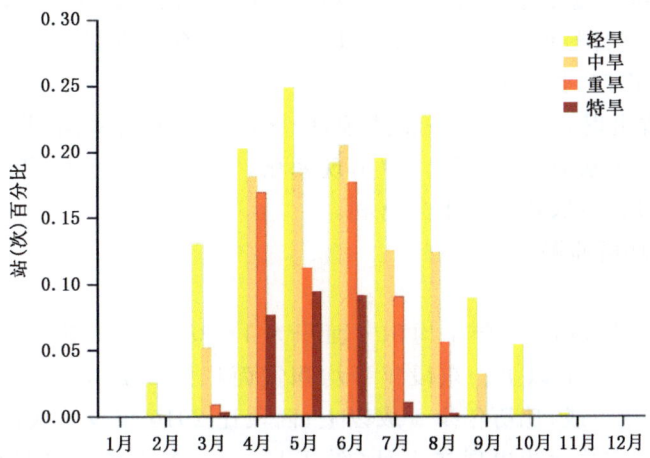

图 2.154　甘肃省 2011 年各月不同等级干旱频率百分比变化

图 2.155　2011 年 6 月 16 日甘肃省酒泉市敦煌暴雨

区、静宁、金塔、临泽、甘州和高台等县(区)达极端事件标准,其中,敦煌市的日最高气温达 41.3 ℃(7 月 16 日)。

4)大风、沙尘暴

2011 年,甘肃省共有 53 站出现大风,41 站出现扬沙,52 站出现浮尘,13 站出现沙尘暴,均较常年少,其中,4 次为区域性沙尘暴。沙尘暴日数为 1987 年以来连续第 25 个偏少年。4 月 28—30 日,甘肃省出现年内最强沙尘暴天气,有 9 县(区)达沙尘暴,7 县(区)达到强沙尘暴,31 县(区)出现扬沙或浮尘,持续时间 48 h。

5)连阴雨

2011 年,甘肃省共有 78 站出现连阴雨,15 次出现区域性连阴雨天气过程,较常年偏多,为近 4 年最多,主要出现在河东大部分地区,其中,8 月 10—18 日出现的连阴雨过程范围最大(74 县(区)),持续时间为 5～13 d。

6)隆冬低温

2011 年 1 月,甘肃省月平均气温和月最低气温分别比常年同期低 3.4 ℃和 2.7 ℃,分别为近55年和近48年同期最低。甘肃省大部分地区气温达异常偏低等级,近一半地区为近60年同期最低。累计出现日最低气温≤－20℃日数为近52年同期最多,主要分布在河西地区。

7)第一场透雨范围广、强度大

5月8日,甘肃省出现2011年第一场透雨,张掖以东普遍有降雨,临夏、兰州、陇南、天水出现中到大雨,陇南、天水有11个乡(镇)出现暴雨,其中,文县碧口出现大暴雨,降水量为124 mm。此次降水过程对农业生产十分有利。

(3)2011年生态环境监测

1)遥感监测

祁连山积雪:2011年,祁连山年平均积雪面积为13138.4 km²,比2010年少1成以上,比历年(2000—2010年)少1成以上。东段年平均积雪面积比2010年少1成以上,比历年少2成;中段比2010年少近1成,比历年少1成以上;西段比2010年少1成以上,比历年略少(表2.23)。祁连山最大积雪总面积出现在1月(图2.156a)。东段最大积雪面积出现在2月,中段出现在10月,西段出现在1月(图2.156b)。

表2.23 2011年祁连山积雪面积

	积雪面积(km²)	与2010年比较	与历年比较
东段	2613.4	少15.6%	少20.0%
中段	4210.3	少9.4%	少15.2%
西段	6314.7	少19.8%	少4.8%
总面积	13138.4	少15.8%	少11.6%

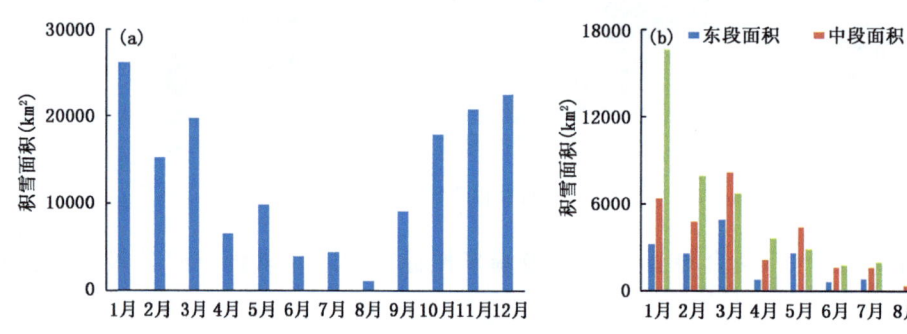

图2.156 2011年祁连山积雪各月总面积(a)与分段面积(b)变化

植被长势:2011年,甘南、陇南、天水等市(州)东南部、庆阳东部植被覆盖度大于50%,祁连山中东部、甘南大部、陇南中部、定西中南部、临夏南部、天水大部、平凉大部、庆阳东南部在30%～50%,河西、兰州大部、白银中南部、临夏中北部、定西北部、庆阳中北部地区在10%～30%,其余地区在10%以下(图2.157a)。与2010年同期相比,河西大部、兰州中北部和白银北部植被较好,祁连山区、张掖中部、武威北部、兰州东南部、白银南部、陇南中部及临夏、甘南、定西、天水、平凉、庆阳等市(州)大部分地区植被长势较差,其余地区与2010年差别不大(图2.157b)。

内陆水体面积:2011年,双塔水库年平均水体面积为13.3 km²,与2010年基本相同,比历年(2000—2010年)略少;昌马水库为6.9 km²,比2010年多1成以上,比历年多2成以上;红

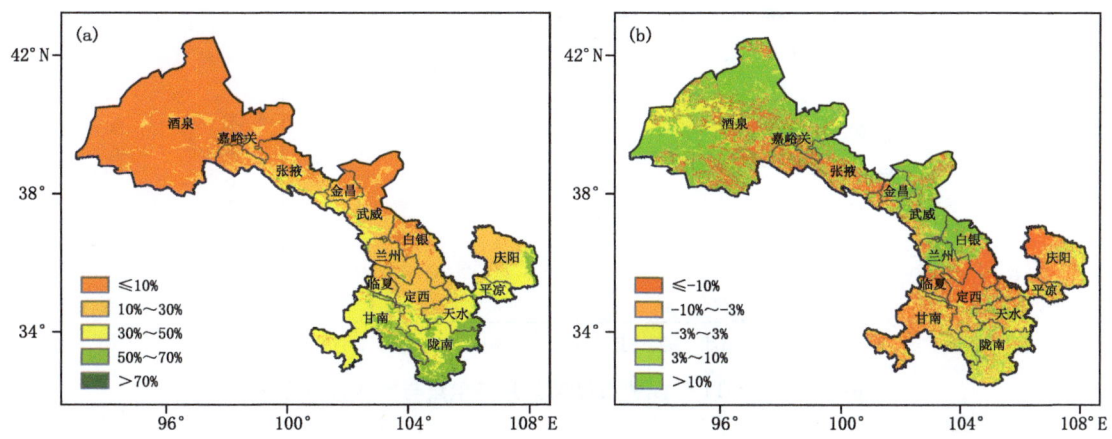

图 2.157 甘肃省 2011 年(a)及 2010—2011 年(b)植被覆盖度分布

崖山水库为 15.5 km²,与 2010 年基本相同,比历年多 3 成以上;刘家峡水库为 106.8 km²,均比 2010 年和历年多近 1 成(表 2.24)。

表 2.24 2011 年甘肃省内陆水体面积情况

	水库面积(km²)	与 2010 年比较	与历年比较
双塔	13.3	多 2.4%	少 5.6%
昌马	6.9	多 15.3%	多 21.0%
红崖山	15.5	多 2.2%	多 32.8%
刘家峡	106.8	多 7.8%	多 9.7%

双塔水库最大水体面积出现在 10 月,昌马水库出现在 9 月,红崖山水库出现在 5 月,刘家峡水库出现在 5 月(图 2.158)。

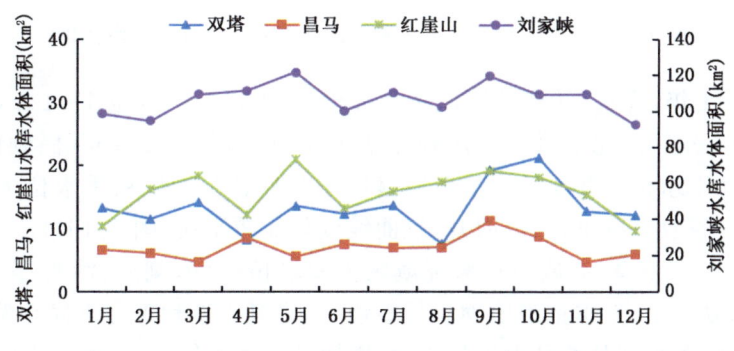

图 2.158 甘肃省 2011 年各月内陆水体面积变化

2)荒漠生态环境监测

大气降尘量:2011 年,武威市北部荒漠区大气降尘总量为 473.0 t/km²,较 2010 年少 450.0 t/km²,属近几年较少年份。2011 年四季降尘量春季＞夏季＞冬季＞秋季,春季共出现 3 次大风、1 次沙尘暴和 7 次扬沙天气,致使春季降尘量最大,占全年的 31%;秋季由于降水天气多,降尘量最小,占全年的 17%(图 2.159)。

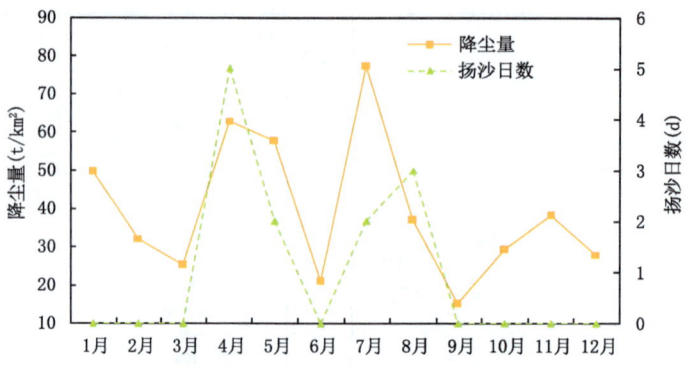

图 2.159 2011 年武威市民勤县月降尘量与扬沙日数变化

酸雨：2011 年，武威市北部荒漠区共监测降水样本 29 个，出现酸雨天气样本 3 个，出现在 8 月中旬和 11 月下旬，占总样本的 10%，是 2005 年以来出现酸雨天气次数最多的一年。年平均 pH 为 6.83，较 2010 年减小 0.37。降水电导率年平均为 60.98 μS/cm，较 2010 年小 37.42 μS/cm。降水电导率冬春季大于夏秋季（图 2.160）。

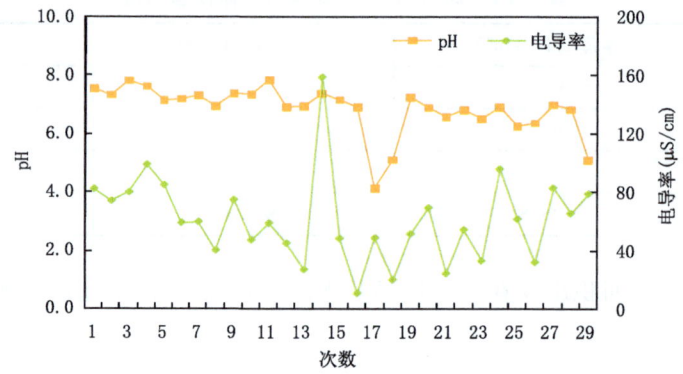

图 2.160 2011 年武威市民勤县逐次降水 pH 及电导率变化

地下水位：2011 年，武威市中部绿洲区（凉州金羊）平均地下水位 11.1 m，东部荒漠区（凉州清源）地下水位 30.4 m，北部绿洲区两测点地下水位分别为 16.3 m（民勤西渠）和 25.8 m（民勤大滩）。从地下水位年变化发现呈现明显的季节性特征，夏、秋季水位下降幅度较大，曲线波动明显，冬、春季农事歇息，水位回升，且曲线变化比较平缓（图 2.161）。

荒漠植物：2011 年春季，武威市东部荒漠区土壤墒情较好，刺蓬、沙蒿等大多数草本植物返青较早；由于初夏干旱，夏季荒漠植物生长缓慢，但是夏末至秋季降水异常偏多，荒漠植物生长状况好转，梭梭枝条长度从 6 月中旬的 3 cm 增加到 8 月中旬的 11 cm，刺蓬高度从 6 月中旬的 2 cm 增加到 8 月下旬的 9 cm。9 月底测得刺蓬、梭梭覆盖度分别达 52.5% 和 38.2%，是 2005 年以来最好的一年。

风蚀厚度：2011 年，武威市东部荒漠区累计风蚀厚度 4.1 cm，较近 5 年明显减小，与 2010 年和 2009 年基本持平（图 2.162）。

沙丘移动：2011 年，凉州区（半固定沙丘）与民勤县（活动沙丘）监测点沙丘移动速度分别为 0.72 m/a 和 7.00 m/a，凉州区监测点较 2010 年小 0.51 m/a、民勤监测点较 2010 年大 1.80 m/a。

第 2 章　2000—2019 年甘肃省干旱生态环境气象监测与评估

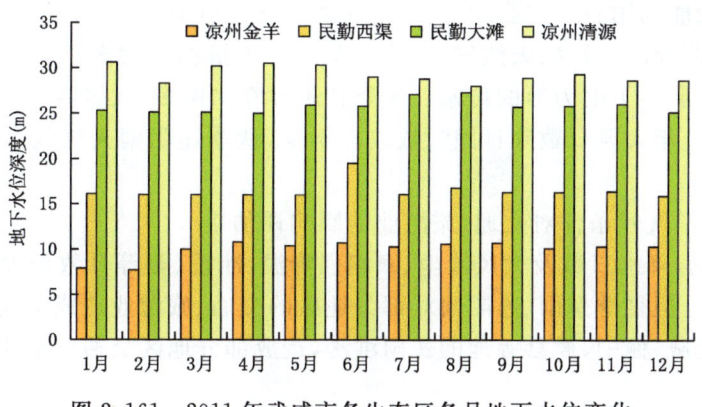

图 2.161　2011 年武威市各生态区各月地下水位变化

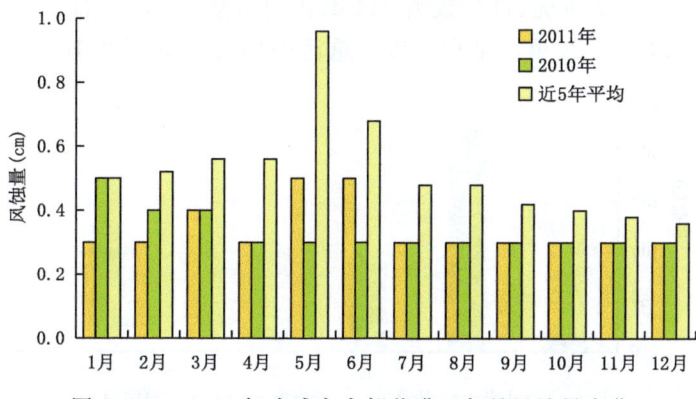

图 2.162　2011 年武威市东部荒漠区各月风蚀量变化

沙漠边缘进退：2011 年，凉州区与民勤县监测点沙漠边缘向绿洲推进速度分别为 0.18 m/a 和 2.23 m/a，凉州区较 2010 年小 0.90 m/a，民勤较 2010 年大 0.10 m/a。

2.12.2　评估

(1) 2011 年干旱气候条件对农业生产的影响评估

2011 年甘肃省频繁的干旱事件，对越冬返青农作物影响较大，春旱对冬小麦拔节—孕穗—抽穗及春播作物苗期生长造成一定影响；冬季 (1—2 月) 大部分地区降雪、持续低温，利于农田增墒、保墒和河东旱作农业区冬小麦安全越冬，对春播有利，还使农业病虫害越冬基数减少，但对设施农业和畜牧业造成一定不利影响。春季的大风、沙尘暴、低温冻害，夏季局地暴(洪)、冰雹，尤其是暴雨洪涝，对甘肃省农牧业、林果业和设施农业造成较大影响，部分地区损失较重。

(2) 2011 年干旱气候条件对水资源、能源的影响评估

1) 水资源

2011 年各月降水分布不均，全年大多数月份主要河流来水量与多年同期相比，内陆河流域偏丰，散渡河枯 4 成，渭河枯 5 成，长江流域白龙江枯 2 成。

2) 能源

2011 年冬季甘肃省大部分地区气温偏低、降水偏多、日照偏少，且隆冬低温持续时间较

长,阴天多,对太阳能利用有一定影响,同时对能源消耗有所增大,对节约能源不利。夏季甘肃省高温日数偏多、范围广,对煤、天然气、电等能源的需求量相对增多。暴雨、局地强对流降水天气在一定程度上影响了电力等的传输。秋季甘肃省降水偏多,大多数水库蓄水充足,对水库发电有利。另外,全年大风日数和日照时数较常年少,秋季连阴雨天气较多,对风能和太阳能利用有一定影响。

(3)2011年干旱气候条件对交通、旅游业的影响评估

2011年,甘肃省降水日数及大风沙尘、寒潮强降温、冰雹、雾等日数偏少,全年气候总体对交通、旅游业有利。但夏季暴雨、连阴雨对部分地区的交通、旅游业造成不同程度的影响,尤其是5—8月敦煌、武威、榆中、徽县等地的暴雨洪涝,造成部分地区交通要道通行中断或不畅,影响较大。

(4)2011年干旱气候条件对城市空气质量的影响评估

2011年,兰州市空气质量优、良日数为244 d,占总日数的67%,Ⅲ级轻度污染和Ⅳ级中度污染分别为90 d和23 d,Ⅴ级重污染和Ⅵ级严重污染均为4 d(图2.163)。

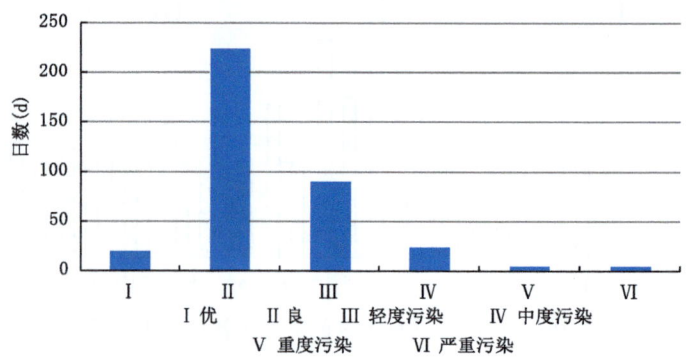

图2.163　2011年兰州市空气质量等级变化

2.13　2012年甘肃省干旱生态环境气象监测与评估

2.13.1　监测

(1)2012年干旱气候监测

2012年,甘肃省气温正常、降水偏多、日照时数略少。春末和盛夏出现了局地强降水,引发山洪、泥石流和山体滑坡等气象次生地质灾害,造成的影响和损失较重,其中,岷县受灾严重;干旱范围小、影响较轻;大风、沙尘、寒潮强降温、霜冻、暴雨、冰雹过程偏少,局地受灾较重;连阴雨次数偏多,利弊皆有。2012年的气候条件属较好年景。

1)降水

2012年,甘肃省年平均降水量为439.2 mm,较常年多1成,为近5年来最多。最大出现在徽县,为855 mm,最小在鼎新,为42.2 mm。河西西北部在100 mm以下,河西中东部、陇中北部及陇南西南部局部地区为100～400 mm,祁连山区、陇中南部、陇东和陇南大部分地区为400～600 mm,甘南高原、临夏东南部、定西西部、陇南西北部和东南部及天水南部个别地区为

600~855 mm。与常年同期相比,除河西和陇中个别地区、陇东南部、陇南南部少1~2成外,甘肃省其余大部分地区多1~4成,其中,河西西北部多4成,局部地区达7成(图2.164)。玉门、乌鞘岭达到有观测资料以来降水量极值,玉门年降水较常年多1.4倍,乌鞘岭多4.6成。

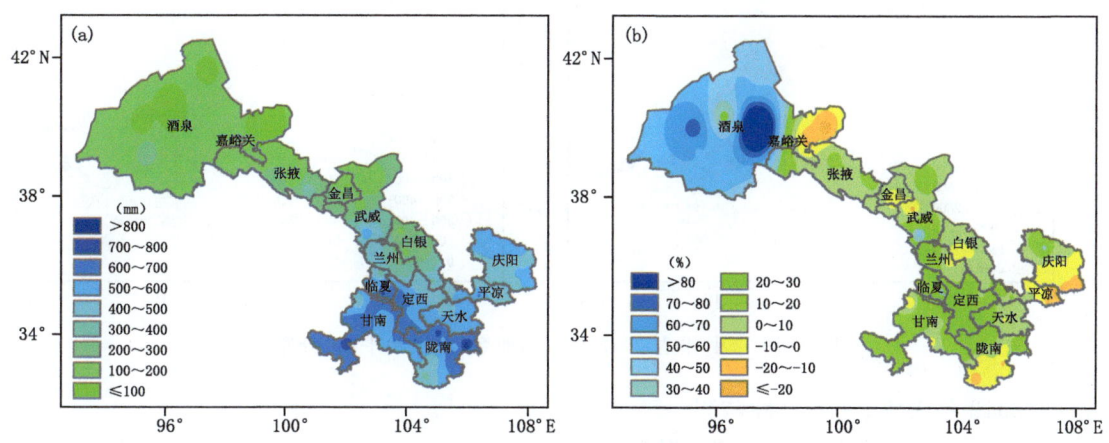

图2.164 甘肃省2012年降水量(a)及距平百分率(b)分布

2)气温

2012年,甘肃省平均气温8.0 ℃,接近常年,为1997年以来最低。最高出现在文县,为14.8 ℃,最低在乌鞘岭,为0.1 ℃。祁连山区和甘南高原西部为0.1~5 ℃,河西、陇中、陇东和甘南高原东部为7~11 ℃,陇南为11~14.8 ℃。与常年同期相比,甘南高原高0.5~0.7 ℃,河西西南部和陇东东部低0.5~1.5 ℃,全省其余大部分地区气温正常,与常年持平(图2.165)。

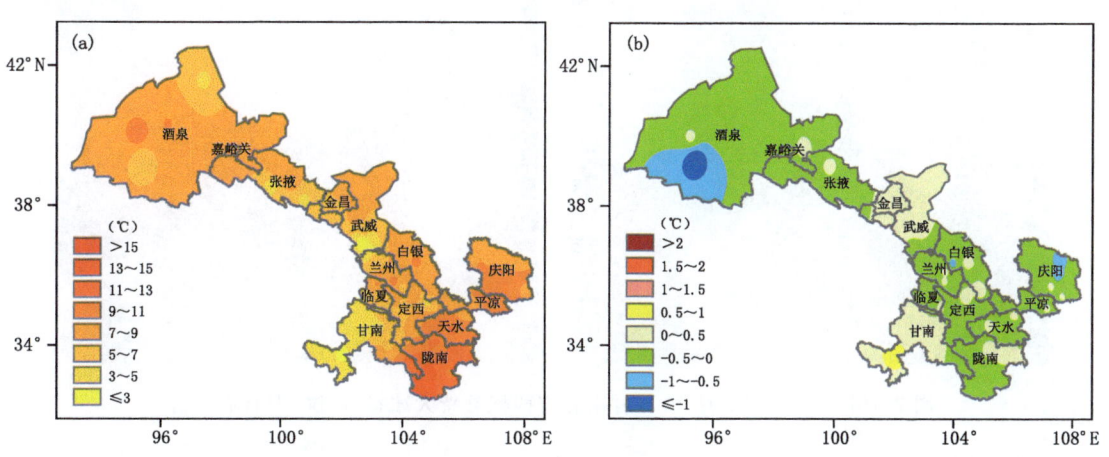

图2.165 甘肃省2012年平均气温(a)及距平(b)分布

3)日照

2012年,甘肃省年平均日照时数2361 h,较常年少70 h。最大出现在金塔,为3789 h,最小在康县,为1329 h。河西为2400~3700 h,陇中和陇东为1780~2800 h,陇南和甘南为1320~2390 h。与常年同期相比,河西大部和陇东北部多20~200 h,河西北部个别地区多200~500 h,祁连山区、陇中个别地区、陇南东部和甘南高原个别地区少20~100 h,陇中中南部、陇东南部、陇南大部和甘南高原大部分地区少100~400 h(图2.166)。

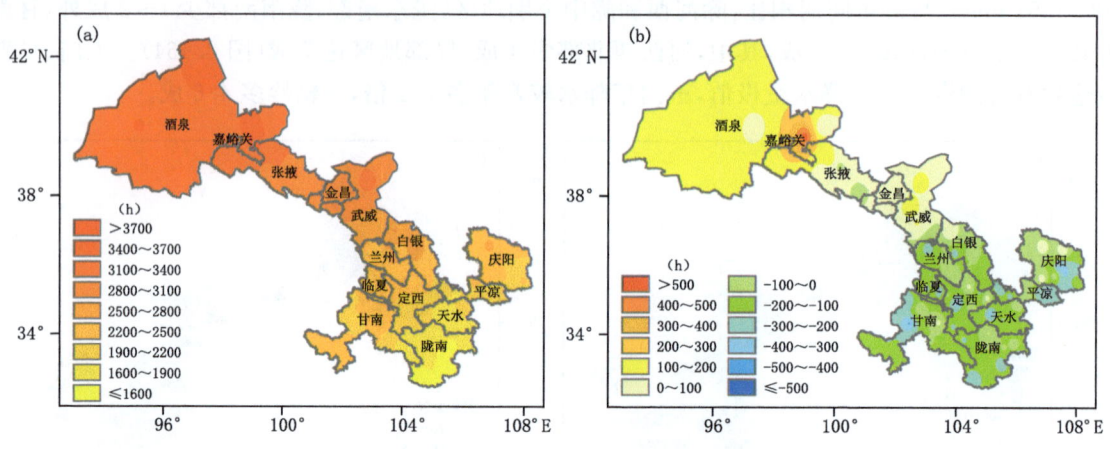

图 2.166　甘肃省 2012 年日照时数(a)及距平(b)分布

(2)2012 年天气、气候事件监测

1)"5·10"岷县特大冰雹、山洪、泥石流

5 月 10 日,甘肃省定西市发生大范围冰雹及强降雨,引发山洪泥石流灾害,造成重大人员伤亡和财产损失。此次过程历时短、强度大、突发性强、局地性强,雷电、短时强降水、冰雹、阵性大风多灾种并发。受灾最严重的岷县麻子川乡 1 h 最大降水量达 42 mm,冰雹最大直径 40 mm,部分地区积雹厚度达 10 cm。5 月上旬末出现这种短时强降水在甘肃极为少见。此次灾害共造成 53.86 万人受灾,54 人死亡,17 人失踪,直接经济损失 71.1 亿元(图 2.167)。

图 2.167　2012 年 5 月 10 日甘肃省定西岷县特大冰雹、山洪、泥石流灾情

2)夏季降水

2012 年夏季,甘肃省降水偏多,降水日数为近 9 年同期最多。有 15 站出现极端降水事件,5 站突破历史极值。大范围强降水天气过程主要集中在 7 月中旬至 8 月下旬(7 月 20—22 日、7 月 29—31 日、8 月 13—14 日、8 月 17 日出现暴雨,局地大暴雨)。在此期间刘家峡出现近 31 年最大泄洪量,黄河兰州以下河段持续较大流量,干流局部地段堤防出现险情。6 月 4—5 日,干旱少雨的酒泉市境内出现局地暴雨天气(图 2.168),肃北境内党城湾镇降水量达 102.1 mm,玉门达 86.1 mm(玉门年平均降水量仅为 66.7 mm),为玉门市气象站 1952 年建站以来最大暴雨(历史极值为 32.1 mm)。

图 2.168　2012 年 6 月 4—5 日玉门(a)、肃北(b)暴雨

3)低温

2012 年 1 月,甘肃省大部分地区月平均气温偏低 1~2 ℃,其中,河西大部和陇中部分地区气温显著偏低。日最低气温<-20 ℃日数比常年同期偏多,其中,河西大部地区多 2~9 d,陇中大部和陇东部分地区多 2~5 d;肃北、会宁、静宁、泾川和武山 5 站出现极端低温事件;渭源日降温超过历史极值,泾川出现极端连续降温。持续大范围降温天气对交通运输和生产、生活带来严重影响。

4)连阴雨

2012 年,共出现区域性连阴雨天气过程 16 次,较常年偏多,为近 5 年最多。主要出现在河东大部分地区,其中,7 月 15—21 日的连阴雨过程范围最大(甘肃省 43 县、区)。连阴雨增加了土壤水分,使河东部分地区旱情得到缓解,有利于农作物、牧草的生长以及生态环境改善。但同时也造成马铃薯晚疫病等农业病害的发生和流行。

(3)2012 年生态环境监测

1)遥感监测

祁连山积雪:2012 年,祁连山年平均积雪面积为 12238.0 km²,比 2011 年略少,比历年(2000—2011 年)少 1 成以上。东段年平均积雪面积比 2011 年多 1 成以上,比历年少近 1 成;中段比 2011 年少 1 成以上,比历年少近 3 成;西段比 2011 年少近 1 成,比历年少 1 成以上(表 2.25)。祁连山最大积雪总面积出现在 12 月(图 2.169a)。东段最大积雪面积出现在 11 月,中、西段均出现在 12 月(图 2.169b)。

表 2.25　2012 年祁连山积雪面积

	积雪面积(km²)	与 2011 年比较	与历年比较
东段	2920.5	多 11.8%	少 9.1%
中段	3460.0	少 17.8%	少 29.4%
西段	5857.5	少 7.2%	少 11.3%
总面积	12238.0	少 6.9%	少 16.9%

植被长势:2012 年,甘南中部与东南部、陇南南部与东部、天水东南部、平凉中部、庆阳东部植被覆盖度大于 50%,祁连山中东部、陇南中部和定西、临夏、庆阳等市(州)中南部及甘南、

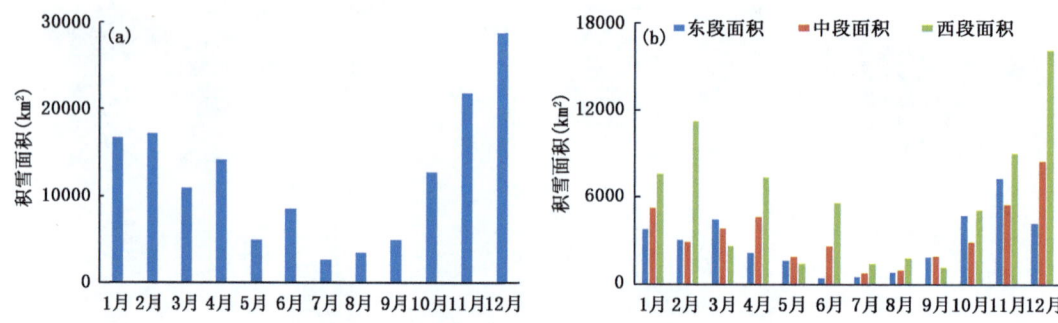

图 2.169　2012 年祁连山积雪各月总面积(a)与分段面积(b)变化

天水、平凉等市(州)大部分地区为30%~50%,河西走廊和兰州、白银两市大部分地区及临夏、定西、庆阳等市(州)北部在10%~30%,其余地区在10%以下(图2.170a)。与2011年同期相比,祁连山西段、酒泉、张掖两市中部和武威、兰州、白银、定西、临夏、天水、庆阳等市(州)大部及甘南西南部、陇南北部、平凉西部植被较好,祁连山中东段、酒泉、张掖两市北部、金昌大部、甘南东部及陇南、定西两市南部植被较差,其余地区与2011年差别不大(图2.170b)。

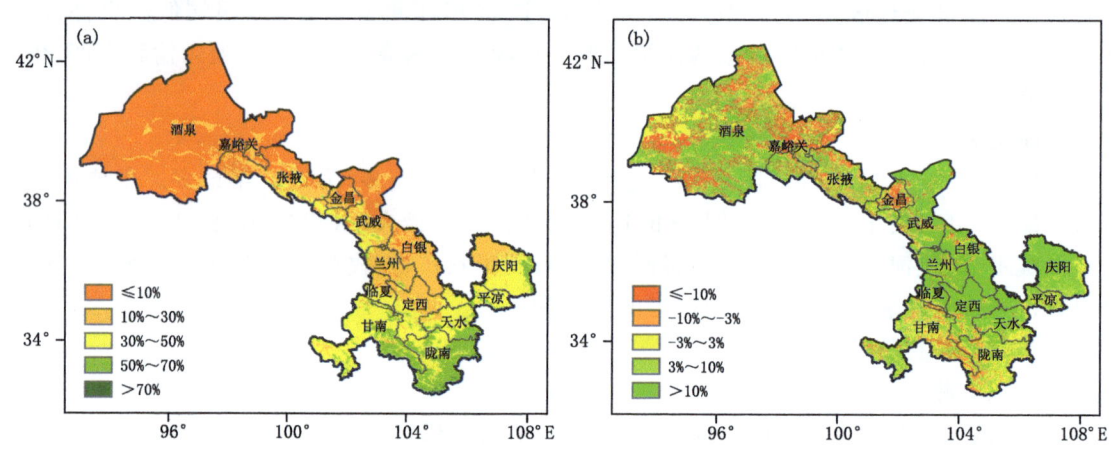

图 2.170　甘肃省 2012 年(a)及 2011—2012 年(b)植被覆盖度分布

内陆水体面积:2012年,双塔水库年平均水体面积为14.7 km²,比2011年多1成,比历年(2000—2011年)略多;昌马水库为6.7 km²,与2011年基本相同,比历年多1成以上;红崖山水库为17.4 km²,比2011年多1成以上,比历年多4成以上;刘家峡水库为108.7 km²,与2011年基本相同,比历年多1成(表2.26)。双塔水库最大水体面积出现在10月,昌马水库出现在6月,红崖山水库出现在5月,刘家峡水库出现在5月(图2.171)。

表 2.26　2012 年甘肃省内陆水体面积情况

	水库面积(km²)	与 2011 年比较	与历年比较
双塔	14.7	多 10.7%	多 5.0%
昌马	6.7	少 3.9%	多 13.6%
红崖山	17.4	多 12.3%	多 45.2%
刘家峡	108.7	多 1.8%	多 10.8%

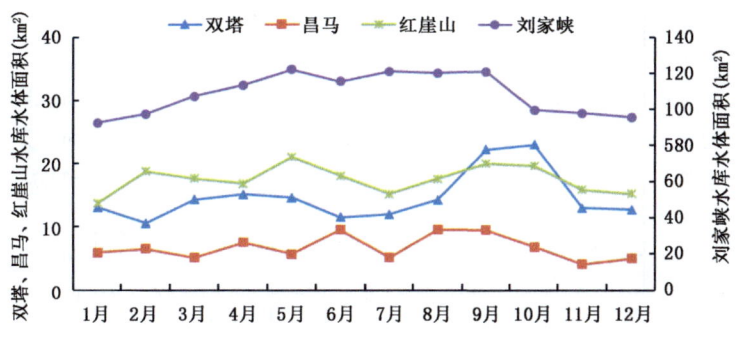

图 2.171 甘肃省 2012 年各月内陆水体面积变化

2)荒漠生态环境监测

大气降尘量:2012 年,武威市北部绿洲区月平均大气降尘量较 2011 年少 2.57 t/km²,与近几年相比属降尘较少年份。2012 年大气降尘量呈现春季＞冬季＞秋季＞夏季。2012 年春季民勤共出现 2 次大风和 9 次扬沙天气过程,致使春季降尘量最大,占全年的 43%;而夏季雨水多,未出现大风沙尘天气,降尘量最小,占全年的 15%(图 2.172)。

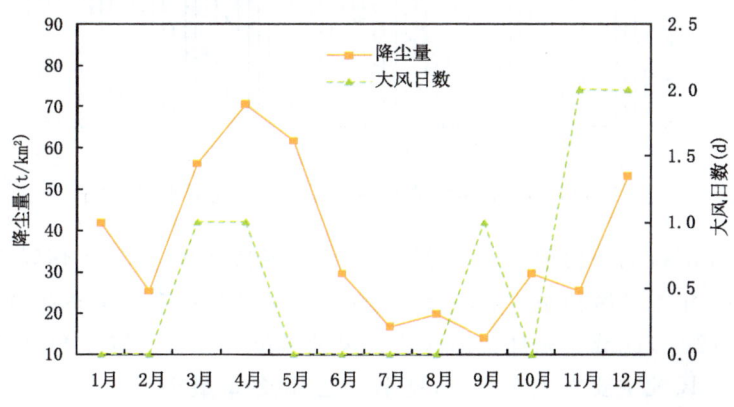

图 2.172 2012 年武威市民勤县月大气降尘量与大风日数变化

酸雨:2012 年,武威市北部绿洲区共监测降水样本 18 个,未出现酸雨天气。pH 年平均为 6.32,较 2011 年小 0.51。降水电导率年平均为 67.79 μS/cm,较 2011 年大 6.81 μS/cm。最大值为 144.3 μS/cm(3 月 4 日),最小值为 21.7(9 月 1 日)。2012 年电导率为秋季 56.6 μS/cm＜夏季 59.5 μS/cm＜冬季 79.6 μS/cm＜春季 94.8 μS/cm。主要是由于冬、春季降尘多,加上大量燃油、燃煤排放过多硫氧化物或氮氧化物所致(图 2.173)。

地下水位:2012 年,武威市中部绿洲区(凉州金羊)年平均地下水位 11.1 m,东部荒漠区(凉州清源)地下水位 30.4 m,北部绿洲区两测点地下水位分别为 16.3 m(民勤西渠)和 25.8 m(民勤大滩)。从地下水位周年变化动态发现有明显的季节性,夏、秋季(6—9 月)水位下降幅度较大,曲线波动明显,冬、春季(1—5 月)水位回升,且曲线变化比较平缓(图 2.174)。

荒漠植物:2012 年,武威荒漠区开春后土壤墒情较好,草本植物刺蓬于 5 月 16 日返青,明显早于近 3 年平均;梭梭于 4 月 20 日返青,接近 2011 年。盛夏至秋季降水显著偏多,荒漠植

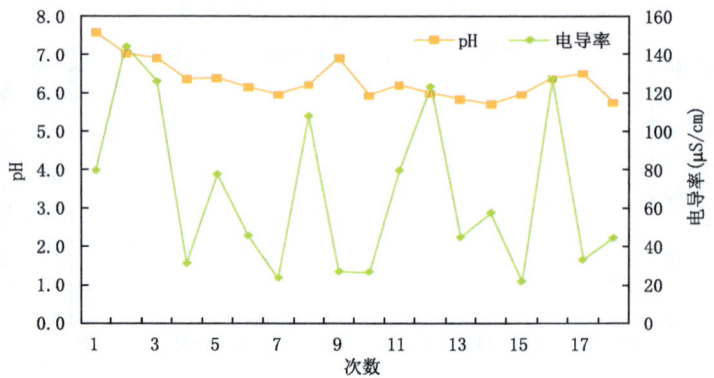

图 2.173　2012 年武威市民勤县逐次降水 pH 及电导率变化

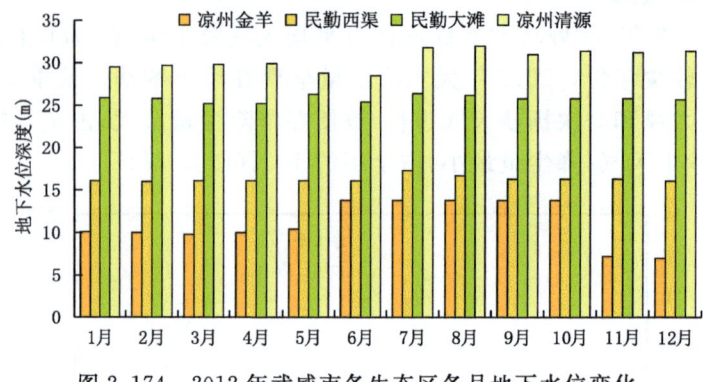

图 2.174　2012 年武威市各生态区各月地下水位变化

物快速生长,9 月底测得刺蓬覆盖度达 50%、8 月底测得梭梭覆盖度达 45%,覆盖度是近年来较高的年份。2012 年荒漠区植被生长速度快于近 3 年平均,荒漠区生态环境明显好转。

风蚀厚度:2012 年,武威市东部荒漠区累计风蚀厚度 4.5 cm,与 2011 年基本持平,较近 5 年平均小 1.8 cm。风蚀主要发生在春季,夏季次之,秋冬季最小。

沙丘移动:2012 年,民勤县(活动沙丘)沙丘移动速度 6.50 m/a,较 2011 年小 0.50 m/a;凉州区(半固定沙丘)沙丘移动速度 1.85 m/a,较 2011 年大 1.13 m/a。

沙漠边缘进退:2012 年,民勤监测点沙漠边缘向绿洲推进速度 2.33 m/a,比 2011 年大 0.10 m/a。凉州监测点向绿洲推进速度 0.45 m/a,比 2011 年略有增大,但与前几年相比,沙漠边缘向绿洲推进速度明显减缓。

2.13.2　评估

(1)2012 年干旱气候条件对农业生产的影响评估

2012 年冬季,甘肃省大部分地区降雪偏多,利于农田增墒、保墒和河东农业区冬小麦安全越冬。冬末河东大部分地区墒情是近 3 年来最好的一年,利于冬小麦返青生长及春耕春播的顺利开展。春季晚霜冻偏少,对农作物生长影响小。年内连阴雨次数偏多,河东部分地区旱情得到缓解,对农作物及林木、牧草生长十分有利,但部分地区因强降水引发洪涝灾害,对农作物造成了一定的影响,农业损失较大。秋季降水较多,利于秋播及冬小麦生长。11 月之后,冷空气活动频繁,多大风、寒潮、强降温天气,尤其是12月下旬甘肃省出现了大范围的降雪天气,对设施农业及畜牧业有一定影响。

(2)2012年干旱气候条件对水资源、能源的影响评估

1)水资源

2012年,甘肃省降水偏多,区域性连阴雨场次多,夏季大范围强降水天气过程多,因此主要河流来水量大,对水库、塘坝蓄水有利。但也造成黄河上游洪水持续一个多月,峰值高、历时长。8月刘家峡水库水位连续20多天超汛限水位运行,8月下旬刘家峡出现近31年最大泄洪量,黄河兰州以下河段持续较大流量,干流局部地段堤防出现险情。

2)能源

2012年,1月和2月甘肃省气温分别偏低1.4 ℃和1.6 ℃,11月之后,甘肃省大部分地区出现了寒潮、强降温天气过程,气温较低,从而使居民对采暖所需煤、天然气、电等能源消耗有所增大。夏季高温日数偏少,对空调、电扇等电器的使用有所减少,对节约能源较为有利。另外,年内降水日数偏多、大风日数偏少,对太阳能和风能的利用有一定影响。

(3)2012年干旱气候条件对交通、旅游业的影响评估

2012年,甘肃省大风沙尘偏少,对保障交通安全有利,但年内阴雨日数较多,局地暴洪强度大,并引发了泥石流、滑坡等次生灾害,对交通及旅游业十分不利。年内"五一"和"十一"长假期间,全省各地天气晴好,适宜旅游。11月之后,寒潮、低温雨雪等天气增多,对交通和旅游业造成不同程度的影响。

(4)2012年干旱气候条件对生态环境及人体健康的影响评估

2012年,甘肃省大风沙尘偏少,其中,沙尘暴和扬沙日数为近52年最少,且年内降水日数多,生态环境得到改善,对人体健康十分有利。12月上、中旬冷空气活动较弱,静风频率高,污染物不易扩散,且加上取暖燃煤,各地空气均有轻度污染。12月下旬,全省大风、寒潮强降温天气较常年同期偏多,对生态环境及人体健康有一定影响。

(5)2012年干旱气候条件对城市空气质量的影响评估

2012年,兰州市空气质量优、良日数为266 d,占总日数的73%,比2011年多22 d;Ⅲ级以上污染日数均较2011年少,其中,Ⅲ级轻度污染为73 d,比2011年少17 d,Ⅳ~Ⅵ级污染日数比2011年少1~2 d(图2.175)。

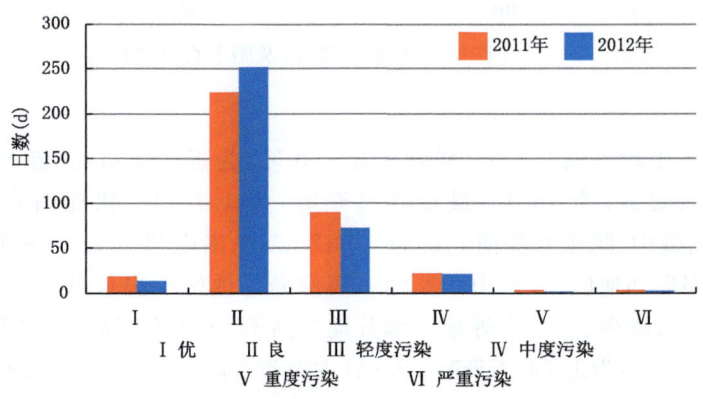

图2.175 2012年兰州市空气质量等级与2011年对比变化

2.14　2013年甘肃省干旱生态环境气象监测与评估

2.14.1　监测

(1)2013年干旱气候监测

2013年,甘肃省气温偏高,降水偏多,日照时数偏多。河东大部分地区出现春旱,陇中和陇东北部旱情较重;暴雨日数为近54年最多,局地暴雨强度大,引发泥石流、山体滑坡等次生地质灾害,造成较重的影响和损失;冰雹、霜冻、大风、沙尘偏少,局地灾害较重;≥32 ℃高温日数偏多,≥35 ℃高温日数偏少;连阴雨偏多,利弊皆有。2013年的气候条件总体属较好年景。

1)降水

2013年,甘肃省年平均降水量为480.7 mm,较常年多20%,为近10年最多。最多出现在康县,为968.6 mm,最少在敦煌,为46.3 mm。祁连山区及陇中北部为150～300 mm,河西走廊为20～150 mm,陇中南部、甘南高原为300～700 mm,陇东、陇南为600～800 mm,其中,陇南东部部分地区及天水东南部局部地区为800～900 mm。与常年同期相比,河西中东部和陇中北部偏少,其中,河西东部少2～4成,省内其余地区多1～4成,其中,陇东大部分地区多4～6成(图2.176)。

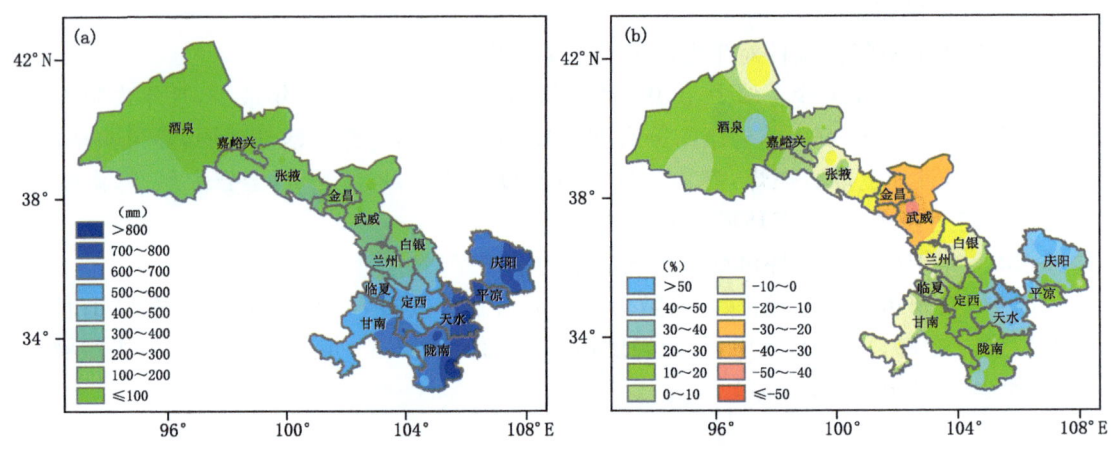

图2.176　甘肃省2013年降水量(a)及距平百分率(b)分布

2)气温

2013年,甘肃省平均气温9.1 ℃,较常年高1.0 ℃,为近7年最高、近54年次高(2006年最高)。最高出现在文县,为16 ℃,最低在乌鞘岭,为1.7 ℃。祁连山东部和甘南高原为2～6 ℃,河西走廊、陇中、陇东和陇南北部为6～12 ℃,陇南南部为12～16 ℃。与常年同期相比,除祁连山区东部局部地区、甘岷山区及陇东西部局部地区气温偏低外,省内其余地区普遍偏高,其中,河西东部、陇中、陇东南等地大部分地区高1.5～4 ℃,局部地区高6 ℃以上。甘肃省有27站(占全省34%)为近54年最高,19站(占全省24%)为近54年次高(图2.177)。

3)日照

2013年,甘肃省年平均日照时数2510 h,较常年多79 h。最多出现在金塔,为3361 h,最

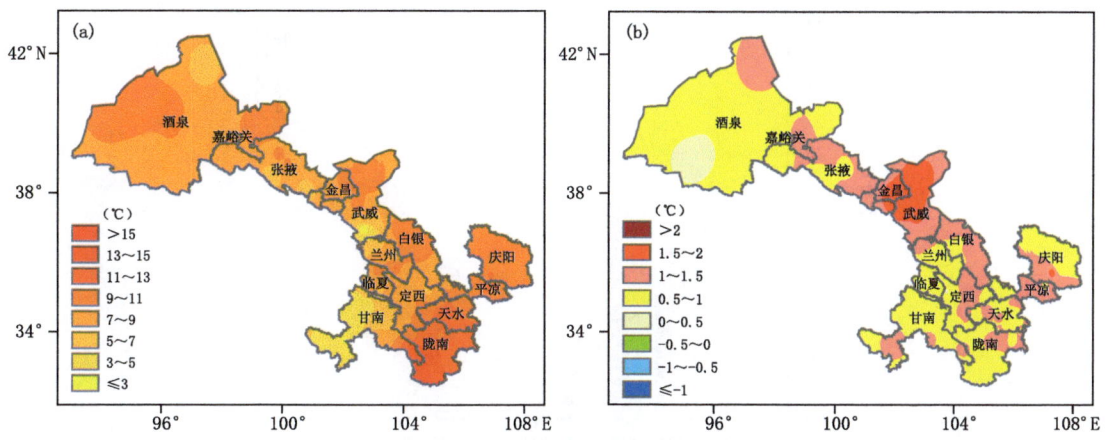

图 2.177　甘肃省 2013 年平均气温(a)及距平(b)分布

小在文县,为 1737 h。河西为 2900~3500 h,陇中为 2300~2900 h,甘南大部分地区、陇东南大部分地区为 2000~2600 h,天水市南部局部地区及陇南南部为 1700~2000 h。与常年同期相比,除陇中北部、陇东局部地区和甘南州北部少 20~200 h 外,省内其余地区多 20~200 h,其中,河西西部、陇南东部等地的个别地区多 200~400 h(图 2.178)。

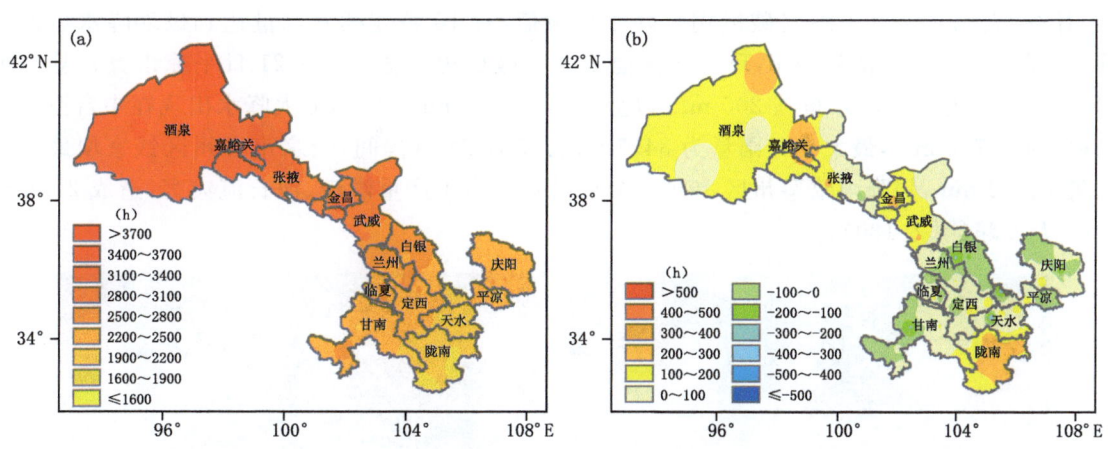

图 2.178　甘肃省 2013 年日照时数(a)及距平(b)分布

(2)2013 年天气、气候事件监测

1)干旱

2013 年初春,河东大部分地区连续无降水日数为 20~41 d,其中,陇中、陇东、甘南等地大部分地区为 30~41 d,陇中北部、陇东北部及陇南北部出现持续干旱,旱区普遍有 5~15 cm 干土层。4 月,干旱持续,旱区普遍有 5~20 cm 干土层,耕作层墒情为近 3 年最差,也差于常年同期,河西沙滩旱地、陇中北部、庆阳市西北部呈重度干旱,陇中中部、天水市渭北地区、陇东东南部呈轻—中度干旱状态。

各月的干旱日百分率显示,2013 年干旱主要发生在 3—5 月,特旱 3 月接近 10%,4 月最高接近 15%。重旱在 4 月最严重,超过 20%,3 月次之,在 15% 左右(图 2.179)。

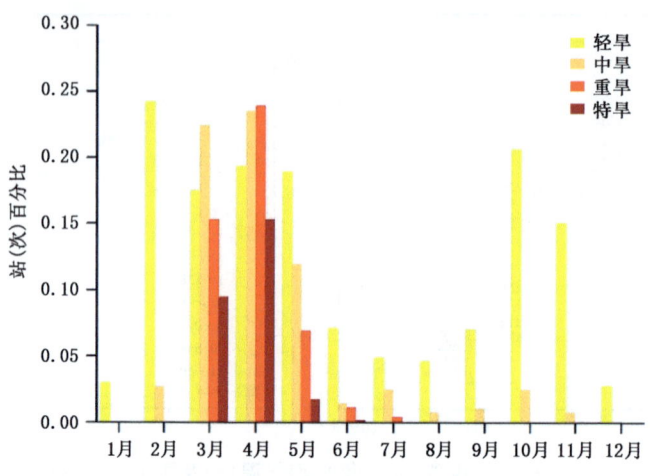

图 2.179 甘肃省 2013 年各月不同等级干旱频率百分比变化

2）暴雨

2013 年，甘肃省共有 33 站累计出现暴雨 59 站（次），较常年多 39 站（次），为历史同期（1960 年以来）最多。出现时段集中在夏季，其中，7 月共有 22 站累计出现暴雨 28 次，占全年近一半。7 月平均降水量为近 54 年最多，10 个气象站日降水量达到极端降水事件，灵台、宁县、甘谷、天水 4 个气象站突破极端日降水量极值，有 10 站连续降水量达到极端降水事件标准，迭部连续降水日数为 13 d，环县和华池 2 站突破历史极值。7 月 21 日平凉市灵台县出现强对流天气，有 3 站降水量在 200 mm 以上，9 站在 100 mm 以上，最大降水出现在中台镇东王沟村，为 287.8 mm，最大小时雨量为 84.7 mm。7 月 24 日夜间，天水市秦州区钱家坝最大降水量 152.2 mm，强降雨致秦州区南部 7 个乡（镇）发生了严重洪涝、泥石流灾害，造成 21 人遇难，5 人失踪（图 2.180）。

图 2.180 2013 年 7 月 24 日天水市秦州区娘娘坝镇暴雨灾情

2013 年 7 月 1—22 日，甘肃岷县、漳县共出现 5 次降雨过程，岷县累计降水量 127.5 mm，比常年同期多近 1 倍，漳县累计降水量为 150.5 mm，比常年同期多 2 倍，造成土壤过湿、地质灾害风险加大。7 月 22 日岷县、漳县发生 6.6 级地震，24—27 日，地震灾区出现中到大雨，局部出现暴雨，持续强降雨与地震灾害相互交加，导致地震灾区滑坡、泥石流等灾害叠加，气象次生灾害隐患点增多。

3）寒潮强降温、霜冻

2013年，甘肃省共出现寒潮29站（次），较常年偏少；累计出现强降温107站（次），较常年偏少，寒潮强降温主要出现3—4月；年内累计出现2783次晚霜冻（4—5月），较常年同期偏少。4月4—6日，受强冷空气影响，全省各地普降小雪（雨），局部地区出现中雪（雨）；甘肃省普遍降温8 ℃以上，局部地区降温超过12 ℃。兰州、白银、临夏、定西、天水、平凉、庆阳等市（州）及陇南市的北部在5日、6日清晨出现霜冻。降雪降温、低温、霜冻等灾害性天气对林果业和大棚作物造成较为严重的冻害，经济损失巨大（图2.181）。

图2.181　2013年4月4—6日平凉市核桃树(a)、天水市樱桃树(b)低温冻害灾情

4）大风、沙尘暴

2013年，甘肃省大风沙尘天气较历年（1971—2000年）偏少，但3月9—14日出现的沙尘天气范围之广，持续时间之长，历史罕见。9—14日，甘肃省大部分地区出现持续沙尘天气，其中，3月9日和11日先后出现2次区域性沙尘暴。连续的浮尘天气造成严重的空气污染，兰州达到5级重污染，对交通运输、野外施工、民众出行、旅游及生态环境、人体健康均造成不同程度的影响（图2.182）。

图2.182　2013年3月9日甘肃兰州遭遇扬沙浮尘天气

5)连阴雨

2013年,甘肃省共出现区域性连阴雨天气过程13次,较常年偏多。主要出现在河西中东部和河东大部分地区,其中,7月7日开始的连阴雨过程雨量最大,范围最广,持续日数一般为5~12 d。

(3)2013年生态环境监测

1)遥感监测

祁连山积雪:2013年,祁连山年平均积雪面积为10752.1 km²,比2012年少1成以上,比历年(2000—2012年)少2成以上。东段年平均积雪面积比2012年少2成以上,比历年少3成以上;中段比2012年略少,比历年少3成以上;西段比2012年少近1成,比历年少1成以上(表2.27)。祁连山最大积雪总面积出现在11月(图2.183a)。东段最大积雪面积出现在11月,中段也出现在11月,西段出现在12月(图2.183b)。

表2.27 2013年祁连山积雪面积

	积雪面积(km²)	与2012年比较	与历年比较
东段	2140.6	少26.7%	少32.9%
中段	3265.8	少5.6%	少31.9%
西段	5345.6	少8.7%	少18.4%
总面积	10752.1	少12.1%	少26.0%

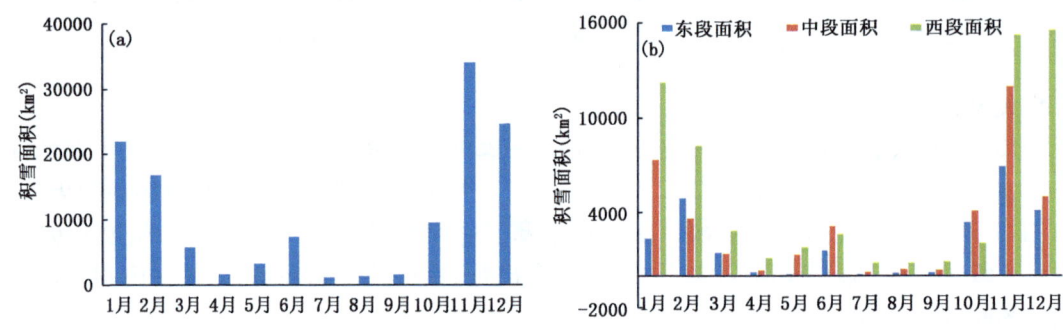

图2.183 2013年祁连山积雪各月总面积(a)与分段面积(b)变化

植被长势:2013年,甘南中部与东南部、陇南大部、天水东南部、平凉中部、庆阳东部植被覆盖度大于50%,祁连山中东部、甘南大部、陇南中部、定西中南部、临夏中南部、天水大部、平凉大部分地区、庆阳中南部在30%~50%,河西走廊和兰州、白银两市大部分地区及临夏、定西、庆阳等市(州)北部在10%~30%,其余地区在10%以下(图2.184a)。与2012年同期相比,祁连山中东段、白银南部、临夏北部、陇南西部、定西大部分地区及酒泉、兰州、甘南、平凉等市(州)中部植被较好,祁连山西段、酒泉北部与西部、兰州北部、白银北部、临夏南部、甘南西部和陇南、定西、天水等市中部及张掖、金昌、武威、庆阳等市大部分地区植被较差,其余地区与2012年差别不大(图2.184b)。

内陆水体面积:2013年,双塔、昌马水库年平均水体面积分别为16.2 km²、8.6 km²,比2012年分别多1成、2成以上,比历年(2000—2012年)分别多1成、4成以上;红崖山水库为19.0 km²,比2012年多近1成,比历年多5成以上;刘家峡水库为108.6 km²,与2012年基本

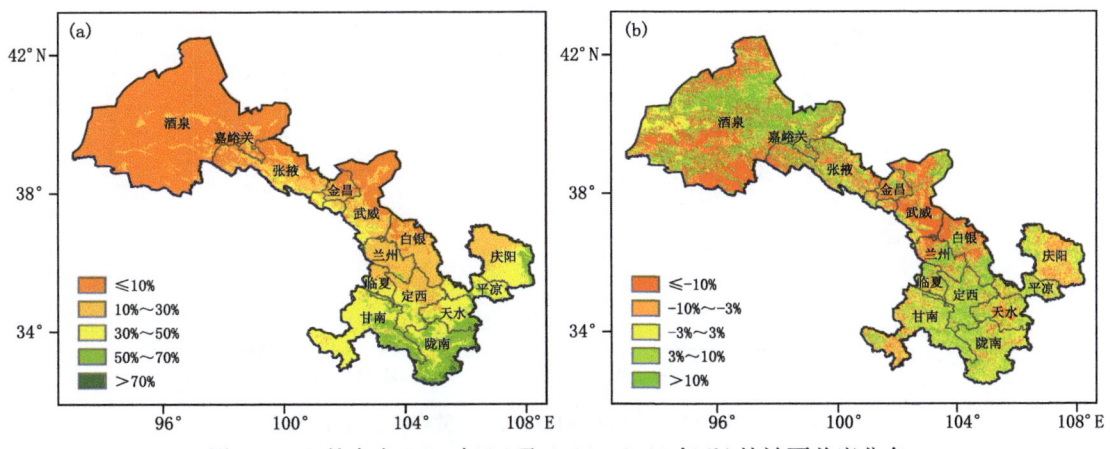

图 2.184 甘肃省 2013 年(a)及 2012—2013 年(b)植被覆盖度分布

相同,比历年多近 1 成(表 2.28)。双塔水库最大水体面积出现在 9 月,昌马水库出现在 8 月,红崖山水库也出现在 8 月,刘家峡水库出现在 5 月(图 2.185)。

表 2.28 2013 年甘肃省内陆水体面积情况

	水库面积(km²)	与 2012 年比较	与历年比较
双塔	16.2	多 10.3%	多 15.4%
昌马	8.6	多 28.1%	多 43.6%
红崖山	19.0	多 9.2%	多 53.3%
刘家峡	108.6	少 0.1%	多 9.8%

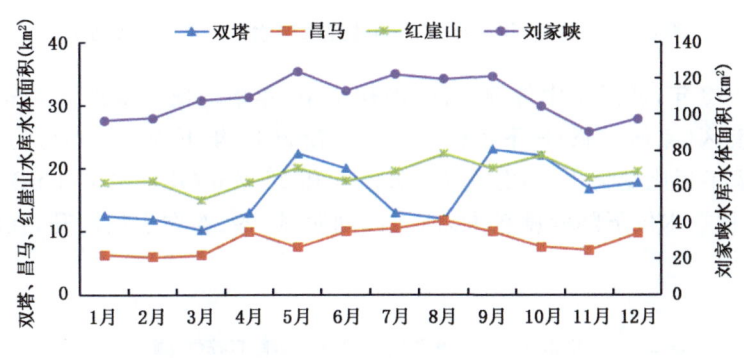

图 2.185 甘肃省 2013 年各月内陆水体面积变化

2)荒漠生态环境监测

大气降尘量:2013 年,武威市北部绿洲区月平均大气降尘量为 36.03 t/km²,较 2012 年少 0.82 t/km²,与近几年相比属降尘较少的年份。2013 年呈现出降尘量春季>冬季>夏季>秋季。2013 年民勤春季大风沙尘天气较多,致使春季降尘量最大,占全年的 33%;而秋季植被相对较好,未出现沙尘天气,降尘量最小,占全年的 21%(图 2.186)。

酸雨:2013 年,武威市北部绿洲区共监测降水样本 16 个,未出现酸雨天气。年平均 pH 为 6.64,较 2012 年大 0.32。降水电导率年平均为 65.92 μS/cm,较 2012 年小 1.87 μS/cm,最大值为 139.4 μS/cm(6 月 19 日),最小值为 21.8 μS/cm(8 月 6 日)。冬季无有效降水,电导

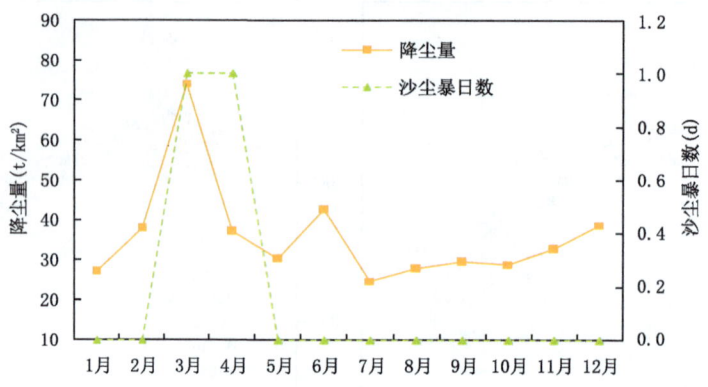

图2.186　2013年武威市民勤县月降尘量与沙尘暴日数变化

率季节平均为春季＞夏季＞秋季(图2.187)。

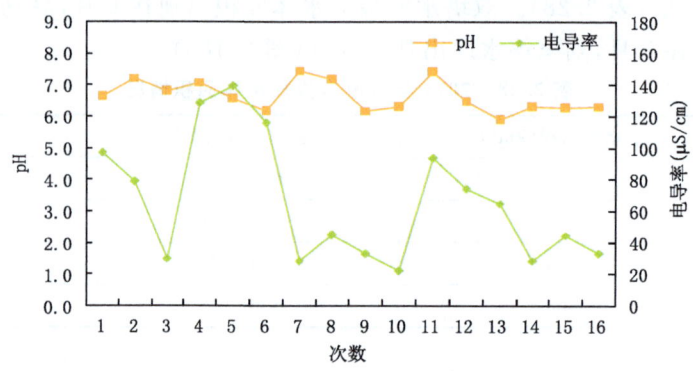

图2.187　2013年武威市民勤县逐次降水pH及电导率变化

地下水位：2013年，武威市中部绿洲区(凉州金羊)年平均地下水位8.0 m(较2012年回升3.1 m)，东部荒漠区(凉州清源)地下水位32.0 m(较2012年下降1.6 m)，北部绿洲区两测点地下水位与2012年相比变化不大，分别为16.2 m和25.7 m(均回升0.1 m)。从地下水位周年变化发现，夏、秋季水位下降幅度较大，曲线波动明显，冬、春季水位回升，且曲线变化比较平缓(图2.188)。

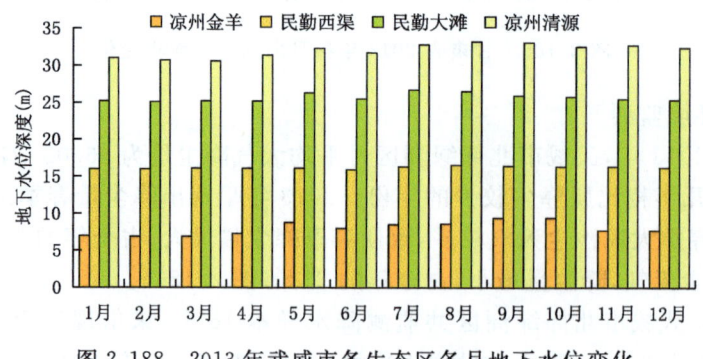

图2.188　2013年武威市各生态区各月地下水位变化

荒漠植物:2013年,开春后土壤墒情较差,草本植物刺蓬于8月16日返青,明显偏迟,长势差;梭梭于4月8日返青,生育期较2012年推迟6～8 d;刺蓬9月底测得覆盖度只有10%,梭梭覆盖度为42%,较2012年小3%。

风蚀厚度:2013年,武威市大风日数显著偏少,虽然降水偏少,东部荒漠区累计风蚀厚度只有3.8 cm,接近2012年,较近5年平均减小0.6 cm。

沙丘移动:2013年定点监测,民勤县(活动沙丘)沙丘移动速度平均为6.98 m/a(较2012年大0.48 m/a),凉州区(半固定沙丘)监测点沙丘移动速度平均为0.84 m/a(较2012年小1.01 m/a)。从近几年的监测资料分析,尽管移动速度有所波动,但总体呈减缓趋势,凉州和民勤沙丘移动速度平均递减速率为0.25 m/a和0.04 m/a。

沙漠边缘进退:据2005—2013年定点监测,民勤和凉州监测点沙漠边缘平均每年向绿洲推进速度分别为2.32 m/a和1.31 m/a。从近几年监测资料分析,沙漠边缘向绿洲推进的速度总体呈减小趋势,尤其凉州区东沙窝监测点减缓趋势明显,平均递减速率为0.32 m/a。

2.14.2 评估

(1)2013年干旱气候条件对农牧业的影响评估

2013年,甘肃省农作物所需热量、水分和光照较充足,对农作物生长较有利。2012/2013年冬季河西东部、陇中南部、甘南、陇南大部和陇东南部地区气温偏高,河东大部分地区降水偏少,陇中北部、陇东大部和陇南南部旱情较重,不利于农田增墒、保墒和河东农业区冬小麦安全越冬;冬季降雪偏少,大风偏多,对设施农业和畜牧业生产不利。入春以来至4月上旬,陇中北部、庆阳市大部、天水市渭北地区、陇南市南部等地旱情较重,耕作层的墒情为近3年最差,对农业生产影响较大。夏季甘肃省降水偏多,河东大部分地区土壤相对湿度超过70%,其中,陇南东北部、陇东北部及陇中部分地区土壤相对湿度在90%以上,过湿现象明显,水渍危害作物的正常生长,且长时间的阴雨寡照天气严重影响夏作物的产量和品质,也不利于夏粮收获和夏种,马铃薯晚疫病疫情较重。秋季甘肃省热量资源比较丰富,利于秋作物的成熟及收获,也利于冬小麦顺利播种,并对设施农业和畜牧业生产非常有利。2013年农业气候条件较好。

(2)2013年干旱气候条件对水资源、能源的影响评估

1)水资源

2013年,甘肃省年降水偏多,并出现13次区域性连阴雨,对水库、塘坝蓄水十分有利。尤其是7月降水较常年同期多1倍,为近54年同期最多,使河流来水量偏丰,对水库、塘坝蓄水十分有利。但由于降水空间分布不均,降水区域主要集中在河东地区,引发了部分河流水位暴涨,导致河东部分市(县)遭受洪涝灾害。

2)能源

2013年,甘肃省气温偏高,日照时数偏多,居民冬季采暖所需煤、天然气、电等能源消耗有所减少,对节约能源非常有利,尤其1—4月气温高、降水少、日照充足,对节约能源非常有利,并对太阳能利用也十分有利。年内暴雨日数特多,暴雨、局地强对流降水天气引发山洪、泥石流、滑坡等次生地质灾害对部分地区的电力、水利设施造成不同程度的损害,对电力等的传输造成了一定影响。全年大风日数偏少,对风能发电不利;日照时数偏多,对太阳能利用非常有利。

(3)2013年干旱气候条件对交通、旅游业的影响评估

2013年,甘肃省气温偏高,日照时数偏多,年降水日数及大风沙尘、寒潮强降温、冰雹等日

数偏少,对全省交通、旅游业非常有利。2013年春节、清明、"五一""十一"放假期间,天气均晴好,适宜人们外出旅游,旅游人数分别较2012年同期增长28.75%、31.65%、13.04%、26.66%。年内暴雨次数和连阴雨次数偏多,发生多起塌方、滑坡、泥石流等地质灾害,造成全省地震灾区及多条普通国省干线公路严重受损,给道路正常通行造成严重影响,同时部分旅游景区也受到山洪、泥石流和滑坡的危害,对全省交通运输及旅游业造成较大不利影响。

(4)2013年干旱气候条件对城市空气质量的影响评估

2013年,兰州市空气质量优、良日数为158 d,占总日数的43%,比2012年少108 d,其中,良的日数少101 d；Ⅲ级以上污染日数均较2012年有所增加,其中,Ⅲ级轻度污染为127 d,比2012年多了54 d,Ⅳ～Ⅵ级污染日数较去年多了13～23 d(图2.189)。

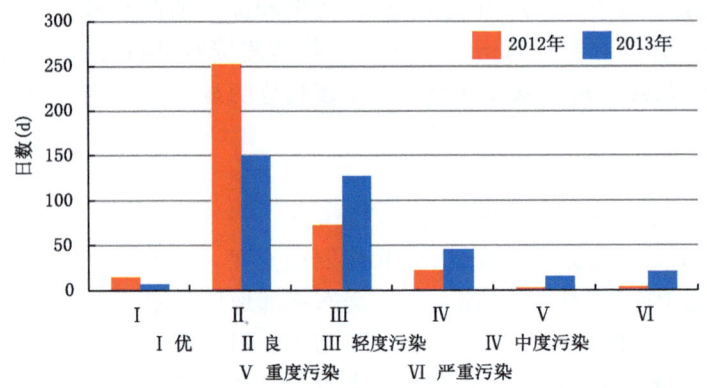

图 2.189　2013年兰州市空气质量等级与2012年对比变化

2.15　2014年甘肃省干旱生态环境气象监测与评估

2.15.1　监测

(1)2014年干旱气候监测

2014年,甘肃省气温偏高,降水偏多,日照时数偏少。虽然暴雨日数偏少,但局地引发了山洪、泥石流和山体滑坡等气象次生地质灾害,造成的影响和损失较重。全省东南部出现严重伏旱,局地旱灾较重;连阴雨次数偏多,利弊皆有;大风、沙尘、寒潮强降温、霜冻、冰雹天气过程偏少,局地受灾严重;高温日数和干热风次数偏多。总体上看,2014年属于气候条件较好的年景。

1)降水

2014年,甘肃省年平均降水量为420.2 mm,较常年多5%。最多出现在正宁县,为736.1 mm,最少在瓜州,为38.7 mm。酒泉市中北部为30～100 mm,酒泉市南部、陇中大部、天水市中西部和陇南市北部为100～500 mm,临夏州、甘南州、天水市东部和陇南市东南部及陇东为500～700 mm。与常年同期相比,酒泉市西北部、河西中东部、陇中中北部、甘南州大部、陇南市西部及陇东东部多1～4成,其中,金昌市、白银市中部多4～8成,酒泉市中南部和东部、陇南市东北部、天水市大部及平凉市中部地区少2～3成,省内其余大部地区接近常年同期(图2.190)。永昌和白银2站达到有观测资料以来降水极值,金昌年降水较常年多4～5成,白银多8～9成。

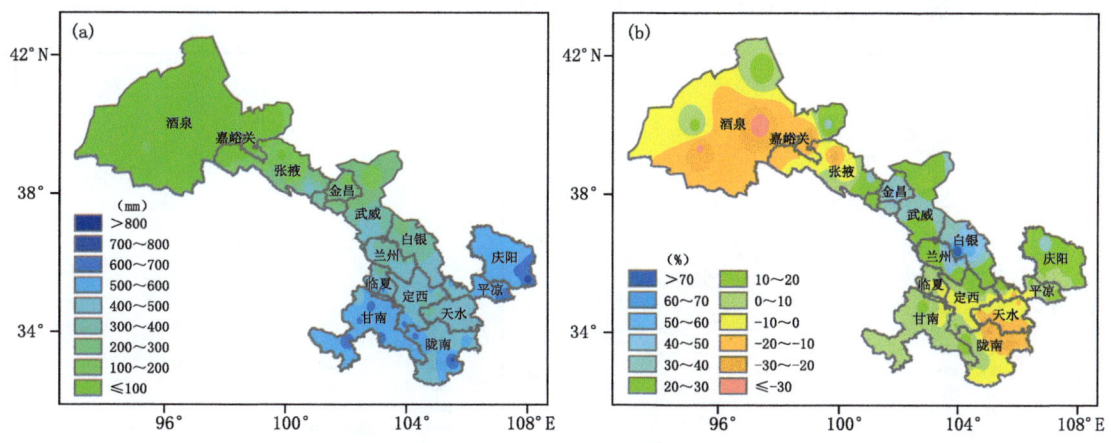

图 2.190 甘肃省 2014 年降水量(a)及距平百分率(b)分布

2)气温

2014 年,甘肃省年平均气温为 8.7 ℃,较常年高 0.6 ℃。最高出现在文县,为 15.5 ℃,最低在乌鞘岭,为 0.8 ℃。酒泉市西北部、祁连山区、定西市西部局部地区、临夏州南部和甘南州大部分地区为 0.8~7 ℃,酒泉、张掖、武威三市中部和陇中中北部为 7~11 ℃,酒泉市西部、武威市北部、白银市东北部、陇东南大部分地区为 11~13 ℃,陇南市南部为 14~15.5 ℃。与常年同期相比,酒泉市东北部、张掖市、武威市南部、白银市东部、定西市、平凉市、庆阳市西部、临夏州、甘南州西南部、天水市北部和陇南市北部高 0.5~1.0 ℃,武威市北部、金昌市东部和甘南州中部高 1.0~1.3 ℃,酒泉市南部低 0.5~0.8 ℃,省内其余地区气温接近常年同期(图 2.191)。

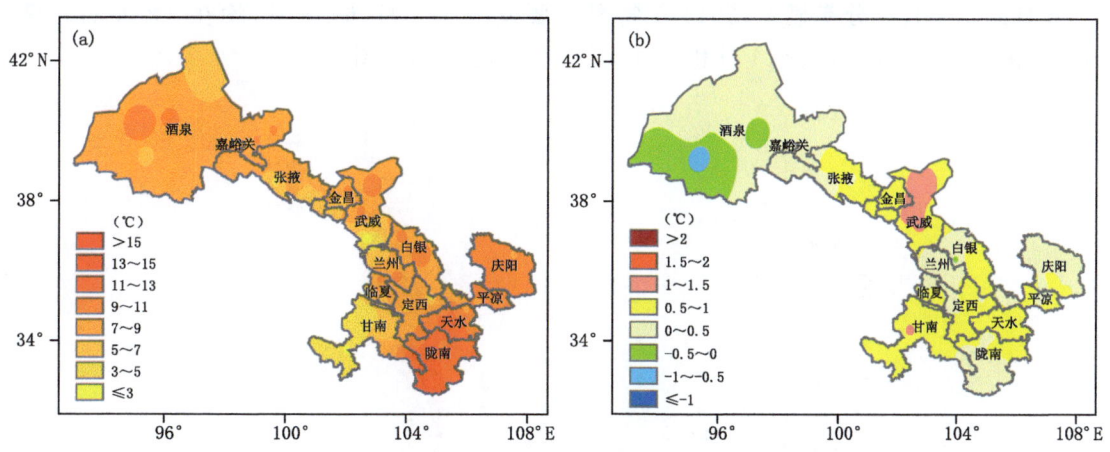

图 2.191 甘肃省 2014 年平均气温(a)及距平(b)分布

3)日照

2014 年,甘肃省年平均日照时数 2366 h,较常年少 65 h。最多出现在马鬃山,为 3561 h,最少在文县,为 1412 h。河西地区为 2600~3500 h,其中,酒泉市西北部超过 3500 h,陇中大部、甘南州大部、陇东中东部及天水市北部地区为 2000~2600 h,定西市南部、甘南州东南端、陇南市南部为 1400~2000 h。与常年同期相比,除河西西部和东部多 100~200 h 外,省内其余地区与常年相当或偏少,其中,陇中大部、甘南州、陇南市西北部和西南部局部地区、天水市西部局部地区及陇东部分地区少 100~400 h(图 2.192)。

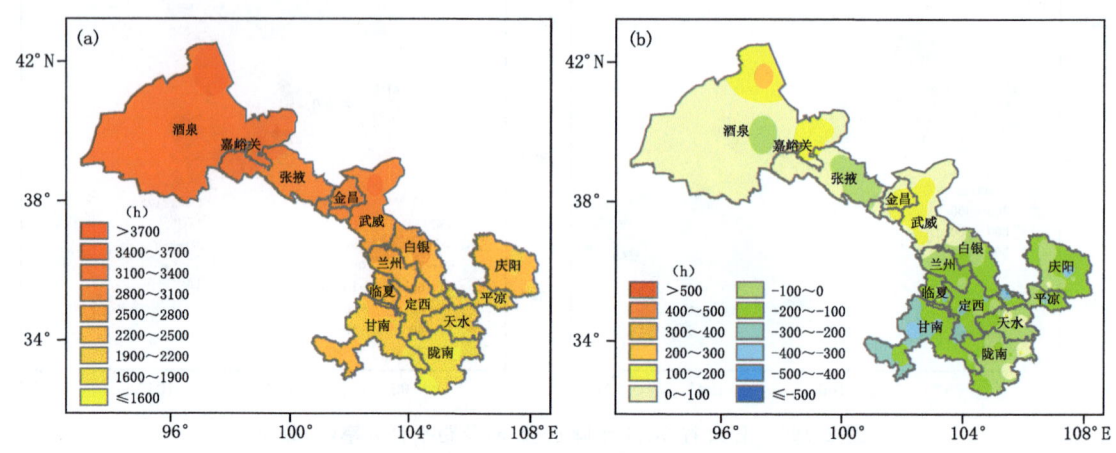

图 2.192　甘肃省 2014 年日照时数(a)及距平(b)分布

(2)2014 年天气、气候事件监测

1)干旱

2014 年,甘肃省干旱主要出现在夏季。7 月中旬至 8 月上旬,全省无区域性降雨过程,天水市、平凉市、庆阳市南部连续无有效降水日数 24~27 d,加之高温天气较多,土壤蒸发量加大,河东干旱不断发展,等级加重、范围扩大。7 月 28 日墒情监测发现,河东大部分地区 0~50 cm 土壤相对湿度在 60% 以下,其中,会宁、环县及武山等地在 40% 以下,达重旱,秋作物受旱较重。

各月的干旱日百分率显示,2014 年特旱主要发生在 4 月、6—8 月,均在 3% 左右。重旱 7—8 月最大,接近 10%,3 月、4 月和 6 月次之,重旱超过 5%(图 2.193)。

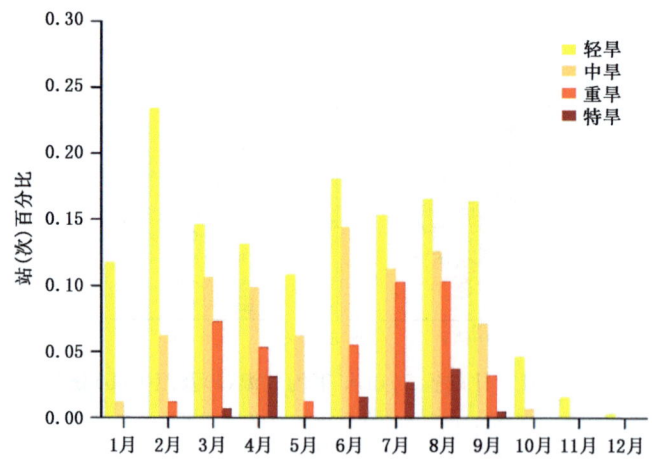

图 2.193　甘肃省 2014 年各月不同等级干旱频率百分比变化

2)沙尘暴、大风、寒潮、霜冻

受强冷空气影响,4 月 23—25 日,甘肃省沙尘暴、大风、寒潮、霜冻等多灾并发,河西五市、白银、兰州、临夏、定西、平凉、庆阳等市(州)32 个县(市、区)出现沙尘天气,其中,有 12 县(市、区)出现沙尘暴,6县(区)为强沙尘暴,敦煌出现特强沙尘暴,河西五市大风均在18 m/s以上,最大达26 m/s;全省普遍出现明显降温,河西地区最低气温普遍下降6～8 ℃,其中,敦煌达15 ℃,河东大部分地区最低气温下降普遍在10 ℃以上,达寒潮;25日清晨河西、陇中及平凉部分地区出现霜冻,其中,河西西部、高海拔地区出现强霜冻,最强出现在玉门镇,地面最低温度达-10.8 ℃。沙尘暴、大风、寒潮、霜冻对甘肃省空气质量、农牧业、林果业、交通运输等产生了较大不利影响(图2.194)。

图2.194　2014年4月23日敦煌市特强沙尘暴

3)强对流天气

2014年4月14日下午至夜间,甘肃省定西、临夏、武威、白银、兰州等地出现强对流天气,武威天祝、定西岷县、兰州市区出现冰雹,兰州市降雹持续了约半个小时,市区地面瞬时被白色的冰雹覆盖,并伴有雷电、强降水,为近30年兰州市4月最强雷雨冰雹天气过程(图2.195)。

图2.195　2014年4月14日兰州市城区遭冰雹袭击

4)连阴雨

2014年,甘肃省70站累计出现345站(次)连阴雨天气过程,其中,出现15次区域性连阴雨过程,较常年偏多,9月5日开始的区域性连阴雨过程范围最大(51站)、累计雨量最大(15.2～203.6 mm)、持续时间较长(5～13 d)。

5)雪灾

2014年,甘肃省2月、4月、5月和10月出现不同程度雪灾,对张掖、定西、临夏、甘南、庆阳等市(州)的谷子、玉米、洋葱、中药材、树苗、大麦和油菜等造成了不同程度影响。2月16—17日,甘南州部分地区积雪厚度达15 cm,加之气温骤降,给交通运输及畜牧业生产带来不利影响,导致部分弱畜采食困难死亡。4月,定西、庆阳市出现暴雪,农作物受灾严重。5月10日,张掖山丹县出现大雪,山丹马场积雪厚度达10 cm(图2.196)。10月10—14日,甘肃省自西向东出现1987年以来10月最强寒潮强降温天气,多地最低气温接近或跌破0 ℃,武威、白银、临夏、陇南、天水等市(州)出现中到大雨(雪),祁连山区积雪深度达10 cm,张掖市、临夏州部分地区出现了雪灾。

图2.196　2014年5月10日甘肃张掖市山丹县大雪

(3)2014年生态环境监测

1)遥感监测

祁连山积雪:2014年,祁连山年平均积雪面积为15511.3 km²,比2013年多4成以上,比历年(2000—2013年)多近1成。东段年平均积雪面积比2013年多4成以上,与历年基本相同;中、西段比2013年分别多6成、3成以上,均比历年多1成以上(表2.29)。祁连山最大积雪总面积出现在12月(图2.197a)。东段最大积雪面积出现在2月,中、西段均出现在12月(图2.197b)。

表2.29　2014年祁连山积雪面积

	积雪面积(km²)	与2013年比较	与历年比较
东段	3067.0	多43.3%	少1.5%
中段	5311.2	多62.6%	多13.4%
西段	7388.7	多38.2%	多14.4%
总面积	15511.3	多44.3%	多8.8%

植被长势:2014年,甘南中部与东南部、陇南大部、天水东南部、平凉中部、庆阳东部植被覆盖度大于50%,祁连山中东部、甘南大部、陇南中部、定西中南部、临夏中南部、天水大部、平凉大部、庆阳中南部在30%～50%,河西走廊、兰州大部、白银大部、临夏北部、定西北部、庆阳北部在10%～30%,其余地区在10%以下(图2.198a)。与2013年同期相比,酒泉北部、张掖东部、金昌大部、武威中东部、白银大部、天水东南部、平凉东部和庆阳大部分地区植被较好,祁

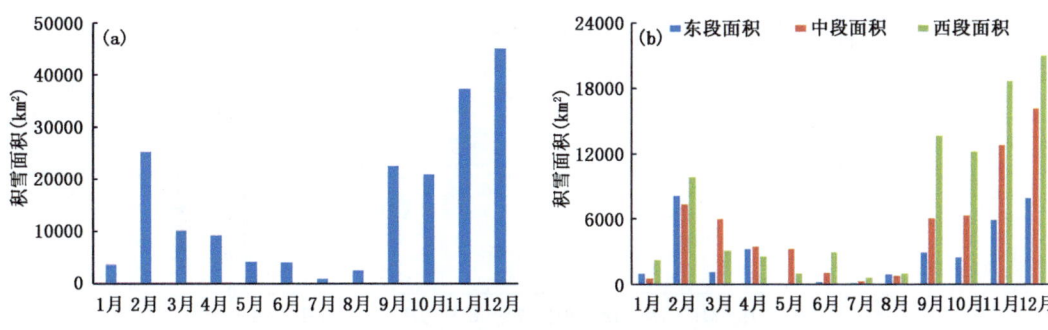

图 2.197　2014 年祁连山积雪各月总面积(a)与分段面积(b)变化

连山区、酒泉大部、张掖西部、武威北部、兰州大部、临夏大部、陇南北部、定西大部、天水中西部和平凉中西部地区植被较差,其余地区与 2013 年差别不大(图 2.198b)。

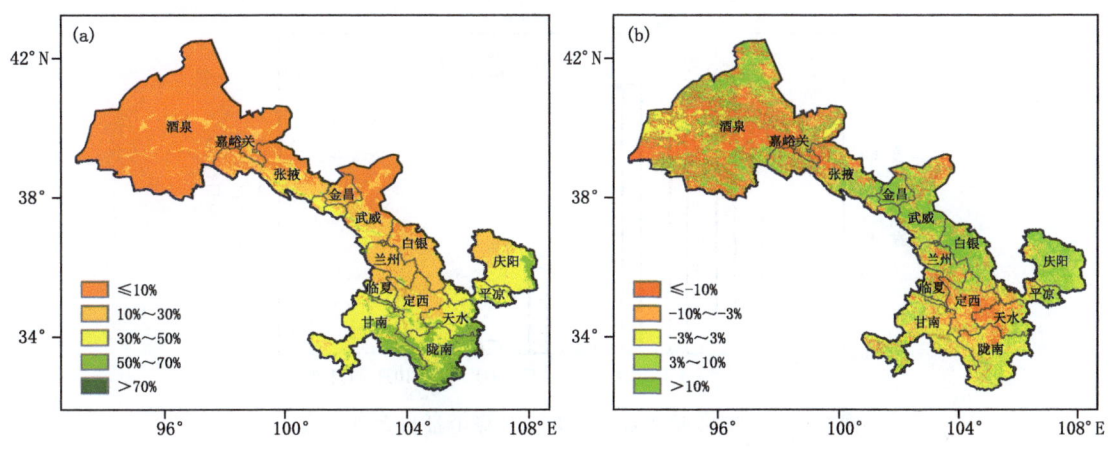

图 2.198　甘肃省 2014 年(a)及 2013—2014 年(b)植被覆盖度分布

内陆水体面积:2014 年,双塔水库年平均水体面积为 17.9 km²,比 2013 年多 1 成,比历年(2000—2013 年)多 2 成以上;昌马、红崖山水库分别为 8.9 km²、19.7 km²,均与 2013 年基本相同,比历年分别多 4 成、5 成以上;刘家峡水库为 109.9 km²,与 2013 年基本相同,比历年多 1 成(表 2.30)。双塔水库最大水体面积出现在 5 月,昌马水库出现在 4 月,红崖山、刘家峡水库均出现在 8 月(图 2.199)。

表 2.30　2014 年甘肃省内陆水体面积情况

	水库面积(km²)	与 2013 年比较	与历年比较
双塔	17.9	多 10.3%	多 25.9%
昌马	8.9	多 3.7%	多 43.2%
红崖山	19.7	多 3.7%	多 53.1%
刘家峡	109.9	多 1.2%	多 10.4%

2)荒漠生态环境监测

大气降尘量:2014 年,武威市北部绿洲区月平均大气降尘量为 37.31 t/km²,较 2013 年多

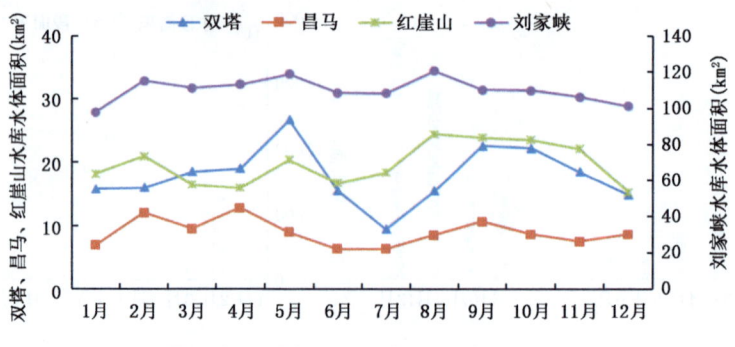

图 2.199 甘肃省 2014 年各月内陆水体面积变化

1.28 t/km²，较近 5 年平均少 18%，是近几年来降尘较少的年份。2014 年春季降尘量最大，占全年的 53%，秋季最小，占全年的 10%（图 2.200）。

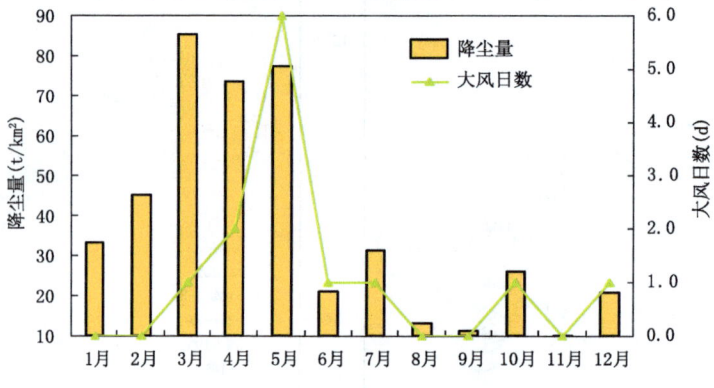

图 2.200 2014 年武威市民勤县月降尘量与大风日数变化

酸雨：2014 年，武威市北部绿洲区共监测降水样本 25 个，pH 均大于 5.6，未出现酸雨天气。年平均 pH 为 7.02，较 2013 年大 0.38。降水电导率年平均为 86.09 μS/cm，较 2013 年大 20.17 μS/cm，最大值为 298.0 μS/cm（6 月 26 日），最小值为 17.7 μS/cm（7 月 8 日）。电导率季节平均值呈现春季 107.0 μS/cm＞夏季 88.2 μS/cm＞秋季 51.5 μS/cm（图 2.201）。

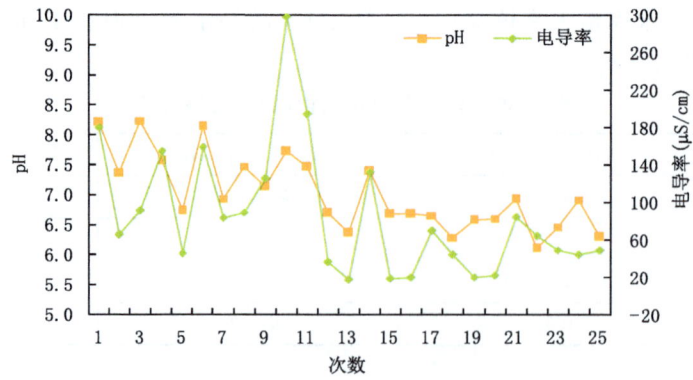

图 2.201 2014 年武威市民勤县逐次降水 pH 及电导率变化

地下水位:2014年,武威市中部绿洲区(凉州金羊乡)年平均地下水位7.3 m(较2013年回升0.7 m),东部荒漠区(凉州清源镇)地下水位33.0 m(较2013年下降1.0 m),北部绿洲区两测点地下水位变化不大,分别为16.1 m和25.5 m(均较2013年回升0.1 m)。从地下水位周年变化发现,呈现出作物生长季节水位下降,冬季农事歇息期水位回升(图2.202)。

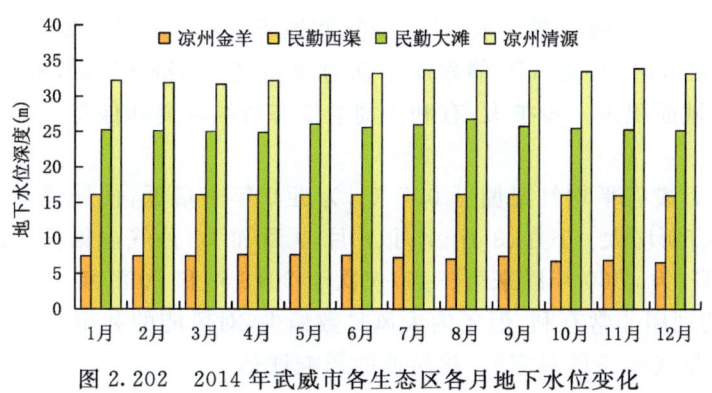

图2.202 2014年武威市各生态区各月地下水位变化

荒漠植物:2014年,梭梭于4月10日返青,略晚于2013年,但早于2012年和2011年,于5月12日第一次开花,10月20日果实成熟。由于夏季降水偏多,7月梭梭生长最旺盛新枝生长长度达10 cm,覆盖度最大为42%。刺蓬于4月28日返青,明显早于前3年,于7月26日开花,10月6日果实成熟,刺蓬返青后生长较快,长势良好。由于夏、秋季降水偏多,刺蓬生长状况明显好于2013年,平均生长高度达12 cm,最大覆盖度为55%,刺蓬生长状况为近几年来最好的一年。

风蚀厚度:2014年,东部荒漠区降水偏多,荒漠植被生长状况好、植被覆盖度高,加之全年大风沙尘暴天气日数显著偏少,东部荒漠区累计风蚀厚度只有4.4 cm,主要出现在春季,其他季节土壤风蚀较轻。

沙丘移动:民勤县(活动沙丘)监测点沙丘移动速度平均为4.81 m/a(较2013年小2.17 m/a),凉州区(半固定沙丘)监测点平均为1.14 m/a(较2013年大0.30 m/a)。近10年沙丘移动速度呈减缓趋势,凉州和民勤沙丘移动速度平均递减速率为0.21 m/a和0.12 m/a。

沙漠边缘进退:2014年,民勤监测点大风日数多于2013年,沙漠边缘向绿洲推进速度为3.00 m/a,比2013年大0.44 m/a;凉州区监测点沙漠边缘向绿洲推进速度为0.90 m/a,比2013年大0.41 m/a。

2.15.2 评估

(1)2014年干旱气候条件对农、林、牧业的影响评估

2014年,甘肃省大部分地区光热匹配较好,作物关键时段降水及时,有利于农田增墒、保墒,减轻了干旱的影响,早、晚霜冻次数偏少,对农作物生长影响小。总体上来看,全生育期光、温、水匹配好,晚疫病较轻,全省玉米和马铃薯等秋粮喜获丰收。但天水市渭北地区、陇南市降水偏少,干旱对该区域玉米灌浆影响较大;年内区域性连阴雨次数较多,持续降水造成部分地区出现洪涝、阴雨寡照,对农作物造成了一定的不利影响,部分地区农业损失较大;寒潮强降温天气造成的低温冻害对设施农业及畜牧业有一定影响。2014年甘南主牧区春末低温少雨,夏

季寡照少雨,牧草生长状况及产草量不及2013年。

(2)2014年干旱气候条件对水资源、能源的影响评估

1)水资源

2014年,甘肃省降水略偏多,1—11月祁连山各段平均积雪面积与2007—2013年同期相比分别少47.5%、34.5%和41.9%;1—11月内陆水体面积增加明显;石羊河流域来水量较常年和2013年多,对加大流域生态调水、植被恢复和地下水渗入汇集、水位回升有利,尤其是8月,石羊河流域来水量增加,流入下游蔡旗断面过水量达3.188亿m^3,较2013年多9220万m^3;民勤青土湖水域面积进一步扩大,有利于周边生态持续恢复和保持。

2)能源

2014年12月甘肃省平均气温偏低0.7 ℃,为近9年来最低,使居民对采暖所需煤、天然气、电等能源消耗有所增大。1月、3月、4月、7月、9月和10月气温偏高,其中,1月偏高1.8 ℃,3月偏高1.8 ℃(为1960年以来第三高,仅次于2013年和2008年),10月偏高1.7 ℃,这几个月对太阳能的利用非常有利,但年内大风日数偏少,对风能的利用造成一定不利影响。

(3)2014年干旱气候条件对交通、旅游业的影响评估

2014年,甘肃省大风沙尘天气偏少,对交通运输和旅游业较有利,但年内降水日数和阴雨日数较多,部分地区遭受暴雨洪涝和雪灾,并引发了泥石流、滑坡等次生灾害,对交通设施、野外作业造成一定不利影响。

(4)2014年干旱气候条件对生态环境及人体健康的影响评估

2014年,甘肃省大风沙尘日数偏少,降水日数和区域性连阴雨天气偏多,对生态环境有所改善,大部分地区空气质量为优和良,对人体健康十分有利。但夏季高温日数偏多,人体舒适度较差,12月气温偏低,加上长时间无降水,导致流感频发,对老幼体弱者影响较大,感冒患者剧增。

(5)2014年干旱气候条件对城市空气质量的影响评估

2014年,兰州市空气质量优、良日数为249 d,占总日数的68%,比2013年多91 d,其中,良的日数多79 d;Ⅲ级以上污染日数均较2013年有所降低,其中,Ⅲ级轻度污染为89 d,比2013年少38 d,Ⅳ～Ⅵ级污染日数较2013年少10～28 d(图2.203)。

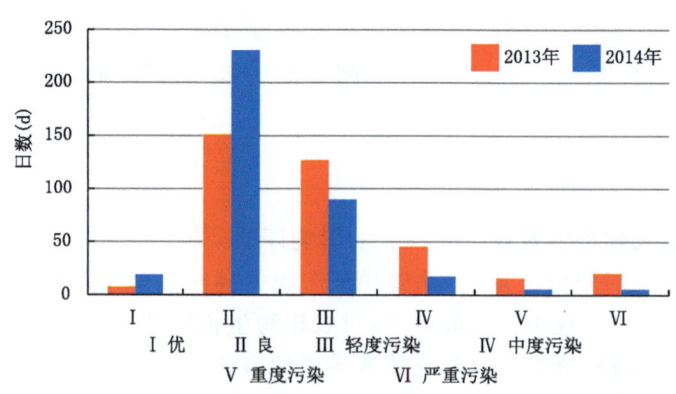

图2.203 2014年兰州市空气质量等级与2013年对比变化

2.16 2015年甘肃省干旱生态环境气象监测与评估

2.16.1 监测

(1)2015年干旱气候监测

2015年,甘肃省气温偏高,降水偏少,日照时数略偏少。东南部出现严重伏旱,局地旱灾较重;大风日数偏多,沙尘日数偏少,利于生态环境改善和空气质量提高;连阴雨次数偏少,5—6月出现两次大范围连阴雨天气,利弊皆有;暴雨日数偏少,局地强降水引发了山洪、泥石流和山体滑坡等气象次生地质灾害,造成的影响和损失较重;虽冰雹、寒潮强降温、霜冻偏少,但局地受灾严重;高温日数和干热风次数偏多。总体上看,2015年属于气候条件较好的年景。

1)降水

2015年,甘肃省年平均降水量为364 mm,较常年少9%,为近6年最少。最多出现在康县,为795.6 mm,最少在敦煌,为29.8 mm。酒泉市中北部为5～100 mm,酒泉市南部、河西中东部、陇中大部及庆阳市北端为100～400 mm,陇南市、平凉市、临夏州南部、甘南州大部分地区、定西市南部、天水市大部、庆阳市中南部为400～600 mm,陇南市东南部为600～796 mm。与常年同期相比,酒泉市大部、张掖市东部和南部、武威市西部局部地区多2～4成,其中,酒泉市南部多5～7成,临夏州、兰州市南部、定西市北部和天水市南部部分地区少2～3成,省内其余大部地区接近常年同期,其中,肃北年降水量较常年多7～8成(图2.204)。

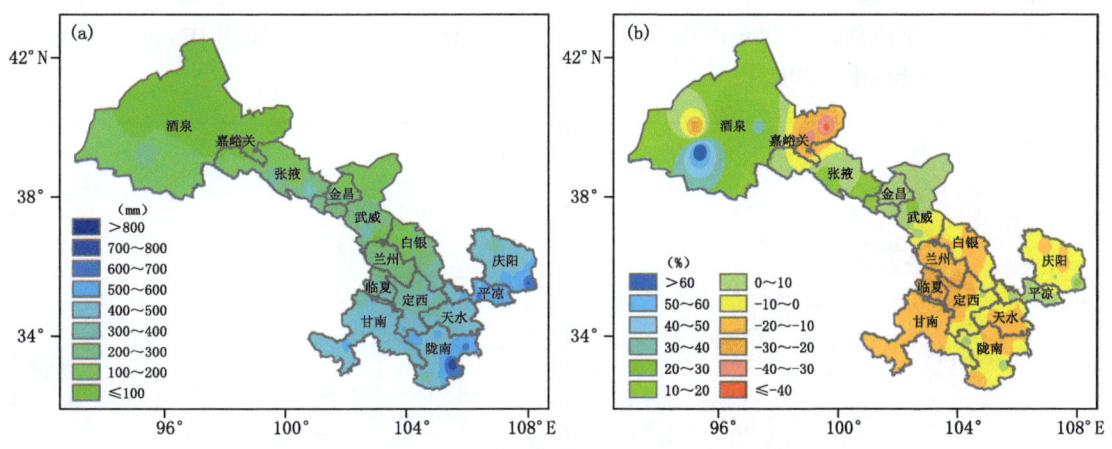

图 2.204 甘肃省2015年降水量(a)及距平百分率(b)分布

2)气温

2015年,甘肃省年平均气温为8.9 ℃,较常年高0.8 ℃。最高出现在文县,为16.2 ℃,最低在乌鞘岭,为1.3 ℃。酒泉市北部局地、祁连山区、临夏州南部及甘南州大部分地区为1～7 ℃,酒泉市西部和东北部局部地区、张掖市西北部、武威市北部、白银市、兰州市中部及陇东南大部分地区为9～13 ℃,其中,陇南市西南部及甘南州东北端为13～16.2 ℃,省内其余地区为7～9 ℃。与常年同期相比,酒泉市南部、甘南州西北部和庆阳市东部接近常年,酒泉市西北部、张掖北部、金昌、武威、白银、兰州南部、临夏北部、定西东部、甘南东南部、陇南西南部、天水西部及庆阳西北部高 1.0～1.5 ℃,省内其余大部地区高 0.5～1.0 ℃(图 2.205)。

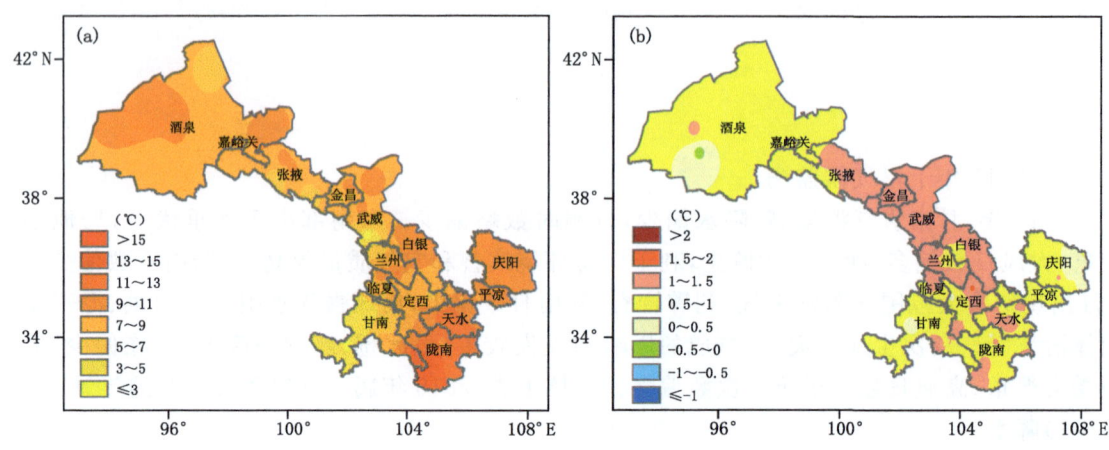

图 2.205　甘肃省 2015 年平均气温(a)及距平(b)分布

3)日照

2015 年,甘肃省年平均日照时数 2435 h,较常年多 4 h。最多出现在马鬃山,为 3494 h,最少在文县,为 1570 h。河西地区为 2700～3600 h,陇中大部、甘南州大部、天水市北部、平凉市东北部局部地区及庆阳市北部地区为 2100～2700 h,陇南市南部地区为 1500～1800 h,省内其余地区为 1800～2100 h。与常年同期相比,酒泉市西部和北部、张掖中部局部地区、武威市北部局部地区、陇南市中部及天水市北部局部地区多 100～200 h,兰州市东北部、白银市西北部、甘岷山区、平凉市西北部和东南部及庆阳市南部地区少 100～200 h,其中,平凉市东南部地区少 200～300 h(图 2.206)。

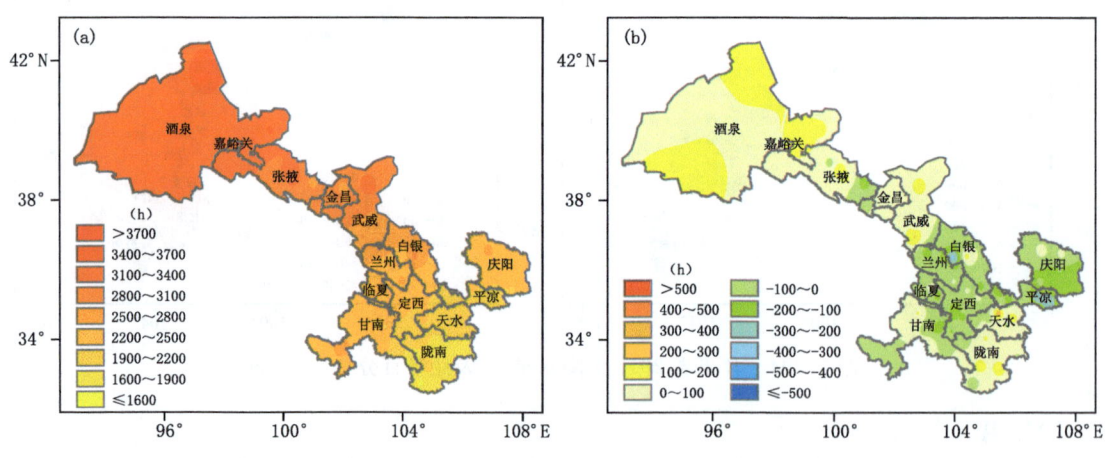

图 2.206　甘肃省 2015 年日照时数(a)及距平(b)分布

(2)2015 年天气、气候事件监测

1)干旱

7—10 月,甘肃省降水除酒泉市南部和祁连山区降水多 2 成以上外,省内其余大部地区少 2 成以上,其中,酒泉市北部、兰州市南部、定西市北部、天水市中部和庆阳市中部少 4～9 成,导致河东部分地区土壤墒情变差,干旱发展、程度加重,白银、定西、庆阳等市和天水市部分地区受干旱影响较大。

各月的干旱日百分率显示,2015年特旱很少,主要出现在9月。重旱在9月最高,超过10%(图2.207)。

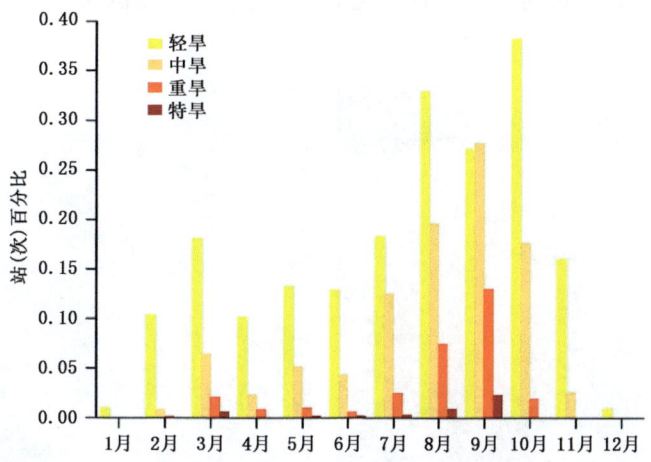

图 2.207　甘肃省 2015 年各月不同等级干旱频率百分比变化

2)冰雹

2015年,甘肃省共有31站累计出现冰雹天气64站(次),较常年少25站(次),为2008年以来最多年。5月29—30日,定西、天水、平凉三市和甘南州的13个县出现雷雨大风冰雹等强对流天气,其中,静宁县部分乡(镇)出现重大冰雹灾害,持续时间近30 min,冰雹最大直径达2.8 cm,堆积厚度5~6 cm,给经济林果业造成巨大损失(图2.208)。

图 2.208　2015 年 5 月 30 日甘肃省静宁县治平乡杨店村苹果遭冰雹袭击

3)沙尘暴

2015年,甘肃省共有9站累计出现沙尘暴13站(次),较常年少91站(次),其中,共出现1次区域性沙尘暴天气(3月31日,6站)。3月31日河西马鬃山、敦煌、瓜州、鼎新、金塔、肃州遭遇强沙尘暴袭击,对当地空气质量、农牧业、林果业、交通运输等产生了较大影响。其中,敦煌为1996年以来最强沙尘暴,能见度仅为20 m,漫天黄沙,莫高窟、鸣沙山、月牙泉等景区暂时关闭。

4)连阴雨

2015年,甘肃省共计65站累计出现243站(次)连阴雨过程,较常年少80站(次),为2009年以来最少。6月中旬至7月上旬河东出现大范围连阴雨天气,各地连阴雨过程持续时间5~24 d,部分地区持续时间之长为历史同期少见,导致陇东冬小麦倒伏、发芽、霉变,产量降低(图2.209)。

图2.209　受连阴雨影响发生霉变的冬小麦

5)暴雨

2015年,甘肃省共有11站累计出现暴雨11站(次),较常年少9站(次),为2002年以来历史同期次少(2014年最少,8站(次))。7月4日02时前后,肃南县城突降暴雨,持续时间约1 h,降水量达30 mm,暴雨引发山洪、泥石流,县城街道多路段出现积水、泥沙淤积,基础设施损坏严重;4日肃南县总降水量达46.7 mm,为有记录以来最多。

(3)2015年生态环境监测

1)遥感监测

祁连山积雪:2015年,祁连山年平均积雪面积为17457.5 km²,比2014年多1成以上,比历年(2000—2014年)多2成以上。东段年平均积雪面积与2014年和历年基本相同;中段比2014年多近1成,比历年多2成以上;西段比2014年多1成以上,比历年多3成以上(表2.31)。

表2.31　2015年祁连山积雪面积

	积雪面积(km²)	与2014年比较	与历年比较
东段	3151.3	多2.7%	多1.3%
中段	5742.3	多8.1%	多21.5%
西段	8564.0	多15.9%	多31.3%
总面积	17457.5	多12.5%	多21.7%

祁连山最大积雪总面积出现在10月(图2.210a)。东段最大积雪面积出现在10月,中段也出现在10月,西段出现在2月(图2.210b)。

植被长势:2015年,甘南中部与东南部、陇南大部、天水东南部、平凉中部、庆阳东部地区植被覆盖度大于50%,祁连山中东部、陇南中部和定西、临夏、庆阳等市(州)中南部及甘南、天水、平凉等市(州)大部分地区在30%~50%,河西走廊、兰州大部、白银中南部及临夏、定西、

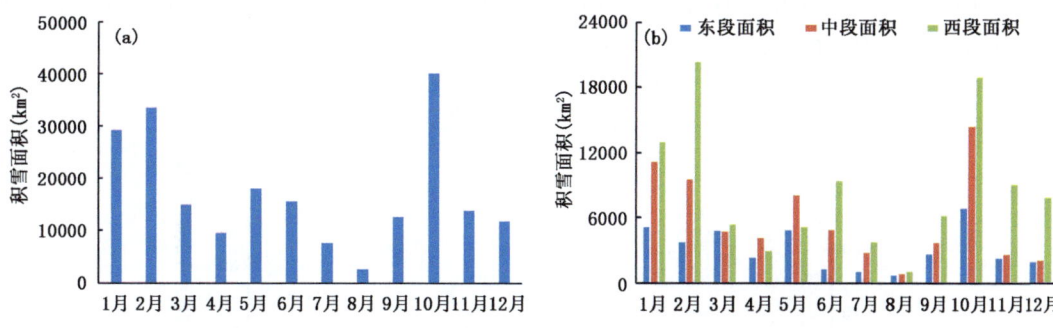

图 2.210　2015 年祁连山积雪各月总面积(a)与分段面积(b)变化

庆阳等市(州)在 10%～30%,其余地区在 10%以下(图 2.211a)。与 2014 年同期相比,祁连山西段、酒泉中部、张掖东部、武威中部、陇南北部、定西东部、天水中西部和甘南、金昌、平凉等市(州)西部地区植被较好,祁连山中东段、金昌中部、武威北部与东部、平凉东部和酒泉、张掖、甘南、定西等市(州)北部及兰州、白银、临夏、庆阳等市(州)大部分地区植被较差,其余地区与 2014 年差别不大(图 2.211b)。

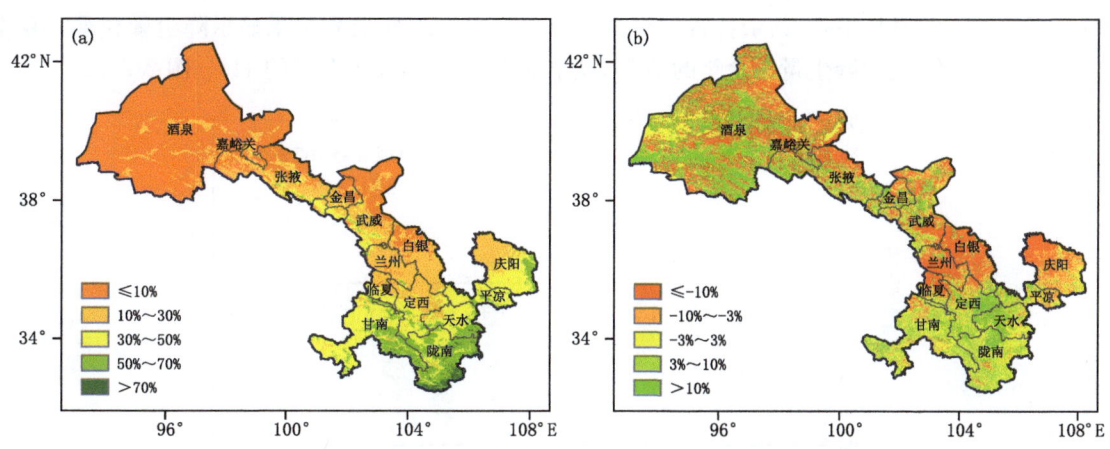

图 2.211　甘肃省 2015 年(a)及 2014—2015 年(b)植被覆盖度分布

内陆水体面积:2015 年,双塔水库年平均水体面积为 16.2 km²,比 2014 年多近 1 成,比历年(2000—2014 年)多 1 成以上;昌马水库为 9.4 km²,比 2014 年略多,比历年多 4 成以上;红崖山水库为 21.4 km²,比 2014 年多近 1 成,比历年多 6 成;刘家峡水库为 108.1 km²,与 2014 年基本相同,比历年略多(表 2.32)。

表 2.32　2015 年甘肃省内陆水体面积情况

	水库面积(km²)	与 2014 年比较	与历年比较
双塔	16.2	少 9.4%	多 12.2%
昌马	9.4	多 5.9%	多 46.4%
红崖山	21.4	多 8.3%	多 60.2%
刘家峡	108.1	少 1.6%	多 7.8%

双塔水库最大水体面积出现在 2 月,昌马水库出现在 5 月,红崖山水库出现在 9 月,刘家峡水库也出现在 5 月(图 2.212)。

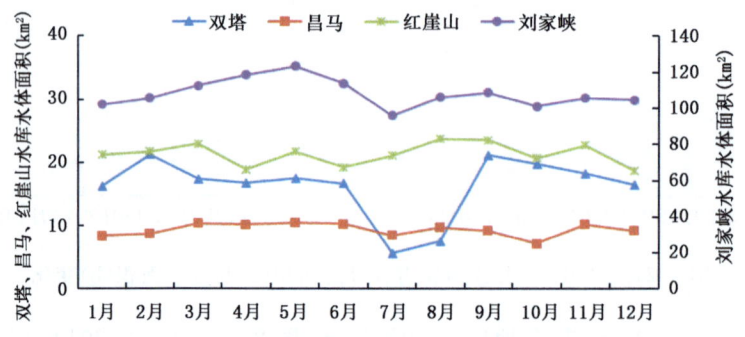

图 2.212　甘肃省 2015 年各月内陆水体面积变化

2)荒漠生态环境监测

大气降尘量:2015 年,武威市北部绿洲区月平均大气降尘量为 24.10 t/km²,较 2014 年少 13.21 t/km²,较近 10 年平均少 57%,是近 10 年来降尘量最少的年份。与近 10 年逐月平均相比,除 6 月多 90%、11 月持平外,其余各月均少 38%~86%。2015 年监测结果显示降尘量春季>夏季>冬季>秋季,春、夏季降尘量占全年的 70%,秋季降尘量最小,仅占全年的 11%(图 2.213)。

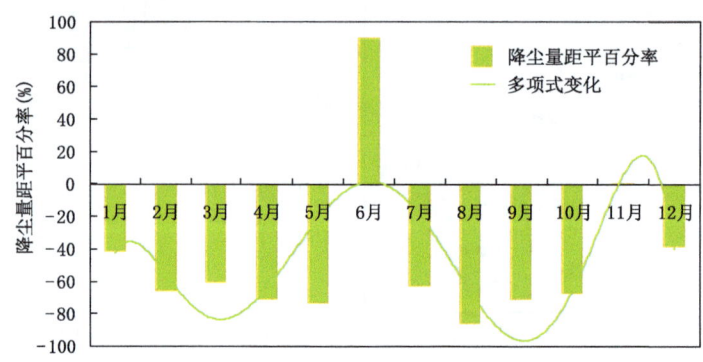

图 2.213　2015 年武威市民勤县月降尘量距平百分率及多项式拟合变化

酸雨:2015 年,武威市民勤县共监测降水样本 22 个,pH 均大于 5.6,未出现酸雨天气。年平均 pH 为 7.11,较 2014 年大 0.09。降水电导率年平均为 73.62 μS/cm,较 2014 年小 12.47 μS/cm。最大值为 169.10 μS/cm(3 月 31 日),最小值为 24.30 μS/cm(10 月 30 日)。电导率呈现冬季>春季>夏季>秋季(图 2.214)。

地下水位:2015 年,武威市中部绿洲区(凉州金羊乡)年平均地下水位 6.4 m(较 2014 年回升 0.9 m,较近 5 年平均回升 2.2 m),东部荒漠区(凉州清源镇)地下水位 33.4 m(较 2014 年下降 0.4 m,较近 5 年平均下降 1.8 m),北部绿洲区民勤西渠地下水位 15.9 m(较 2014 年回升 0.2 m,较近 5 年平均回升 0.3 m)和民勤大滩 25.9 m(较 2014 年下降 0.4 m,较近 5 年平均下降 0.2 m)。从近几年变化看,地下水位下降速度趋缓,整体平稳回升(图 2.215)。

荒漠植物:2015 年,梭梭于 4 月 16 日返青,较 2014 年推迟 6 d;5 月 8 日第一次开花,5 月 24 日新枝形成,较 2014 年分别提前 4 d 和 6 d;8 月梭梭生长最旺盛新枝生长长度达 14 cm,覆

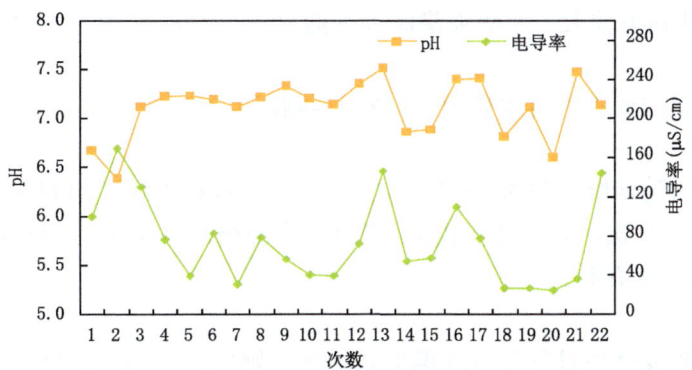

图 2.214　2015 年武威市民勤县逐次降水 pH 及电导率变化

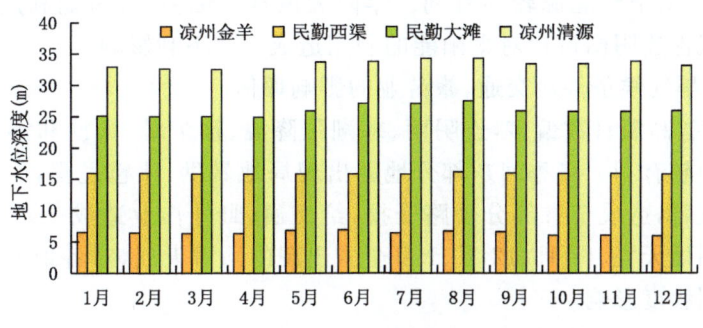

图 2.215　2015 年武威市各生态区各月地下水位变化

盖度最大为 41%;10 月 26 日果实成熟,较 2014 年推迟 6 d。刺蓬于 6 月 14 日返青、8 月 3 日开花,晚于 2014 年,早于 2013 年,9 月平均生长高度 9 cm,较 2014 年少 3 cm;最大覆盖度为 27%,较 2014 年同期小 19%,刺蓬生长状况不及 2014 年,但好于 2013 年。

风蚀厚度:2015 年,武威市东部荒漠区累计风蚀厚度为 4.1 cm,较近 5 年平均小 0.1 cm,较 2014 年小 0.3 cm,土壤风蚀较轻。

沙丘移动:民勤县(活动沙丘)监测点沙丘移动速度平均为 5.67 m/a(较 2014 年大 0.86 m/a),凉州区(半固定沙丘)监测点沙丘移动速度平均为 0.71 m/a(较 2014 年小 0.43 m/a)。分析近 11 年的监测资料,移动速度总体呈减缓趋势,凉州和民勤沙丘移动速度平均递减速率为 0.20 m/a 和 0.12 m/a。

沙漠边缘进退:2015 年定点监测结果显示,民勤和凉州监测点沙漠边缘向绿洲推进速度分别为 2.00 m/a 和 0.70 m/a。分析近 11 年监测资料,沙漠边缘向绿洲推进的速度总体呈减缓趋势,凉州区监测点平均递减速率为 0.33 m/a,民勤监测点平均递减速率为 0.38 m/a。

2.16.2　评估

(1)2015 年干旱气候条件对农、林、牧业的影响评估

2015 年,甘肃省河西降水偏多,河东偏少,大部分地区气温偏高,日照时数分布不均,后冬降雪日数偏少,寒潮强降温天气偏少,光热匹配较好,且以晴好天气为主,对设施农业、畜牧业生产较为有利。年内降水日数偏多,甘肃省大部区地区旱情得到缓解,对农作物及林木、牧草生长十分有利。但是持续的降水造成部分地区出现洪涝、阴雨寡照对农作物造成了一定不利

影响,部分地区农业损失较大。寒潮强降温天气造成的低温冻害对设施农业及畜牧业有一定不利影响。

(2)2015年干旱气候条件对水资源、能源的影响评估

1)水资源

2015年,甘肃省河西降水偏多,大部分地区气温偏高,利于祁连山积雪和各河西内流河和水库蓄水;年内出现10次区域性连阴雨天气过程,大部分地区出现的持续阴雨天气对河流丰水,水库、塘坝蓄水非常有利。

2)能源

2015年,甘肃省夏季各月气温持续偏低,秋、冬季则偏高,年内寒潮强降温、霜冻次数均偏少,使得人们对煤、电和天然气等能源消耗量较小,居民生活用天然气、煤炭、电等能源的消耗量较常年同期减少,对节约能源较为有利。年内大风日数偏多,对风能利用有利。但是,4月和5月下旬的区域性连阴雨过程对太阳能的利用造成一定不利影响。

(3)2015年干旱气候条件对交通、旅游业的影响评估

2015年,甘肃省高温日数偏多,连阴雨、寒潮强降温、沙尘暴、扬沙和浮尘日数均偏少,对交通运输和旅游业较有利。夏季河东部分地区出现局地暴洪、冰雹过程,引发洪涝、泥石流和滑坡等次生地质灾害,造成全省部分公路受损,给交通、野外作业造成一定影响。9—10月河东部分地区的连阴雨天气、11月、12月、1月全省出现的雨雪天气,对各地交通运输、人们出行及旅游业造成不同程度影响。

(4)2015年干旱气候条件对生态环境及人体健康的影响评估

2015年,甘肃省气温偏高,降水河西偏多,河东偏少,冰雹、沙尘、霜冻、寒潮强降温次数偏少,且年内降水日数偏多,对生态环境有所改善。春季甘肃省气温偏高、沙尘暴日数偏少,连阴雨次数偏多,对植物生长、净化空气十分有利,极大改善了城市空气质量,对人体身心健康十分有利。但夏季河东部分地区的强降水造成洪涝、泥石流和滑坡地质灾害,对生态环境影响较大。4月中旬至5月中旬出现的寒潮强降温等天气,对年老体弱者身体健康造成一定不利影响。春、秋季昼夜温差大,阴晴天气的转变造成老人,小孩等体质虚弱者感冒较多。

(5)2015年干旱气候条件对城市空气质量的影响评估

2015年,兰州市空气质量优、良日数为276 d,占总日数的76%,比2014年多27 d,其中,优的日数多84 d,良的日数少57 d;Ⅲ级以上污染日数均较2014年有所减少,其中,Ⅲ级轻度污染为75 d,比2014年少14 d,未发生严重污染(图2.216)。

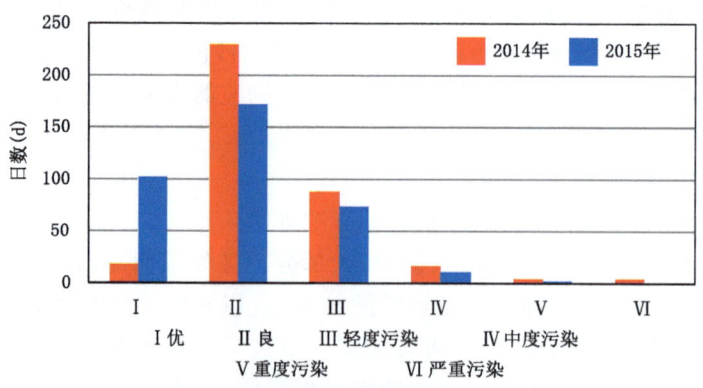

图2.216 2015年兰州市空气质量等级与2014年对比变化

2.17 2016年甘肃省干旱生态环境气象监测与评估

2.17.1 监测

(1)2016年干旱气候监测

2016年,甘肃省气温偏高,降水偏少,日照时数略偏多。年内甘肃东南部出现严重春旱、伏旱和秋旱,局地旱灾较重;大风日数偏多,沙尘暴、扬沙和浮尘日数均偏少,利于生态环境和空气质量改善;连阴雨偏多,利弊皆有;暴雨日数偏多,局地强降水引发了山洪、泥石流和山体滑坡等气象次生地质灾害,造成的影响和损失较重;冰雹、霜冻次数偏少,但局地受灾严重;寒潮强降温次数偏多,部分地区遭受冻害和低温冷害影响较大;高温日数和干热风次数偏多。总体上看,2016年属于气候条件较好的年景。

1)降水

2016年,甘肃省平均降水量为380.7 mm,较常年少5%,为2010年以来次少雨年(2015年368.2 mm)。最多出现在碌曲,为783.3 mm,最少在敦煌,为67.7 mm。酒泉市中北部、嘉峪关市、张掖市北部、金昌市中北部及武威市北部为40~200 mm,祁连山区、陇中大部分地区、陇东大部分地区、天水大部分地区、陇南市中部和西部及甘南州东南部为200~500 mm,临夏州南部、甘南州大部分地区和陇南市东南部为500~783 mm。玉门镇年降水量为186.9 mm,突破历史纪录,瓜州为120.9 mm,突破历史次极值。与常年同期相比,张掖市中部、定西市大部分地区、甘南州东南部、陇南市北部和西南部、天水市及陇东南部少2~4成,武威市东南部、白银市中北部、兰州市中部、临夏州西部和甘南州西北部多2~4成,酒泉市中部和嘉峪关市多8成至1倍,瓜州和玉门镇分别多150%和180%,省内其余大部分地区接近常年同期(图2.217)。

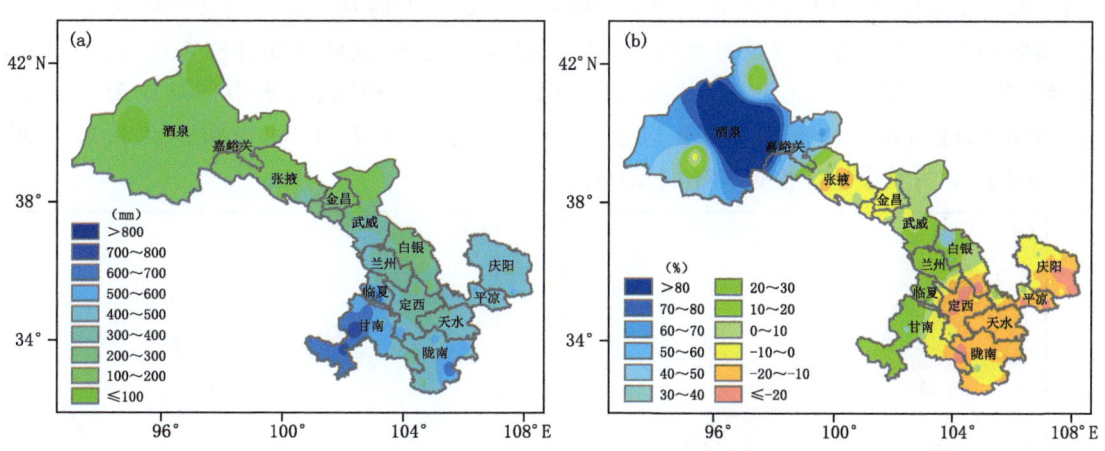

图2.217 甘肃省2016年降水量(a)及距平百分率(b)分布

2)气温

2016年,甘肃省年平均气温为9.3 ℃,较常年高1.2 ℃,为1961年以来最高。最高出现在文县,为16.3 ℃,最低在乌鞘岭,为1.5 ℃。酒泉市西北部、祁连山区、临夏州南部、定西市西部和中部及甘南州中西部为1.5~8 ℃,酒泉市中部和东北部、嘉峪关市、张掖市中北部、金昌市、武威市北部、陇中大部、甘南州局部地区及陇东为 8~12 ℃，甘南州东北部、陇南市中北部及天水市大部分地区为 12~14 ℃，陇南市西南部为 14~16.3 ℃。与常年同期相比，甘肃省大部分地区偏高，其中，酒泉市中部、张掖市西南部、白银西部、兰州中北部、临夏西部、甘南州西部、庆阳东部高 0.5~1.0 ℃，武威市中部、白银市西南部、定西市东北部、天水市西南部高 1.5~2.0 ℃，省内其余地区高 1.0~1.5 ℃（图 2.218）。

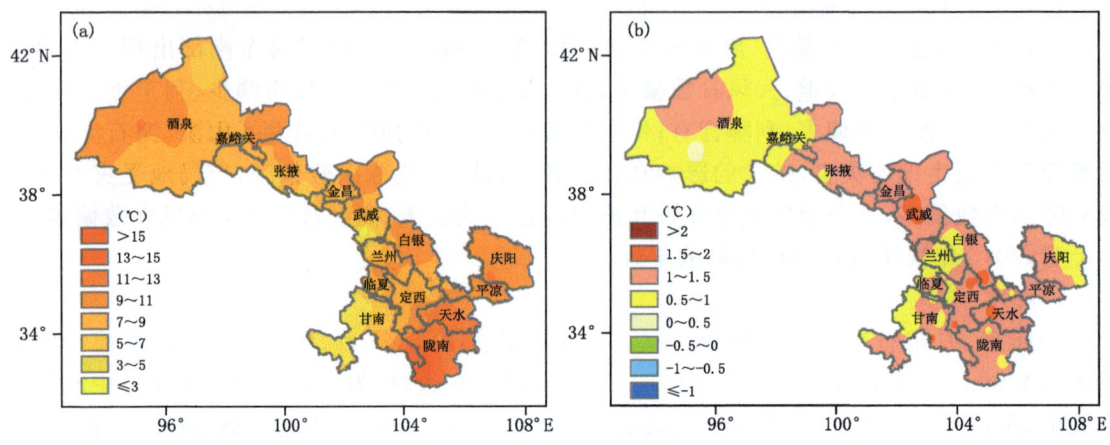

图 2.218 甘肃省 2016 年平均气温(a)及距平(b)分布

3）日照

2016 年，甘肃省年平均日照时数为 2496 h，较常年多 72 h，为 2008 年以来最多。最多在民勤，为 3361 h，最少在文县，为 1695 h。河西西部、金昌及武威、白银两市北部为 2800~3400 h，张掖市东部、武威市南部、兰州市、白银市南部、临夏州北部、定西市北部、甘南州西南部及庆阳市西北部为 2500~2800 h，陇南市南部为 1695~1900 h，省内其余地区为 1900~2500 h。与常年同期相比，大部分地区日照时数偏多，其中，酒泉市南部、武威市北部和东部、白银市北部和中部、兰州市南部、定西市北部、甘南州西南部、陇南市中南部、天水中部及庆阳市北部多 100~300 h，陇南市东南部多 300 h 以上，张掖市中东部、金昌市、平凉市西北和东南部少 100~200 h，省内其余地区接近常年同期（图 2.219）。

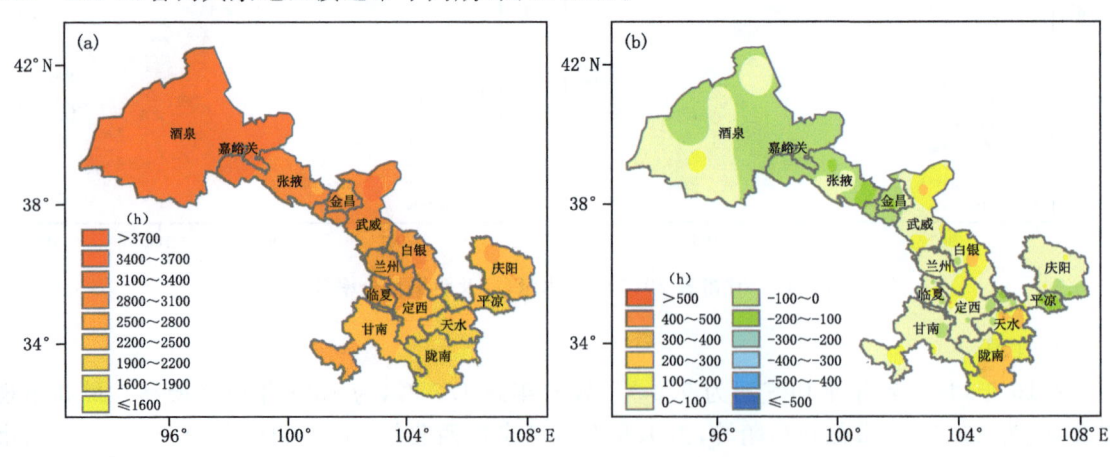

图 2.219 甘肃省 2016 年日照时数(a)及距平(b)分布

(2)2016年天气、气候事件监测

1)干旱

2016年,主要干旱时段为3月上旬至4月中旬,6月下旬至7月上旬,7月下旬至8月中旬,9月上旬和下旬。其中,春季甘肃河西大部分地区连续无降水日数11~36 d,河东大部分地区达5~15 d;伏期河东持续无有效降水,大部分地区降水少5成以上,白银市、定西市和天水市北部少8成以上,为有记录以来最少,干旱持续天数大部分地区在30 d以上,定西市大部、天水市西北部达中到重旱;初秋河东降水异常偏少,定西北部、庆阳东部、天水和陇南部分地区降水少6成以上,平凉和庆阳东部少8成左右,旱情较重。

各月的干旱日百分率显示,2016年8月特旱相对较大,在4%左右。重旱主要在8—9月,为8%左右(图2.220)。

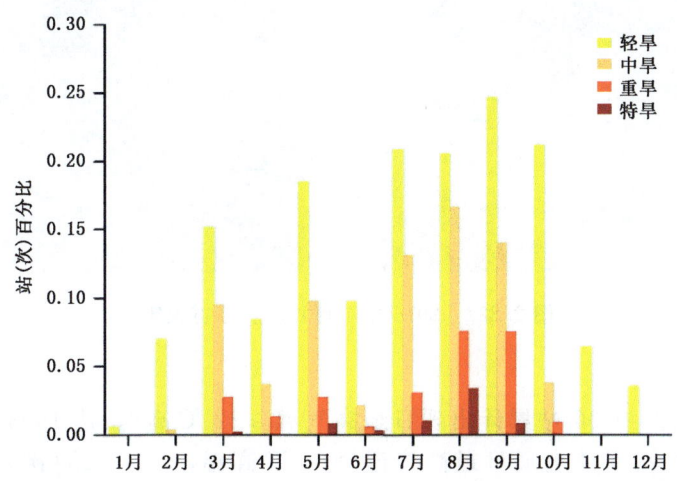

图2.220　甘肃省2016年各月不同等级干旱频率百分比变化

2)寒潮强降温、霜冻

2016年,甘肃省累计出现寒潮85站(次),较常年多27站(次),累计出现强降温230站(次),较常年多77站(次)。1月23—24日省内出现区域性寒潮天气过程,共有85县(次)日最低气温低于-20 ℃,卓尼县最低气温跌破历史极值。5月全省有5次较强冷空气过程,42县出现强降温,为1961年以来最多,有18县出现寒潮,为1995年以来最多。

2016年,甘肃省累计出现霜冻9892站(次),较常年同期多2547站(次)。

3)暴雨

2016年,甘肃省共有20站累计出现暴雨24站(次),较常年多4站(次),年内共出现4次区域性暴雨(6月23日、7月18日、8月23日和8月25日)。玉门6月1日降水量为48.7 mm,敦煌和瓜州8月17日降水量分别为31.1 mm和31.6 mm,均破历史极值。

4)强对流天气

6月3—14日甘肃省出现7次强对流天气,多地遭遇冰雹灾害。张掖、武威、定西、临夏、甘南、陇南、天水、平凉、庆阳等市(州)的35个县100多个乡(镇)遭遇冰雹灾害,最大直径达40 mm(庆城、清水),给农业经济作物、林果业、基础设施造成严重损失(图2.221)。6月冰雹为2009年以来最多。

图 2.221　2016 年 6 月甘肃省冰雹灾害

5)高温

2016 年,甘肃省共有 66 站累计出现日最高气温≥32 ℃高温,达 1603 站(次),比常年多 830 站(次),共有 41 站累计出现日最高气温≥35 ℃高温,达 365 站(次),比常年多 242 站(次),年内共有 23 站达到极端高温事件标准,其中,迭部、两当、临潭、鼎新、马鬃山和金塔站破历史极值。年度日最高气温≥32 ℃和≥35 ℃高温日数为 1961 年以来最多,具有范围广、强度大、持续时间长的特点。

(3)2016 年生态环境监测

1)遥感监测

祁连山积雪:2016 年,祁连山年平均积雪面积为 14249.9 km², 比 2015 年少 1 成以上,与历年(2000—2015 年)基本相同。东、中段年平均积雪面积比 2015 年分别少 1 成、2 成以上,均比历年少 1 成以上;西段比 2015 年少 1 成以上,比历年多 1 成以上(表 2.33)。祁连山最大积雪总面积出现在 12 月(图 2.222a)。东段最大积雪面积出现在 3 月,中段也出现在 3 月,西段出现在 12 月(图 2.222b)。

表 2.33　2016 年祁连山积雪面积

	积雪面积(km²)	与 2015 年比较	与历年比较
东段	2592.9	少 17.7%	少 16.7%
中段	4237.4	少 26.2%	少 11.5%
西段	7419.6	少 13.4%	多 11.6%
总面积	14249.9	少 18.4%	少 2.0%

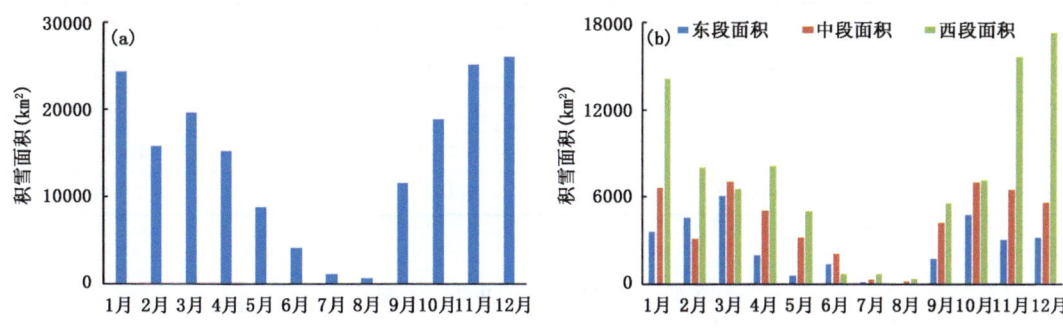

图 2.222　2016 年祁连山积雪各月总面积(a)与分段面积(b)变化

植被长势：2016 年，甘南中部与东南部、陇南大部、天水东南部、平凉中部、庆阳东部植被覆盖度大于 50%，祁连山中东部、陇南中部和定西、临夏、庆阳等市（州）中南部及甘南、天水、平凉等市（州）大部分地区在 30%～50%，河西走廊和兰州、白银两市大部分地区及临夏、定西、庆阳等市（州）北部地区在 10%～30%，其余地区在 10%以下（图 2.223a）。与 2015 年同期相比，祁连山西段、酒泉中部、张掖西部、武威北部与东部、兰州中北部、白银北部和临夏中北部植被较好，酒泉西部、张掖中部、武威中西部、兰州东南部、白银南部、甘南西南部、陇南中部、天水中西部及金昌、定西、平凉、庆阳等市大部分地区植被长势较差，其余地区与 2015 年差别不大（图 2.223b）。

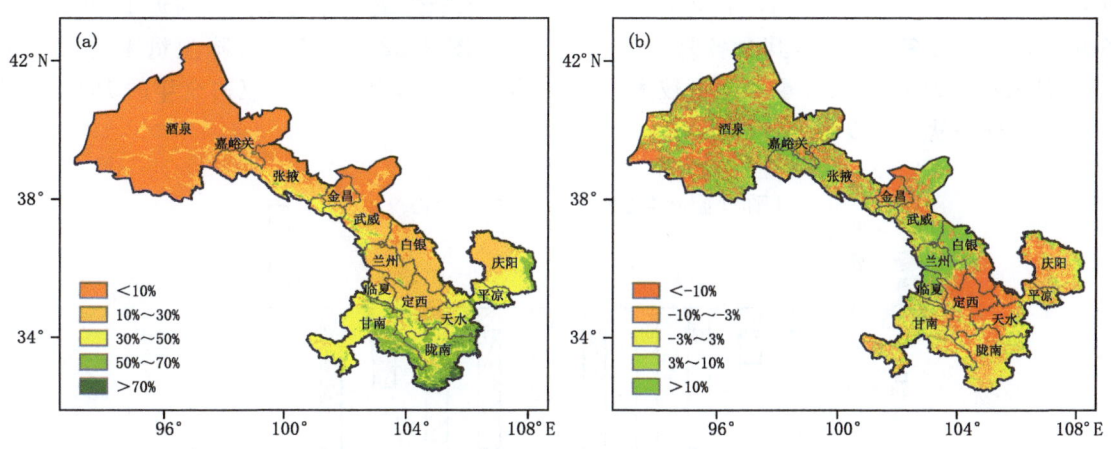

图 2.223　甘肃省 2016 年(a)及 2015—2016 年(b)植被覆盖度分布

内陆水体面积：2016 年，双塔水库年平均水体面积为 16.1 km²，与 2015 年基本相同，比历年（2000—2015 年）多 1 成；昌马、红崖山水库分别为 8.3 km²、16.9 km²，比 2015 年分别少 1 成、2 成以上，均比历年多 2 成以上；刘家峡水库为 108.2 km²，与 2015 年基本相同，比历年略多（表 2.34）。双塔水库最大水体面积出现在 5 月，昌马水库出现在 4 月，红崖山水库出现在 3 月，刘家峡水库也出现在 4 月（图 2.224）。

表 2.34 2016 年甘肃省内陆水体面积情况

	水库面积（km²）	与 2015 年比较	与历年比较
双塔	16.1	少 0.6%	多 10.6%
昌马	8.3	少 11.1%	多 25.6%
红崖山	16.9	少 21.1%	多 21.9%
刘家峡	108.2	多 0.1%	多 7.4%

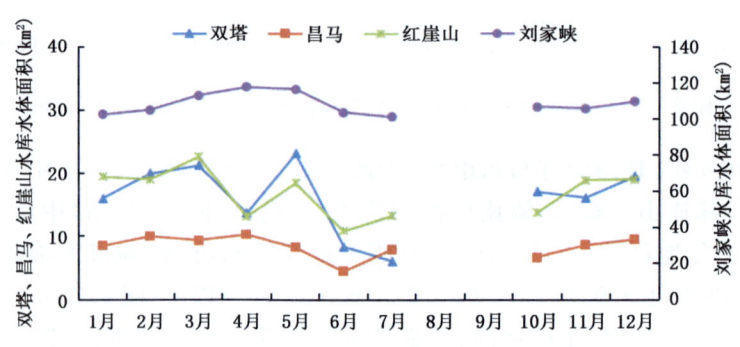

图 2.224 甘肃省 2016 年各月内陆水体面积变化

2）荒漠生态环境监测

大气降尘量：2016 年，武威市北部荒漠区（民勤县）月平均大气降尘量为 16.13 t/km²，较 2015 年小 7.97 t/km²，较近 12 年少 68%，是近 12 年来降尘量最少的年份。与近 12 年逐月平均相比，除 11 月多 50% 外，其余各月少 28%～92%（图 2.225）。从各月降尘量来看，2 月最大，8 月最小，2016 年冬、春季降尘量较大，共占全年的 57%，夏季最小，仅占全年的 19%，呈现冬季＞春季＞秋季＞夏季。

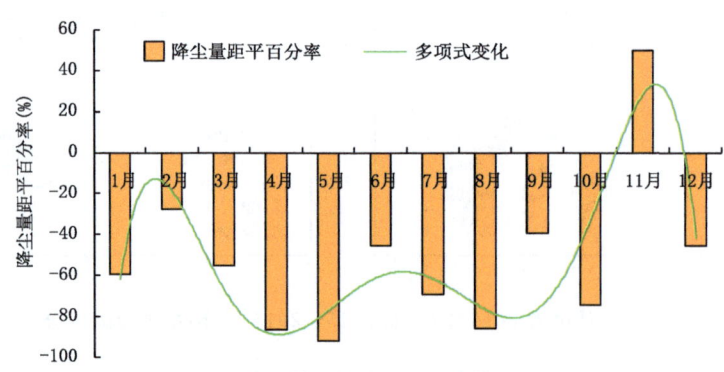

图 2.225 2016 年武威市民勤县月降尘量距平百分率及多项式拟合变化

酸雨：2016 年，武威市民勤县共监测降水样本 24 个，pH 均大于 5.6，未出现酸雨天气。年平均 pH 为 7.18，较 2015 年大 0.07。降水电导率年平均为 54.63 μS/cm，较 2015 年小 18.99 μS/cm，最大值为 140.0 μS/cm（9 月 26 日），最小值为 15.6 μS/cm（10 月 27 日）（图 2.226）。降水电导率呈现冬季＞秋季＞春季＞夏季。

地下水位：2016 年，武威市中部绿洲区（凉州金羊乡）年平均地下水位 6.2 m，较近 10 年平

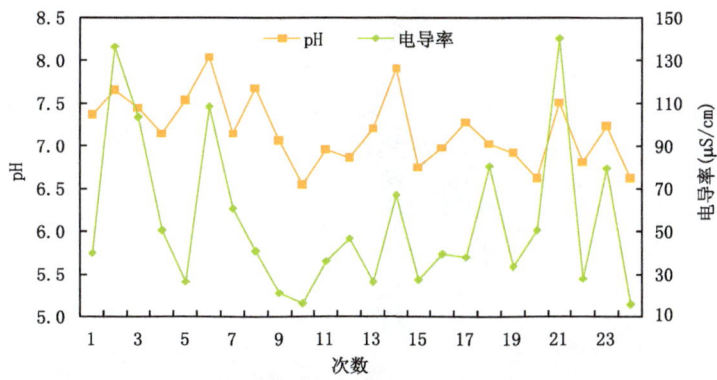

图 2.226　2016 年武威市民勤县逐次降水 pH 及电导率变化

均回升 1.5 m;东部荒漠区(凉州清源镇)地下水位 33.7 m,较近 10 年平均下降 1.8 m;北部绿洲区民勤西渠地下水位 15.7 m,较近 10 年平均回升 0.4 m;民勤大滩 26.1 m,较近 10 年平均回升 0.8 m。2016 年除凉州清源(灌溉井)下降外,其余监测点地下水位均回升(图 2.227)。

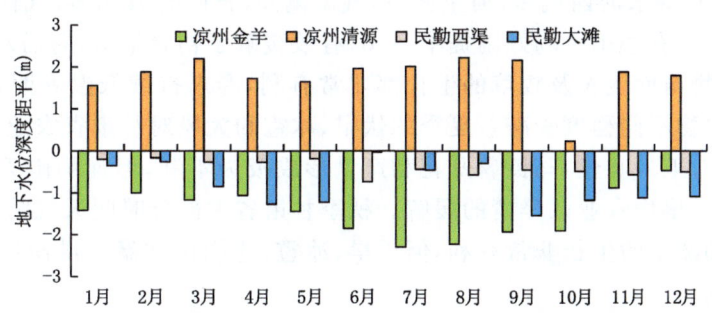

图 2.227　2016 年武威市各生态区各月地下水位与近 10 年平均距平变化

荒漠植物:2016 年,荒漠区草本植物冰草和芦苇的萌芽期较 2015 年提前 4 d,较近 3 年有所提前,黄枯期与 2015 年大致相同,芦苇开花期较 2015 年晚 5 d;木本植物二白杨的叶芽膨大期与 2015 年相同,红柳、柠条的叶芽膨大期较 2015 年分别提前 4 d、6 d,大致与 2014 年相近,红柳、柠条的开花始期与 2015 年相近,完全叶变色期与近 3 年大致相同,落叶期较 2015 年略早。

风蚀厚度:2016 年,武威市东部荒漠区累计风蚀厚度为 4.1 cm,土壤风蚀程度较轻。

沙丘移动:2016 年,民勤县(活动沙丘)监测点沙丘移动平均速度 5.45 m/a(较 2015 年小 0.22 m/a),凉州区(半固定沙丘)监测点沙丘移动速度平均为 1.10 m/a(较 2015 年大 0.39 m/a)。

沙漠边缘进退:2016 年,民勤监测点沙漠边缘平均向绿洲推进速度为 4.25 m/a,凉州区监测点沙漠边缘平均向绿洲推进速度为 0.90 m/a。从近 12 年的监测资料分析,凉州区监测点沙漠边缘平均向绿洲推进 1.44 m/a,呈减缓趋势;民勤监测点向绿洲推进 2.51 m/a。

民勤青土湖生态环境变化:2016 年 8 月 3 日遥感监测青土湖及周边植被覆盖面积达 10.58 km²。近 8 年来,青土湖及周边植被覆盖面积平均每年增大 1.09 km²(图 2.228)。

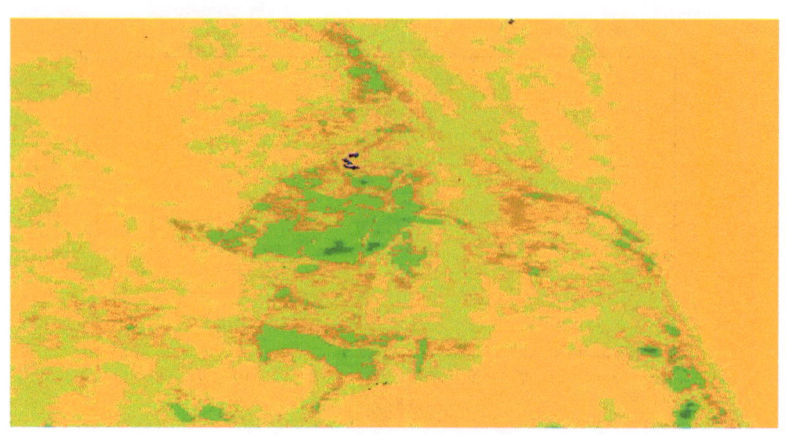

图 2.228　2016 年 8 月青土湖遥感监测图

2.17.2　评估

（1）2016 年干旱气候条件对农、林、牧业的影响评估

2016 年,甘肃省降水河西偏多,河东偏少,气温偏高,日照时数偏多,气候条件总体有利于农、林、牧业的发展。春季第一场好雨提早 20 d,有效缓解了初春旱情,对需水关键期的冬小麦拔节抽穗、春播作物苗期生长及牧草的生长都非常有利,春末持续低温寡照、雨夹雪、霜冻、冰雹等天气造成农作物不同程度受冻。夏季的伏旱、冰雹和大风对甘肃省农业影响较大,受灾较重,持续高温少雨对玉米吐丝,马铃薯开花和产量形成极为不利,但连阴雨天气及时补充了土壤水分,有利于河东旱作农业区旱情的缓解。秋季甘肃省大部分时间天气晴朗,对收获作物晾晒入库和温室大棚蔬菜的生长非常有利,但干旱、冰雹、连阴雨和暴雨洪涝灾害对部分地区农作物造成一定影响。

（2）2016 年干旱气候条件对水资源、能源的影响评估

1）水资源

2016 年,甘肃省气温为历史同期最高,降水河西偏多,祁连山平均积雪面积较往年有所增大,高温利于积雪融化,石羊河来水量较常年和 2015 年多,多数监测点地下水位较近 10 年回升,蔡旗断面过站总径流 33740 万 m³,较 2015 年同期多 3580 万 m³,水库蓄水量 4108 万 m³。少雨对于水体储水有一定影响。

2）能源

2016 年,甘肃省年平均气温偏高,尤其是夏季为 1961 年以来同期最高,使得人们对空调、风扇等降温设备使用增加。且年内寒潮强降温次数偏多,对煤、电和天然气等能源消耗量较大,居民生活用天然气、煤炭、电等能源的消耗量较常年同期增加,对节约能源不利。年内大风日数和日照时数偏多,对风能和太阳能的开发利用非常有利。

（3）2016 年干旱气候条件对交通、旅游业的影响评估

2016 年,甘肃省气温偏高、降水略少,沙尘暴、扬沙和浮尘日数均偏少,对交通运输和旅游业较有利,但年内的灾害性天气产生一定不利影响,5 月 11—14 日出现大范围寒潮强降温、局地冰雹和大风等多种灾害性天气,导致河西和甘南州部分地区路面积雪和结冰,严重影响公路和城市交通,对民航运营也有一定影响；夏季河东局地暴洪、冰雹引发洪涝、泥石流和滑坡等次

生地质灾害,造成部分公路受损,对交通设施造成一定影响,给当地人们出行带来不便。10月下旬以后,连阴雨、沙尘、寒潮强降温给人们出行及交通运输带来一定影响。"五一"小长假和"十一"黄金周全省各地天气晴好,适宜旅游,据省旅游局统计,"五一""十一"期间全省接待游客同比分别增长22.2%和22.5%。

(4)2016年干旱气候条件对生态环境及人体健康的影响评估

2016年春季,甘肃省沙尘日数为1961年以来最少,降水日数偏多,对改善空气质量十分有利,但初春气候异常干燥,甘南州迭部县发生森林大火,对当地生态环境、空气质量影响较大;5月寒潮强降温次数偏多,持续低温阴雨,气温起伏变化较大,对年老体弱者身体健康十分不利。夏季高温日数偏多,持续时间长,大气污染物浓度高,影响空气质量,长时间的高温少雨,对植被生长不利,人体舒适度较差。秋季连阴雨日数偏多,气温偏高,水热配合较好,对植被的生长和空气质量的改善十分有利,但寒潮强降温次数偏多,气温骤变,导致幼儿和年老体弱者感冒居多,人体舒适度较低,对人们的健康不利。入冬以后,冷空气较弱,气候干燥,甘肃大部分地区空气污染扩散气象条件差,整体空气质量指数偏高,空气干燥对生态环境和人体健康有较大不利影响。

(5)2016年干旱气候条件对城市空气质量的影响评估

2016年,兰州市空气质量优、良日数为260 d,占总日数的71%,比2015年少16 d,其中,优的日数少81 d,良的日数多65 d;轻度污染日数比2015年少2 d;Ⅳ级以上污染日数均较2015年有所增加,其中,Ⅳ级中度污染为23 d,比2015年多11 d,Ⅴ～Ⅵ级污染日数比2015年多3～4 d(图2.229)。

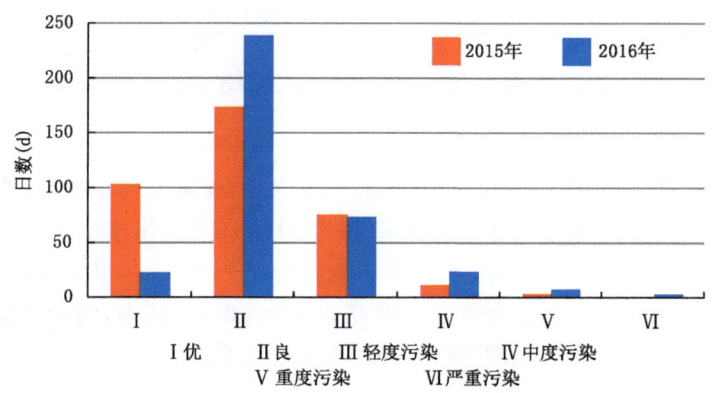

图2.229 2016年兰州市空气质量等级与2015年对比变化

2.18 2017年甘肃省干旱生态环境气象监测与评估

2.18.1 监测

(1)2017年干旱气候监测

2017年,甘肃省气温偏高,降水偏多,日照时数偏少。伏期中东部出现大范围干旱,河东部分地区受灾较重;年内高温日数偏多,部分地区高温事件破历史极值;大风、沙尘、冰雹、寒潮强降温天气偏少,局地影响较重;霜冻、暴雨、连阴雨偏多,影响较大;局地出现雪灾和雷电灾害,造成一定影响。

1) 降水

2017年,甘肃省平均降水量451.6 mm,较常年同期多12%。最大出现在正宁,为1011.4 mm,最小在敦煌,为33.1 mm。酒泉市、嘉峪关市、张掖市西部、金昌市、武威市北部、白银市北部及兰州市中部局部地区在300 mm以下,祁连山区中东部、陇中大部分地区、天水市北部及平凉、庆阳两市西北部为300~500 mm,省内其余地区超过500 mm,陇南、庆阳两市东南部700~1000 mm;与常年同期相比,甘肃省大部分地区偏多,酒泉市南部、张掖市中东部、金昌市北部、武威市北部和东部、白银市、兰州市东部、定西市东北部、甘南州西部和东南部、陇南市南部、天水市南部及庆阳市多1~3成,其中,张掖市中部、白银市北部局部地区及庆阳市东部多3~5成,庆阳市东端多5成以上,酒泉市西部少1~3成以上(图2.230)。

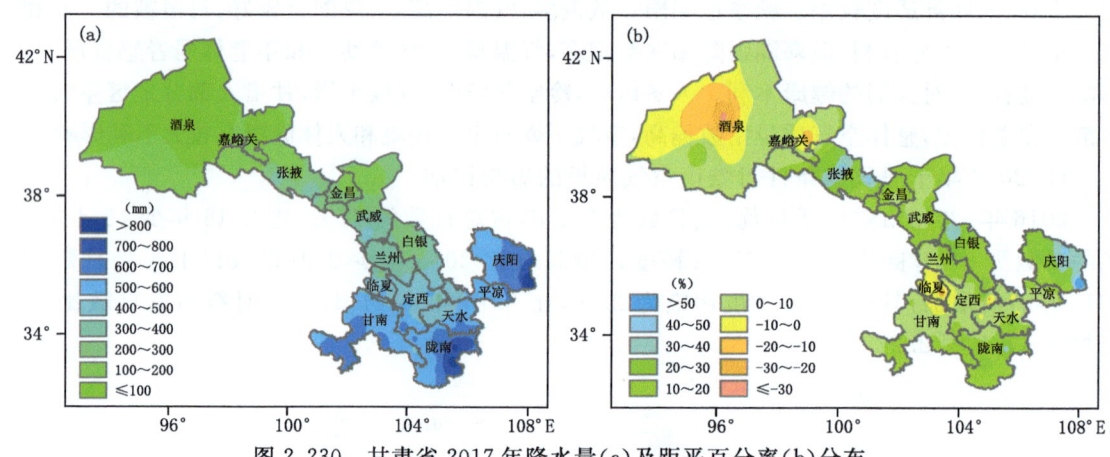

图 2.230 甘肃省2017年降水量(a)及距平百分率(b)分布

2) 气温

2017年,甘肃省平均气温9.0 ℃,较常年高0.9 ℃。最高出现在文县,为15.9 ℃,最低在乌鞘岭,为1.1 ℃。陇南大部分地区和天水南部为11~16 ℃,祁连山区、兰州市北部、临夏州南部和甘南州大部分地区为1~7 ℃,省内其余地区为7~11 ℃。与常年同期相比,除酒泉南部和甘南西北部接近常年外,全省大部分地区高0.5~1.0 ℃,其中,河西走廊、白银市南部、定西市东北部、甘南西南部、天水市中部高1~1.7 ℃(图2.231)。

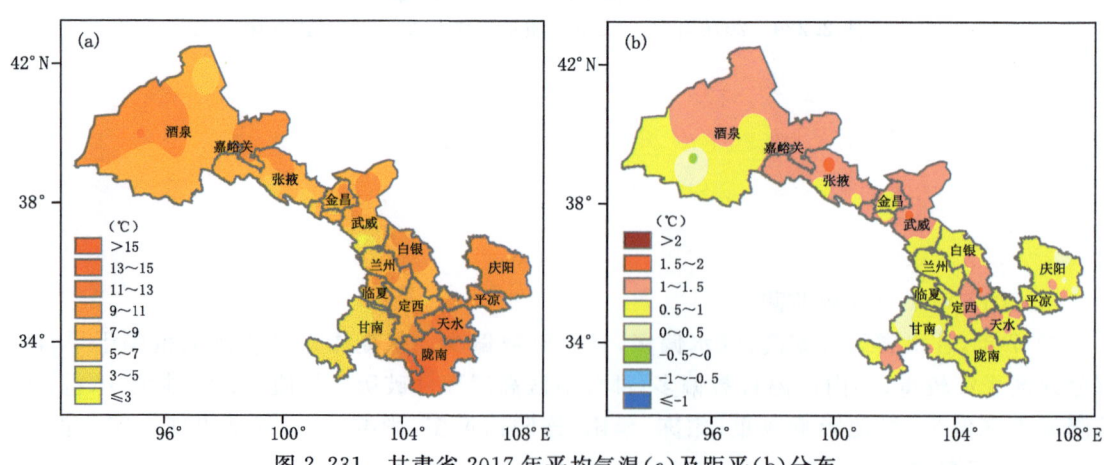

图 2.231 甘肃省2017年平均气温(a)及距平(b)分布

3)日照

2017年,甘肃省年平均日照时数为2359 h,较常年同期少105 h。最多出现在马鬃山,为3355 h,最少在徽县,为1653 h。河西地区为2500~3400 h,陇中中北部、甘南州西部及庆阳大部分地区为2200~2700 h,甘南州东南部、陇南市及天水市南部为1600~1900 h,省内其余地区为1900~2200 h。与常年同期相比,祁连山区西部、武威市南部、天水市中东部和陇南市大部分地区多200 h以内,酒泉市西部、金昌市、武威市北部、白银市局部、临夏州南部、定西市南部和甘南州东部少200~800 h,省内其余地区少200 h以内(图2.232)。

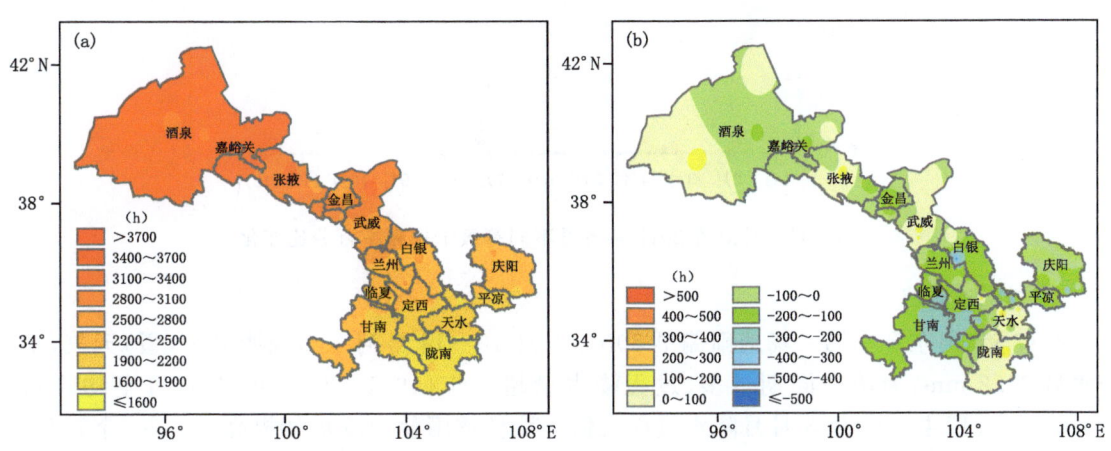

图2.232　甘肃省2017年日照时数(a)及距平(b)分布

(2)2017年天气、气候事件监测

1)干旱

2017年,甘肃省干旱时段主要出现在6月中旬至7月下旬,河东大部分地区降水较常年同期少2~9成,尤其是7月9—23日,最高气温超过35 ℃连续高温日数5~9 d,持续高温少雨导致定西市中北部、天水市西北部和庆阳市北部(图2.233)等地出现伏旱,受旱范围和程度为近3年同期之最。

图2.233　2017年7月25日庆阳市环县干旱

各个月份的干旱日百分率显示,2017年7月特旱最大,在5%左右。重旱也是在7月,为5%左右(图2.234)。

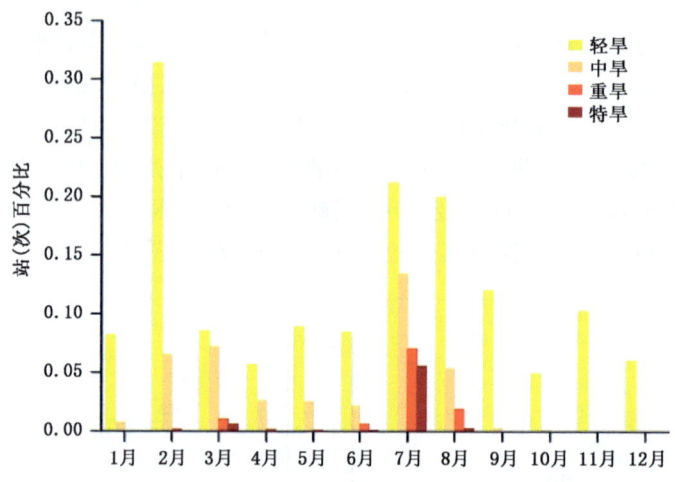

图 2.234　甘肃省 2017 年各月不同等级干旱频率百分比变化

2）第一场透雨

2017 年,河东春季第一场透雨偏早 50 d。3 月 10—14 日河东出现明显雨(雪)天气,平均降水量 20.2 mm,为历史同期最多,过程降水量超历年(1971—2000 年)3 月月平均降水量(15.6 mm);17 县(区)超 3 月月降水量最大值。该场透雨使土壤墒情提高 10~30 个百分点,前期旱情解除。

3）强对流、暴雨

2017 年 6—7 月,甘肃省出现 5 次大范围强对流天气,多地遭受突发暴雨、冰雹袭击。6 月下旬,33 个县(区)多次遭遇冰雹灾害,最大冰雹直径达 20 mm(6 月 21 日,泾川和庆城)(图 2.235)。

图 2.235　2017 年 6 月 21 日庆阳市庆城冰雹灾害

2017 年,甘肃省共 22 县(区)出现暴雨,较常年同期偏多,共出现 2 次区域性暴雨过程(8 月 7 日、8 月 20 日)。8 月 7 日,礼县、麦积等 9 县(区)出现暴雨和大暴雨,礼县(108.4 mm)、武都(79.2 mm)日最大降水量破历史极值,6 日 22—23 时最大小时降水量 68.8 mm(武都区五凤山)(图 2.236),短时强降水引发山洪泥石流灾害,陇南市 5 县(区)82 乡(镇)受灾严重,损失巨大。年内陇西、会宁和武都日降水量突破历史极值。

图 2.236　2017 年 8 月 7 日陇南市武都暴雨灾害

4）连阴雨

2017 年，甘肃省共有 71 县（区）出现连阴雨天气过程，较常年偏多，共出现 13 次区域性连阴雨天气过程。8 月 17—30 日甘肃省 56 县（区）出现连阴雨天气，持续日数为 5～14 d，累计降雨量为 15.1～202.6 mm，兰州、景泰和靖远连续降水日数位居历史第一。日照时数为 1961 年以来最少。

5）高温

2017 年，甘肃省共有 67 县（区）出现日最高气温≥32 ℃高温，比常年偏多；共有 48 县（区）出现日最高气温≥35 ℃高温，比常年偏多，为 1961 年以来最多。年内共有 31 站超过极端高温阈值，达到极端高温事件，其中，在 7 月 10 日至 8 月 3 日，庆城、镇原、合水等 13 站突破历史极值；7 月 10—26 日，鼎新、高台、永靖、临泽等 19 站 35 ℃以上连续高温日数破极值。

（3）2017 年生态环境监测

1）遥感监测

祁连山积雪：2017 年，祁连山年平均积雪面积为 19048.0 km²，比 2016 年多 3 成以上，比历年（2000—2016 年）多 3 成以上。东段比 2016 年多 2 成以上，与历年基本相同；中、西段比 2016 年分别多 5 成、2 成以上，均比历年多 3 成以上（表 2.35）。

表 2.35　2017 年祁连山积雪面积

	积雪面积（km²）	与 2016 年比较	与历年比较
东段	3203.6	多 23.6%	多 3.9%
中段	6576.4	多 55.2%	多 38.3%
西段	9268.0	多 24.9%	多 38.4%
总面积	19048.0	多 33.7%	多 31.2%

祁连山最大积雪总面积出现在 1 月（图 2.237a）。东段最大积雪面积出现在 3 月，中段出现在 1 月，西段也出现在 1 月（图 2.237b）。

植被长势：2017 年，甘南中部与东南部、陇南大部、天水东南部、平凉中部、庆阳东部植被覆盖度大于 50%，祁连山中东部、陇南中部和定西、临夏、庆阳等市（州）中南部及甘南、天水、平凉等市（州）大部分地区在 30%～50%，河西走廊、兰州、白银两市大部分地区及临夏、定西、庆阳等市（州）北部地区在 10%～30%，其余地区在 10%以下（图 2.238a）。与 2016 年同期相

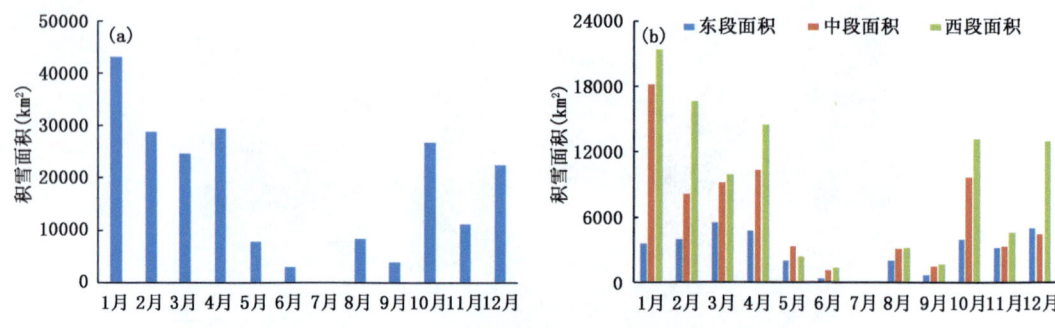

图 2.237 2017年祁连山积雪各月总面积(a)与分段面积(b)变化

比,祁连山西段、酒泉中南部、武威中部、白银中南部、陇南北部及张掖、金昌、兰州、定西、临夏、天水、平凉、庆阳等市(州)大部分地区植被较好,酒泉、武威、白银三市北部、兰州中部、甘南西部、陇南南部与东部、天水东南部、平凉中部和庆阳东部地区植被较差,其余地区差别不大(图2.238b)。

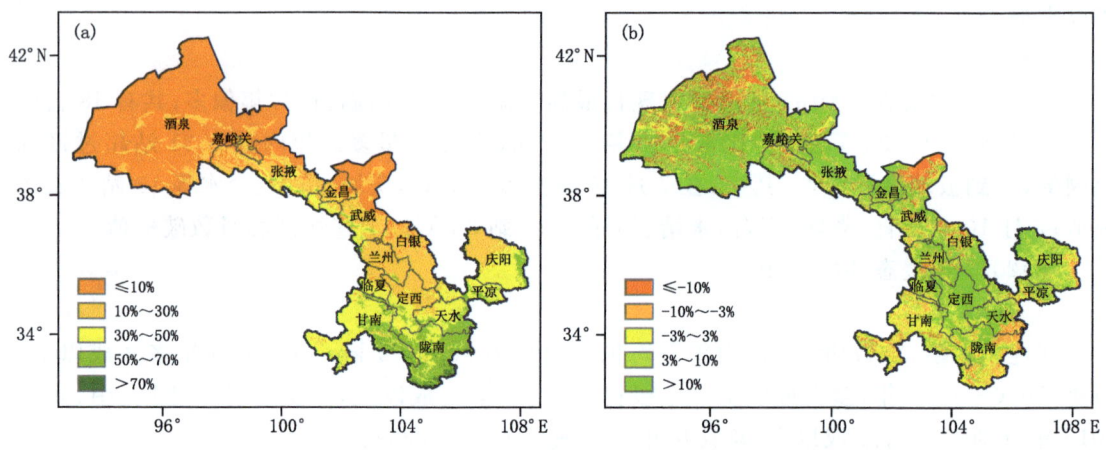

图 2.238 甘肃省2017年(a)及2016—2017年(b)植被覆盖度分布

内陆水体面积:2017年,双塔、红崖山水库年平均水体面积分别为 18.2 km²、19.5 km²,均比 2016 年多 1 成以上,比历年(2000—2016年)分别多 2 成、3 成以上;昌马水库为 8.7 km²,与 2016 年基本相同,比历年多 2 成以上;刘家峡水库为 108.4 km²,与 2016 年基本相同,比历年略多(表2.36)。双塔水库最大水体面积出现在 9 月,昌马水库出现在 4 月,红崖山水库出现在 9 月,刘家峡水库也出现在 4 月(图2.239)。

表 2.36 2017年甘肃省内陆水体面积情况

	水库面积(km²)	与2016年比较	与历年比较
双塔	18.2	多13.1%	多24.3%
昌马	8.7	多3.8%	多28.1%
红崖山	19.5	多15.9%	多39.4%
刘家峡	108.4	多0.2%	多7.1%

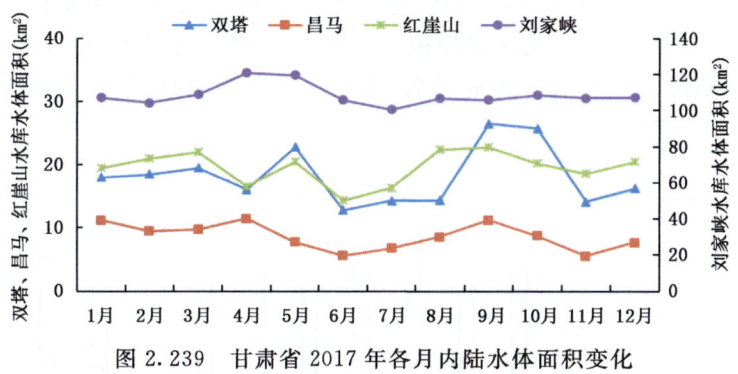

图 2.239 甘肃省 2017 年各月内陆水体面积变化

2）荒漠生态环境监测

大气降尘量：2017 年，武威市北部荒漠区（民勤县）大气降尘量为 184.8 t/km²，较多年平均少 68%，是近 13 年来的最小值；月平均大气降尘量为 15.4 t/km²，较 2016 年小 0.7 t/km²，特别是 4—5 月较多年平均值显著减少（图 2.240）。2005—2017 年大气降尘量呈显著减少的趋势。

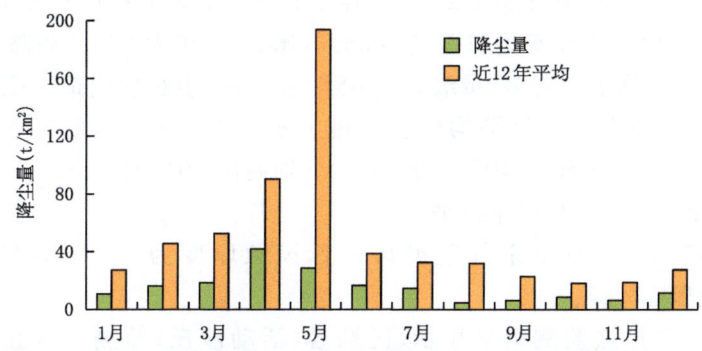

图 2.240 2017 年武威市民勤县月降尘量与近 12 年平均对比变化

酸雨：2017 年，武威市北部荒漠区（民勤县）共监测降水样本 22 个，pH 均大于 5.6，未出现酸雨天气。年平均 pH 为 7.20，较 2016 年大 0.02，较近 13 年平均大 0.15 μS/cm。降水电导率平均为 51.68 μS/cm，较 2016 年小 2.95 μS/cm，较近 13 年平均小 23.52 μS/cm，最大值为 112.2 μS/cm（7 月 5 日），最小值为 11.4 μS/cm（7 月 26 日）（图 2.241）。

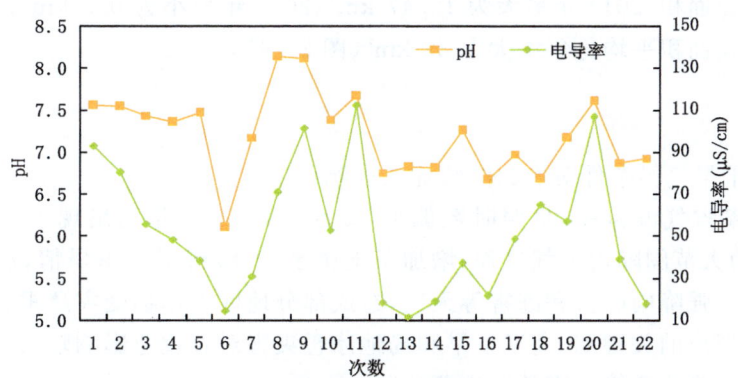

图 2.241 2017 年武威市民勤县逐次降水 pH 及电导率变化

地下水位:2017年,武威市中部绿洲区(凉州区金羊乡)年平均地下水位6.6 m,较近12年平均回升1.0 m;东部荒漠区(凉州区清源镇东沙窝)年平均地下水位34.2 m,较近12年平均下降4.1 m。荒漠清源监测点由于灌溉用水,地下水位下降明显;绿洲金羊监测点不灌溉,地下水位平稳回升(图2.242)。

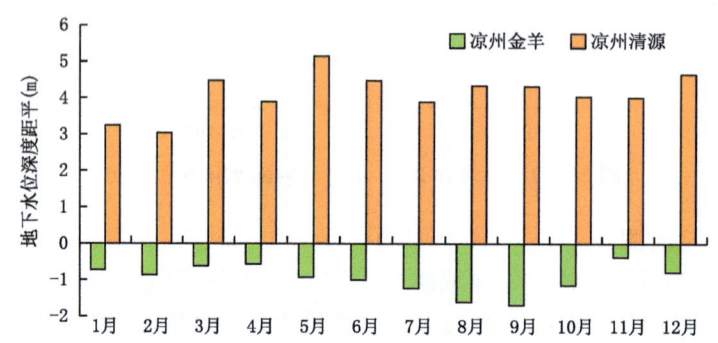

图2.242 2017年武威各生态区各月地下水位与近12年平均距平变化

荒漠植物:2017年,梭梭返青期比2016年晚8 d,全年平均生长长度为5 cm,较2016年长1 cm;最大覆盖度为46%,全年平均覆盖度为35%,比2016年大8%。刺蓬4月下旬出苗,明显晚于2016年;入夏后降水过程多、量级大,刺蓬生长迅速,生长季内最大生长高度15 cm,为历年(2006—2016年)最大。全年平均生长高度6 cm,较2016年、2015年分别高2 cm和1 cm;覆盖度最大为50%,全年平均覆盖度30%,分别高出2016年、2015年3%和8%。整体长势好于2016年和2015年,与历年持平。

风蚀厚度:2017年,武威市东部荒漠区累计风蚀厚度为4.0 cm,较近10年平均小0.29 cm,土壤风蚀程度较轻。

沙丘移动:2017年定点监测结果显示,民勤县(活动沙丘)监测点沙丘移动速度平均为4.14 m/a,凉州区(半固定沙丘)监测点平均为0.98 m/a。

沙漠边缘进退:2017年定点监测结果显示,民勤和凉州监测点沙漠边缘向绿洲推进速度分别为4.65 m/a和0.81 m/a。近13年沙漠边缘向绿洲推进的速度总体呈减缓趋势,全市各监测点平均递减速率为0.05 m/a。

民勤青土湖生态环境变化:8月HJ-1B/CCD卫星资料分析,2009—2017年遥感监测青土湖及周边植被覆盖面积,2017年最大为12.47 km²,2011年最小为0.3 km²。近9年来,青土湖及周边植被覆盖面积平均每年增大1.39 km²(图2.243)。

2.18.2 评估

(1)2017年干旱气候条件对农、林、牧业的影响评估

2017年,甘肃省气温偏高,日照时数偏少,降水日数偏多,年内出现了13次区域性连阴雨,在后冬出现的大范围降雪天气过程,增加了土壤水分,缓解了冬季旱情,利于农牧业生产。但春季大风、冰雹、强降雨(雪)和冻害等天气,造成部分地区农作物受灾严重;夏季正值全省农作物产量和品质形成的关键期,高温干旱和局地冰雹灾害对农牧业影响较大;初秋区域性连阴雨过程造成马铃薯晚疫病等病害的滋生蔓延。

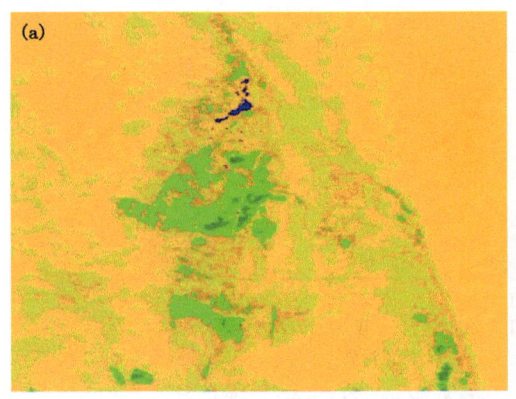 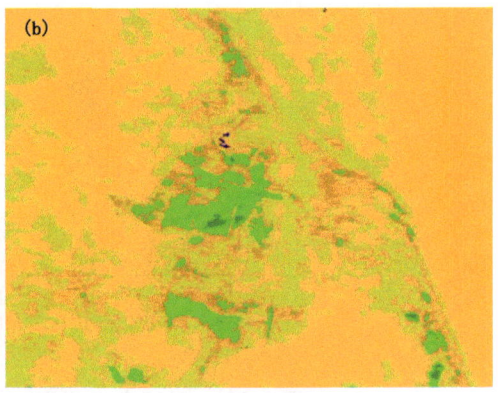

图 2.243　2017 年 8 月(a)及 2016 年 8 月(b)青土湖遥感监测图

2017 年"暖冬"特征明显,对特色林果安全休眠有利;开春后气温偏高,光照充足,≥5.0 mm 的好雨出现时间早、场次多,有效增加了土壤墒情,对特色林果恢复生长有促进作用;萌芽期至幼果期光、温、水匹配较好,春季晚霜冻结束早、灾害轻,特色林果生长发育良好;果实膨大初期连续高温酷暑天气使果实增大速度减缓,后期降水增多,气温适宜,有利于果实膨大;着色成熟期光温条件适宜,秋季早霜冻出现迟,对特色林果的生长、产量、品质形成极为有利。

(2)2017 年干旱气候条件对水资源、能源的影响评估

2017 年,甘肃省大风日数、日照时数偏少,不利于风能、太阳能资源开发利用;出现的 13 次区域性连阴雨和暴雨天气过程,有效补充了前期水分亏缺,大范围降水天气对塘坝、水窖和水库蓄水十分有利。2 月下旬出现的降雪过程,有效缓解了前期河流来水量和水库蓄水困难等问题。6 月中下旬至 7 月上、中旬全省出现高温少雨时段,对太阳能的利用非常有利,但河东部分地区提早出现伏旱,对全省大部分地区蓄水不利。同时,极端高温事件较多,人们对空调设施和水资源的需求较大,对节约能源十分不利。

(3)2017 年干旱气候条件对交通、旅游业的影响评估

2017 年旅游旺季和年底甘肃省气温偏高,日照时数和高温日数偏多,大风、沙尘、冰雹、寒潮和强降温等天气偏少,冰雹和连阴雨等天气相对集中,利于全省交通运输与旅游。但 3 月雨雪、夏季暴雨洪涝与区域性连阴雨以及 12 月沙尘天气,对部分地区铁路、公路和城市交通及民航运营有一定影响,从而对全省交通和旅游业造成了一定影响。

(4)2017 年干旱气候条件对生态环境与人体健康的影响评估

2017 年,甘肃省气温偏高,降水偏多,大风沙尘天气偏少,2 月和 10 月出现的降雪天气及夏季出现的区域性连阴雨天气过程,在一定程度上改善了空气质量。同时,由于降水日数偏多,连阴雨次数多,生态环境较好,但 11—12 月降水日数少,天气干燥,人体舒适度差,流感发病增加。

(5)2017 年干旱气候条件对城市空气质量的影响评估

2017 年,兰州市空气质量优、良日数为 277 d,占总日数的 76%,比 2016 年多 17 d,其中,优的日数多 3 d,良的日数多 20 d;Ⅲ～Ⅴ级污染日数均较 2016 年有所减少,其中,Ⅲ级轻度污染为 63 d,比 2016 年少 10 d;严重污染日数比 2016 年多 3 d(图 2.244)。

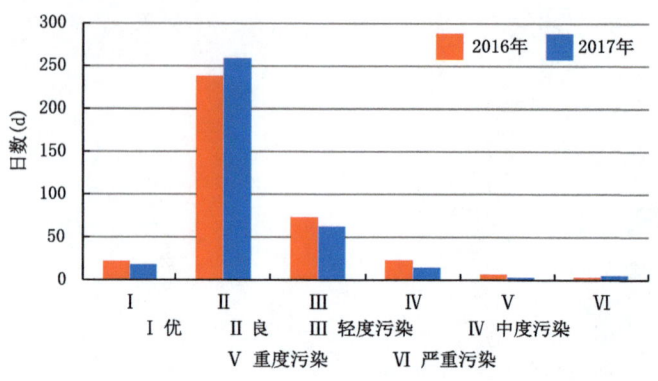

图 2.244　2017 年兰州市空气质量等级与 2016 年对比变化

2.19　2018 年甘肃省干旱生态环境气象监测与评估

2.19.1　监测

(1)2018 年干旱气候监测

2018 年,甘肃省气温偏高,降水偏多,日照时数偏少。暴雨次数偏多,影响范围为 60 年来最大,暴雨引发山洪、滑坡和泥石流等灾害及城乡积涝,造成较大人员伤亡和财产损失;干旱范围小、影响轻;河东夏季高温日数为近 15 年最少;大风日数偏多、沙尘偏少,未出现区域性沙尘暴天气;连阴雨次数偏多,共出现 14 次区域性连阴雨天气过程;冰雹过程偏少,为 1961 年以来最少;霜冻、寒潮次数偏多,春寒导致经济林果遭受严重冻害。

1)降水

2018 年,甘肃省平均降水量为 514.9 mm,较常年多 27.7％,为 1961 年以来第二多,仅次于 2003 年(519.3 mm)。最多出现在康县,为 902.9 mm,最小在瓜州,为 42 mm。河西西部和中部小于 300 mm,临夏州南部、定西市西部和陇南、天水两市东部及甘南、平凉、庆阳等市(州)大部分地区为 600～860 mm,省内其余大部分地区为 400～600 mm。与常年同期相比,甘肃省各地降水量较大,酒泉市东部、武威市北部、白银市西部、兰州市、临夏州北部、庆阳市北部地区多 5～9 成,酒泉市西部、武威市南部、白银市东部、临夏州南部、甘南州大部、定西市、陇南市西南部、天水市北部、平凉市西部、庆阳市中部地区多 2～5 成,张掖市南部地区少 2～3 成,省内其余地区降水接近常年(图 2.245)。

2)气温

2018 年,甘肃省平均气温 8.9 ℃,较常年高 0.7 ℃。最高出现在文县,为 16.2 ℃,最低在乌鞘岭,为 1.3 ℃。甘南州东南端及陇南市西南部为 13～16 ℃,天水市中南部及陇南市大部分地区为 11～13 ℃,祁连山区、定西市东部、临夏州南部和甘南州为 1.3～7 ℃,省内其余地区为 7～11 ℃。与常年同期相比,酒泉南部局部地区低 0.5～1.0 ℃,酒泉西部局部地区、张掖东部、金昌北部、武威东部、兰州北部和中部、白银、临夏中部、甘南大部、定西南部、陇南大部、天水、平凉南部及庆阳西南部和东北部地区高 0.5～1.0 ℃,其中,武威东北部、白银中部、定西西南部、甘南西南部地区高 1.0 ℃以上,省内其余地区与常年持平(图 2.246)。

第 2 章　2000—2019 年甘肃省干旱生态环境气象监测与评估

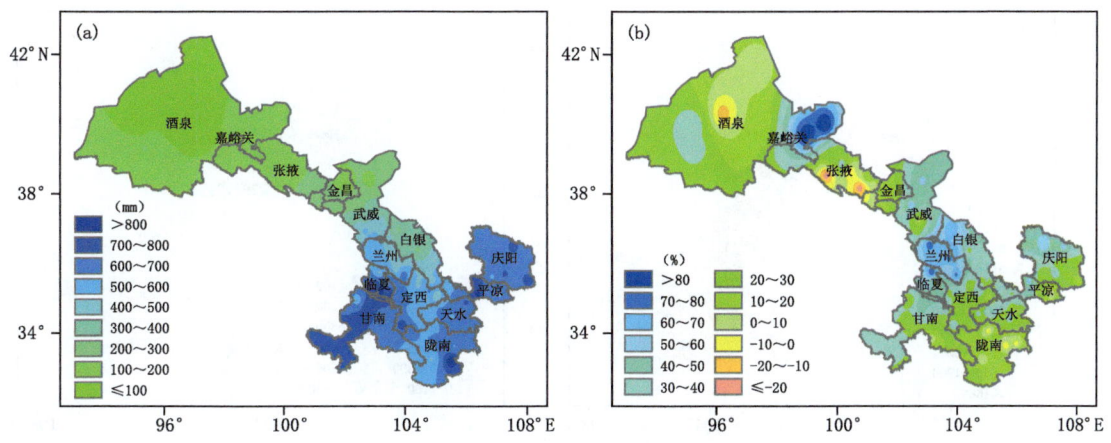

图 2.245　甘肃省 2018 年降水量(a)及距平百分率(b)分布

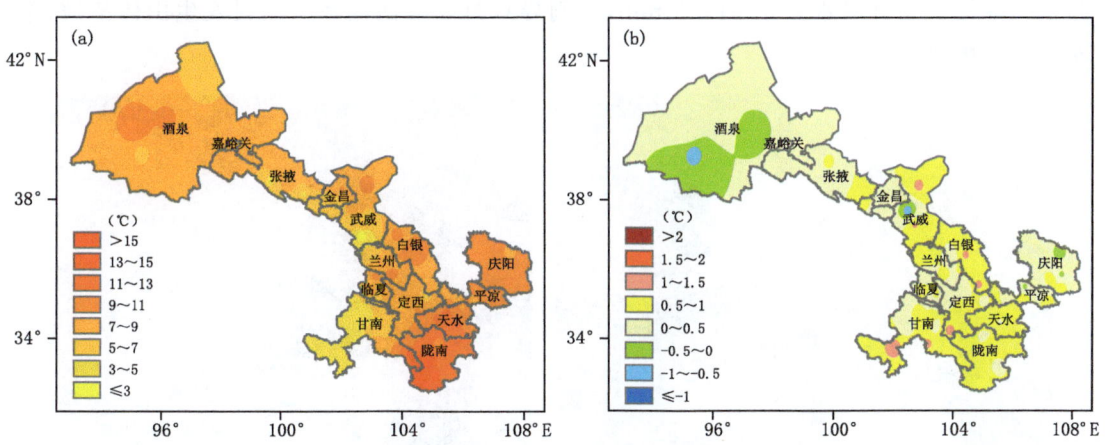

图 2.246　甘肃省 2018 年平均气温(a)及距平(b)分布

3)日照

2018 年,甘肃省年平均日照时数为 2334 h,较常年少 130 h。最多出现在马鬃山,为 3377 h,最少在康县,为 1549 h。河西地区为 2700～3300 h,河东大部分地区为 1500～2700 h。与常年同期相比,甘肃省大部分地区日照偏少,张掖东部、金昌中南部、陇中大部分地区、甘南大部分地区、天水市西北部及平凉市西北部和东南部少 100～300 h,其中,临夏州南部、定西市南部、甘南州南部等地局部地区少 300～400 h,武威市北部局部地区及庆阳市东北部多 100～300 h,其中,华池多 300 h 以上,省内其余地区少或多 100 h 内(图 2.247)。

(2)2018 年天气、气候事件监测

1)暴雨

2018 年,甘肃省共有 45 县(区)出现暴雨,主要出现在夏季,其中,出现 5 次区域性暴雨过程(6 月 25—26 日、7 月 2 日、7 月 10—11 日、8 月 3 日、8 月 21 日),2018 年暴雨过程多、范围广、极端性强,均创下历史之最,影响范围为 60 年来最大(图 2.248)。27 县(区)日降水量达到极端降水事件,秦安、临潭、武威、鼎新、广河、高台破历史极值。7 月 9—11 日,甘肃省出现入汛以来最强降水,大暴雨 37 站,暴雨 626 站,陇南市文县中庙乡过程最大降水量达 258.2 mm,

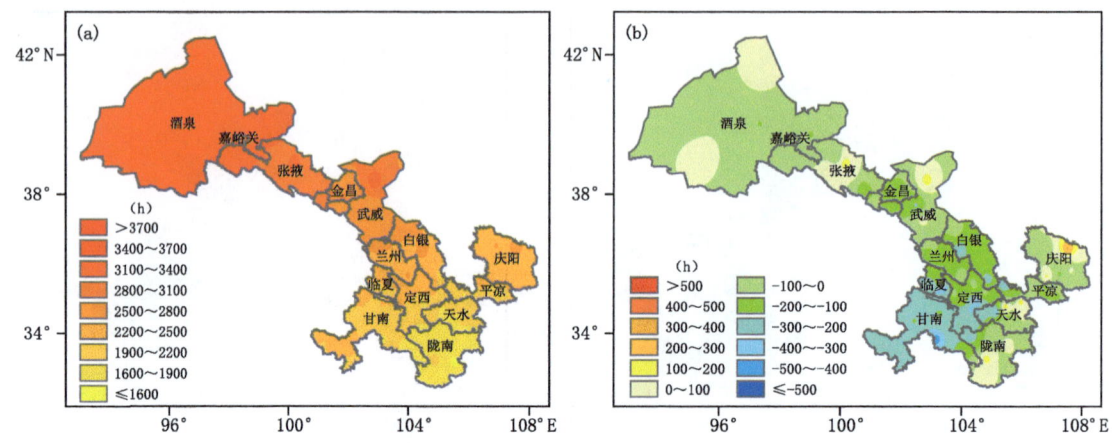

图 2.247 甘肃省 2018 年日照时数(a)及距平(b)分布

舟曲石门坪最大累计降水量达 219.6 mm,暴雨导致舟曲县南峪乡南峪村发生山体滑坡,造成白龙江河道堵塞。

图 2.248 2018 年 5 月 16 日甘肃省岷县暴雨灾害

2)寒潮强降温、霜冻

2018 年,甘肃省共有 75 县(区)出现寒潮天气,较常年同期偏多,为近 6 年最多;共有 50 县(区)出现强降温天气,较常年同期偏少。2018 年全省霜冻日数偏多,为近 5 年最多。4 月 4—7 日甘肃省自西向东遭遇强冷空气袭击,各地气温大幅度下降,河西五市及白银、兰州、定西、天水等市最低气温下降了 10~12 ℃,26 县(区)出现积雪,77 县(区)出现霜冻,66 县(区)达到寒潮,为 2000 年以来降温范围最大、强度最强。苹果树、桃树、杏树、梨树、樱桃、花椒等经济林果遭受严重的低温冻害,平凉市、西峰市、白银市果树受冻率超 90%,据初步统计直接经济损失高达 13.16 亿元,其中,农业损失占 8.8 亿元。

3)降雪

2018 年 1 月,甘肃省出现 4 次降雪过程,降水较常年同期多 1.4 倍;气温较常年同期低 0.8 ℃。甘肃省平均 16 县(区)出现大雪,灵台县、西和县、正宁县和环县最大积雪深度超过 10 cm。陇东南累计积雪日数为 1961 年以来最多,积雪覆盖时间长,利于冬小麦安全越冬和土壤蓄墒。

4）连阴雨

2018年，甘肃省共有62县（区）出现连阴雨天气过程，较常年偏多，共出现14次区域性连阴雨天气过程，其中，夏季出现8次，受其影响，夏季日照时数较常年同期少73 h，祁连山区、甘南、临夏、定西、平凉市西部少100～185 h，为30年以来最少。持续阴雨寡照天气造成部分地区成熟小麦发芽霉变，马铃薯晚疫病发病期较常年明显偏早，病情发展速度快。

5）兰州市短时强降水

7月20日，兰州市出现强降水天气，11个雨量站出现暴雨到大暴雨，七里河区黄峪乡达111.8 mm，突破历史极值（兰州市区日最大降水量96.8 mm）。暴雨造成七里河区、安宁区、西固区积水内涝点17处，暴雨引发城市内涝，造成多处低洼路段积水，水深达到成人腰部，车辆漂浮如"水中行舟"，严重影响交通和市民出行（图2.249）。

图2.249　2018年7月20日兰州市因暴雨造成城市内涝

（3）2018年生态环境监测

1）遥感监测

祁连山积雪：2018年，祁连山年平均积雪面积为12681.9 km²，比2017年少3成以上，比历年（2000—2017年）少1成以上。东段与2017年和历年基本相同；中、西段比2017年分别少4成、3成以上，比历年分别少2成、1成以上（表2.37）。祁连山最大积雪总面积出现在1月（图2.250a）。东段最大积雪面积出现在3月，中段和西段均出现在1月（图2.250b）。

表2.37　2018年祁连山积雪面积

	积雪面积（km²）	与2017年比较	与历年比较
东段	3242.4	多1.2%	多4.9%
中段	3562.3	少45.8%	少26.7%
西段	5877.2	少36.6%	少14.1%
总面积	12681.9	少33.4%	少14.1%

植被长势：2018年，甘南中部与南部、陇南大部分地区、天水东南部、平凉中部、庆阳东部植被覆盖度大于50%，祁连山中东部、甘南西部、陇南中部及定西、临夏、天水、平凉、庆阳等市

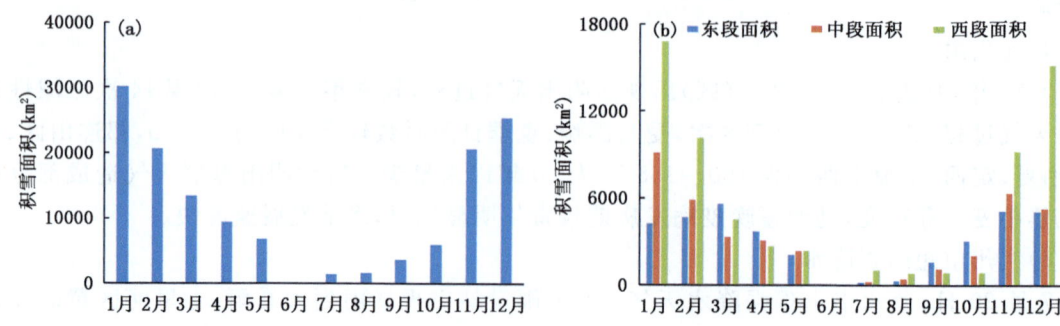

图 2.250　2018 年祁连山积雪各月总面积(a)与分段面积(b)变化

(州)大部分地区在 30%～50%，河西走廊和兰州、白银两市大部分地区及临夏、定西、庆阳等市(州)北部地区在 10%～30%，其余地区在 10%以下(图 2.251a)。与 2017 年同期相比，祁连山西段、武威东部、甘南中西部、陇南中部、定西中北部、天水中部、平凉西部和兰州、白银、临夏、庆阳等市(州)大部分地区植被较好，酒泉、张掖、金昌 3 市大部分地区和武威北部植被较差，其余地区差别不大(图 2.251b)。

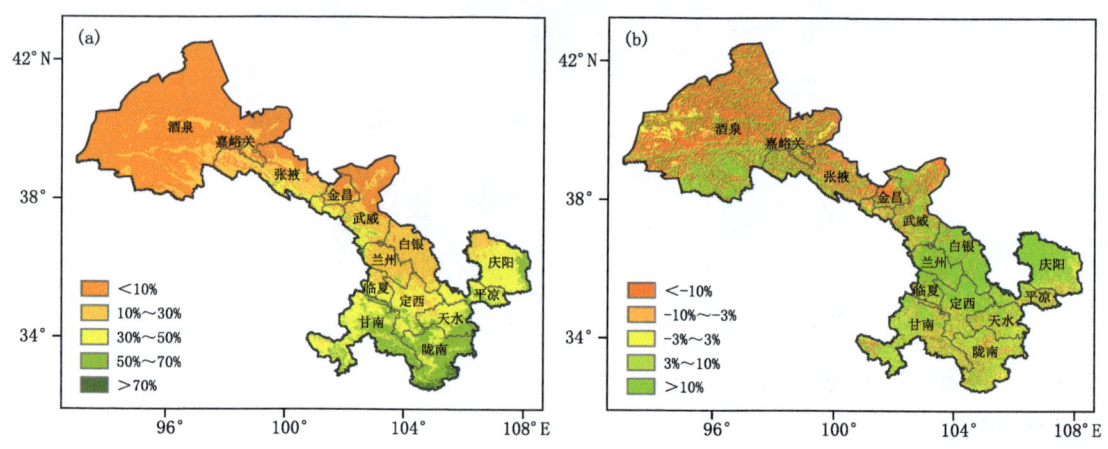

图 2.251　甘肃省 2018 年(a)及 2017—2018 年(b)植被覆盖度分布

内陆水体面积：2018 年，双塔水库年平均水体面积为 21.3 km²，比 2017 年多 1 成以上，比历年(2000—2017 年)多 4 成以上；昌马水库为 9.6 km²，比 2017 年多 1 成，比历年多近 4 成；红崖山水库为 20.1 km²，与 2017 年基本相同，比历年多 4 成；刘家峡水库为 116.3 km²，比 2017 年略多，比历年多 1 成以上(表 2.38)。双塔水库最大水体面积出现在 10 月，昌马水库出现在 1 月，红崖山水库也出现在 10 月，刘家峡水库出现在 7 月(图 2.252)。

表 2.38　2018 年甘肃省内陆水体面积情况

	水库面积(km²)	与 2017 年比较	与历年比较
双塔	21.3	多 17.0%	多 43.5%
昌马	9.6	多 10.9%	多 39.4%
红崖山	20.1	多 2.8%	多 40.3%
刘家峡	116.3	多 7.3%	多 14.5%

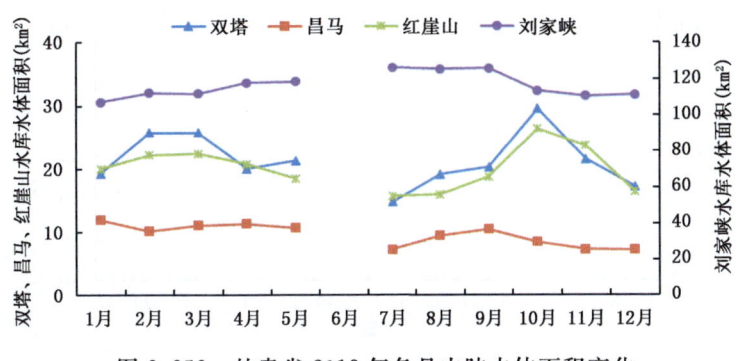

图 2.252　甘肃省 2018 年各月内陆水体面积变化

2）荒漠生态环境监测

大气降尘量：2018 年，武威市北部荒漠区（民勤县）月平均大气降尘量为 23.1 t/km²，较 2017 年大 7.7 t/km²，较近 14 年少 49%，其中，4 月最大，2 月最小，2—3 月、5—6 月和 10 月、12 月大气降尘量较多年平均显著偏少（图 2.253）。2005—2018 年大气降尘总量呈显著减少趋势，2008 年大气降尘总量最大，其次是 2005 年，2017 年是近 14 年来最小，2018 年属显著偏少年份。

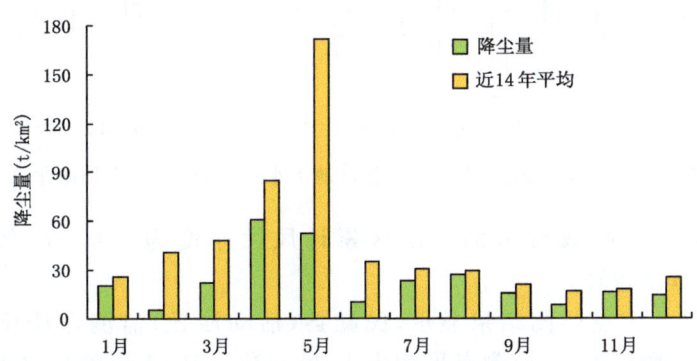

图 2.253　2018 年武威市民勤县月降尘量与近 14 年平均对比变化

酸雨：2018 年，武威市北部荒漠区（民勤县）年平均 pH 为 6.94，较 2017 年小 0.26，较近 14 年平均小 0.10。降水电导率年平均为 59.81 μS/cm，较 2017 年平均大 8.13 μS/cm，较近 14 年平均小 14.29 μS/cm。2018 年 pH 和电导率低值时段主要出现在 8—10 月（图 2.254）。

地下水位：2018 年，武威市中部绿洲区（凉州区金羊镇）年平均地下水位 6.2 m，较近 12 年平均回升 1.3 m；东部荒漠区（凉州区清源镇东沙窝）年平均地下水位 34.7 m，较近 12 年平均下降 3.9 m（图 2.255）。

荒漠植物：2018 年，梭梭返青至果实成熟共 185 d，较常年少 10 d，较 2017 年少 6 d；覆盖度最大为 37%，年平均为 34%，与 2017 年基本持平，较常年少 5%。刺蓬于 4 月 26 日出苗，10 月 6 日果实成熟，全生育期 163 d，较常年多 19 d，较 2017 年少 13 d；生长高度年平均仅 5 cm，较 2017 年和常年分别低 1.1 cm 和 0.3 cm；覆盖度最大 50%，年平均 29%，略低于 2017 年和常年。

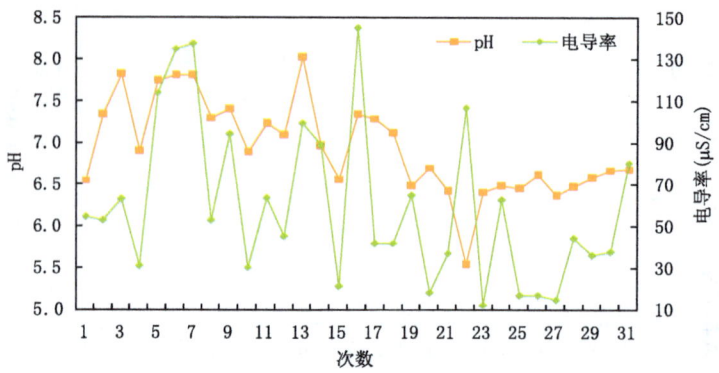

图 2.254　2018 年武威市民勤县逐次降水 pH 及电导率变化

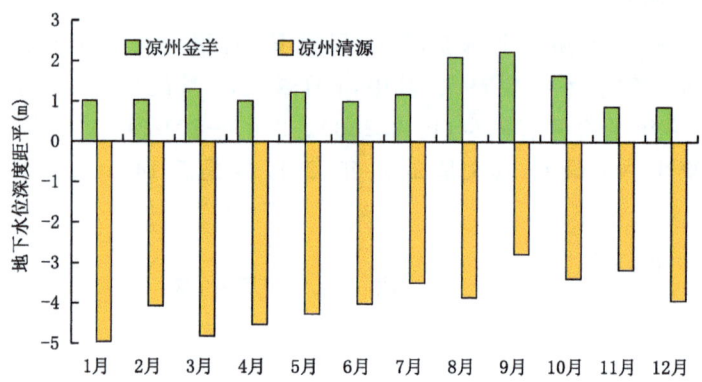

图 2.255　2018 年武威各生态区各月地下水位与近 12 年平均距平变化

风蚀厚度：2018 年，武威市东部荒漠区累计风蚀厚度为 4.0 cm，较近 10 年平均小 0.29 cm，土壤风蚀程度较轻。

沙丘移动：2018 年定点监测结果显示，民勤县（活动沙丘）监测点沙丘移动速度平均为 4.65 m/a，凉州区（半固定沙丘）监测点平均为 1.20 m/a。近 14 年沙丘移动速度总体呈减缓趋势，凉州和民勤平均递减速率为 0.13 m/a 和 0.17 m/a。

沙漠边缘进退：2018 年定点监测结果显示，民勤和凉州监测点沙漠边缘向绿洲推进速度分别为 2.40 m/a 和 0.95 m/a。近 14 年沙漠边缘向绿洲推进的速度总体呈减缓趋势，全市各监测点平均递减速率为 0.05 m/a。

民勤青土湖生态环境变化：根据 2018 年 11 月 29 日 HJ-1B/CCD、IRS 卫星资料分析，青土湖水域面积为 26.67 km^2，连片水体面积 14.45 km^2，沙丘水体相间面积 12.22 km^2，比 2017 年同期略有增大，三者均达到近 10 年以来最大值。与多年平均相比，水域面积增加 58.8%，连片水体面积增加 61.9%，沙丘水体相间面积增加 55.3%（图 2.256）。

2.19.2　评估

（1）2018 年干旱气候条件对农、林、牧业的影响评估

2018 年，甘肃省气温偏高，降水日数偏多，日照时数偏少，总体天气、气候利于农、牧业生产，但年内出现阶段性大风沙尘、寒潮和暴雨洪涝天气事件，造成部分地区农作物受灾。冬季

图 2.256 2017 年 11 月 5 日(a)及 2018 年 11 月 29 日(b)青土湖遥感监测图

大范围的降雪天气增加了土壤蓄墒,缓解前期旱情,为冬小麦等作物安全越冬和作物生长奠定良好的基础,利于春耕春播的顺利开展,也利于冬小麦的起身—拔节,拔节—孕穗,同时有利于南部地区冬油菜的开花和甘南州牧区牧草的返青。春季前期气温偏高,河东经济林果作物物候期普遍提前 5~10 d,4 月初的寒潮霜冻造成多地发生低温冻害,临夏、甘南、陇南、平凉、庆阳、天水等市(州)部分地区花椒、樱桃、苹果、桃李、油菜等经济作物受灾严重,平凉市、西峰市、白银市果树受冻率 90% 以上,大面积减产甚至绝产。夏季气候总体对处于需水关键期的玉米及复种作物生长、苹果果实膨大、牧区牧草生长极为有利。但大范围连阴雨对夏收夏种作物有不利影响,部分地区成熟小麦长芽霉变,马铃薯晚疫病扩散。初秋连阴雨偏多,不利于秋收、晾晒。

(2)2018 年干旱气候条件对水资源、能源的影响评估

2018 年,甘肃省大风日数偏多,利于风能资源开发利用,日照时数偏少,对太阳能利用较为不利。出现的 14 次区域性连阴雨和暴雨天气过程,有效补充了前期水分亏缺,大范围降水天气对河流丰水和水库蓄水十分有利。1 月和 2 月出现的降雪过程,有效缓解了前期河流来水量和水库蓄水困难等问题。高温日数和极端高温事件较少,人们对空调设施和水资源的需求较小,对节约能源十分有利。

(3)2018 年干旱气候条件对交通、旅游业的影响评估

2018 年,旅游旺季甘肃省气温偏高,日照时数和高温日数偏多,沙尘、冰雹、寒潮和强降温等天气偏少,冰雹和连阴雨等天气相对集中,利于全省交通运输与旅游;年内"五一"和"十一"长假期间,全省各地天气晴好,适宜旅游。但 4 月初雨雪和强降温天气,夏季暴雨洪涝与区域性连阴雨,以及 11 月沙尘天气,对部分地区铁路、公路和城市交通及民航运营有一定影响。

(4)2018 年干旱气候条件对生态环境与人体健康的影响评估

2018 年,甘肃省气温偏高,降水偏多,沙尘天气偏少,且年内降水日数和区域性连阴雨天气偏多,对生态环境有所改善,而且在春季易出现大风沙尘天气的时候出现了大范围的降雪天气,加上夏季出现多次区域性连阴雨天气过程,降低了城市空气污染,在一定程度上改善了空气质量,对居民出行及身体健康较为有利。同时,较好的生态环境对缓解干燥以及抑制呼吸道疾病大规模流行有一定益处。

(5)2018 年干旱气候条件对城市空气质量的影响评估

2018 年,兰州市空气质量优、良日数为 286 d,占总日数的 78%,比 2017 年多 9 d,其中,优的日数多 27 d,良的日数少 18 d;Ⅲ～Ⅴ级污染日数均较 2017 年有所减少,其中,Ⅲ级轻度污染为 56 d,比 2017 年少 7 d;严重污染日数比 2017 年多 1 d(图 2.257)。

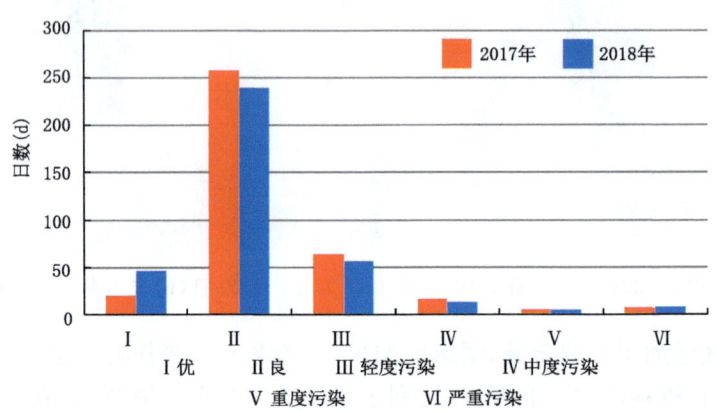

图 2.257　2018 年兰州市空气质量等级与 2017 年对比变化

2.20　2019 年甘肃省干旱生态环境气象监测与评估

2.20.1　监测

(1)2019 年干旱气候监测

2019 年,甘肃省气温偏高,降水偏多,日照时数偏少。年内强降水过程多,强度大,出现 4 次区域性暴雨过程,河西极端日降水事件为 1961 年以来次多,强降水引发山洪、滑坡、泥石流等灾害,造成较重损失;全省出现 12 次区域性连阴雨天气过程,对农业、交通以及人体健康等造成一定影响;高温日数为近 5 年最少;大风沙尘、冰雹、寒潮强降温次数少,部分市(州)农作物受灾;干旱对农业影响轻,未出现区域性干旱。总体上看,2019 年属气候条件较好的年景。

1)降水

2019 年,甘肃省年平均降水量 491.1 mm,较常年多 22.4%,其中,河东 575.6 mm,多 20.5%;河西 245.4 mm,多 55%,为 1961 年以来最多。最多出现在康县,为 869.2 mm,最少在瓜州,为 83.1 mm。河西大部、白银市西部为 80～300 mm,祁连山区、兰州市、白银市东部、定西市和天水市西部为 300～500 mm,省内其余地区为 500～869 mm。与常年同期相比,全省大部降水偏多,酒泉市大部、嘉峪关市多 8 成至 1.6 倍,酒泉市东北部、金昌市西部多 6～8 成,临夏州南部、甘南州东北部、定西市南部及天水市西部接近常年,省内其余地区多 2～6 成(图 2.258)。肃州、肃北、金昌、永昌、古浪、舟曲 6 站年降水量为建站以来最多,敦煌、玉门、民乐、乌鞘岭、合水、文县 6 站年降水量为建站以来次多。

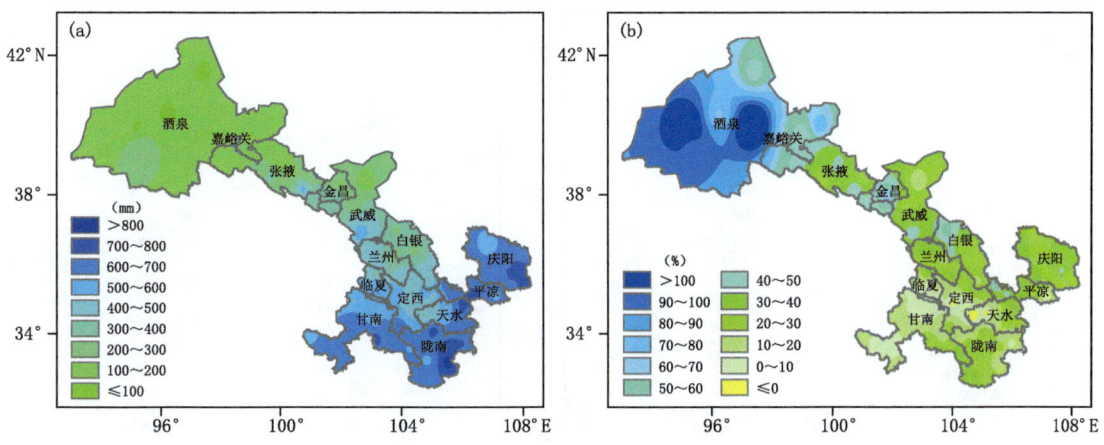

图 2.258 甘肃省 2019 年降水量(a)及距平百分率(b)分布

2)气温

2019 年,甘肃省平均气温为 8.9 ℃,较常年高 0.7 ℃。最高出现在文县,为 15.7 ℃,最低在乌鞘岭,为 1.1 ℃。甘南州东南端及陇南市西南部为 13~15.7 ℃,祁连山区、兰州大部、定西市、甘南州大部分地区及平凉市西部地区为 1.1~9 ℃,省内其余地区为 9~13 ℃。与常年同期相比,酒泉市西南部、武威市中部、定西市北部、庆阳市东部、陇南市南部和甘南州西北部接近常年,省内其余地区高 0.5~1.6 ℃(图 2.259)。

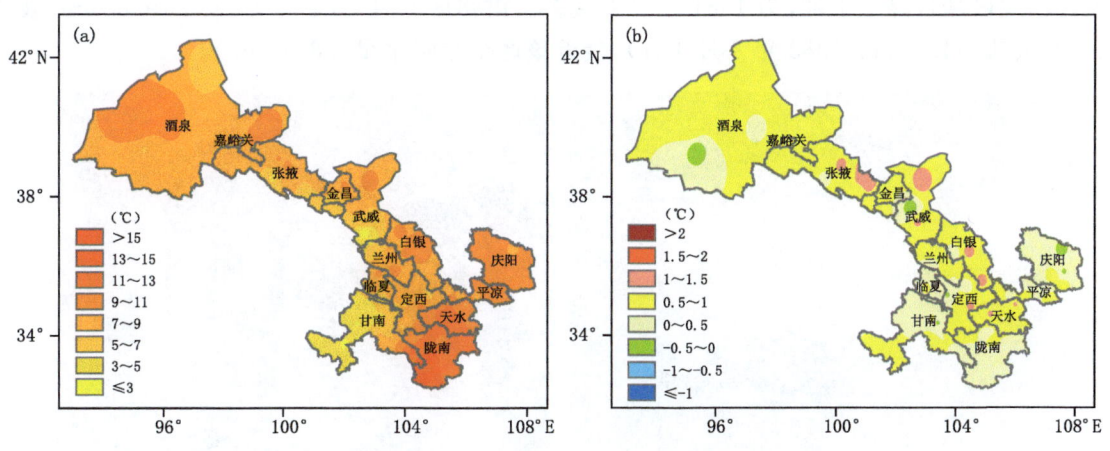

图 2.259 甘肃省 2019 年平均气温(a)及平均气温距平(b)分布

3)日照

2019 年,甘肃省年平均日照时数 2200 h,较常年少 237 h,为 1961 年以来最少。最多出现在马鬃山,为 3290 h,最少在康县,为 1213 h。河西中西部为 2700~3290 h,武威市东部、陇中中北部、甘南州西部及庆阳市中西部为 2100~2700 h,陇南市南部和东部为 1200~1500 h,省内其余地区为 1500~2100 h。与常年同期相比,全省大部分地区日照时数偏少,酒泉市西南部、兰州市北部、定西市西部、甘南州中东部、陇南市北部和东南部、天水市西北部和西南部及平凉市西北部和东部地区少 300~500 h,河西五市大部、白银市北部、庆阳市东部地区接近常年,省内其余地区少 100~300 h(图 2.260)。

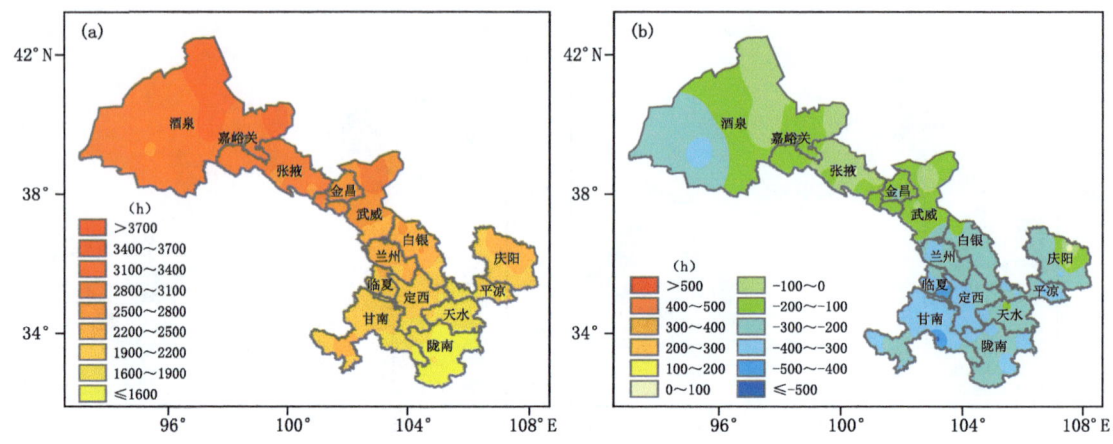

图 2.260　甘肃省 2019 年日照时数(a)及距平(b)分布

(2)2019 年天气、气候事件监测

1)暴雨

2019 年,甘肃省有 19 县(区)出现暴雨,较常年偏多,出现 4 次区域性暴雨过程。暴雨引发山洪、滑坡、泥石流、城乡积涝等灾害,农经作物、基础设施损失巨大。据不完全统计,年内暴雨洪涝灾害造成农业、工业、基础设施等受灾,直接经济损失达 7.3 亿元(图 2.261)。年内有 9 站(11 站(次))出现极端日降水事件,较常年偏多。河西地区的敦煌、肃州、玉门等 7 站(9 站(次))出现极端日降水事件,为 1961 年以来次多。肃州区 6 月 20 日降水量达 79.6 mm,破建站以来极值(44.2 mm,1983 年 8 月 4 日),接近该区全年降水量(88.4 mm)。

图 2.261　2019 年 7 月 29 日甘南州迭部县达拉乡次哇村发生山洪泥石流灾害

2)冰雹

2019 年,甘肃省有 19 县(区)出现冰雹天气过程,较常年偏少,但局地冰雹灾害影响大(图 2.262),主要出现在临夏、白银、平凉和庆阳等市(州)。4 月 26—27 日甘肃省多地遭遇强对流天气,景泰、靖远、会宁、永靖、和政等 11 县(区)遭遇冰雹袭击,最大直径达 4 cm(临夏永靖),给农田青苗、经济林果和花卉等带来严重损失。

3)连阴雨

2019 年,甘肃省 69(占全省 84%)县(区)出现连阴雨天气,累计出现 201 站(次),较常年

图 2.262　2019 年 7 月 23 日张掖市高台冰雹灾害

多 37 站(次),共出现 12 次区域性连阴雨天气过程。4—11 月连续 8 个月降水偏多,全省日照时数为 1961 年以来最少,河东大部分地区日照时数少 7 成以上。持续阴雨寡照天气对农业生产、交通运输及人体健康等造成一定影响。

4)干旱、高温

2019 年,甘肃省降水多 22%,连续 3 年偏多,未出现区域性干旱,干旱日数为近 7 年最少,仅 3 月上旬至 4 月上旬陇中北部、天水市渭北地区、庆阳市北部出现轻到中旱,干旱对农业影响轻。夏季全省平均最高气温为近 12 年最低,高温日数敦煌、瓜州等 6 县(区)在 10 d 以上,其余地区仅为 1~6 d,整体上,全省范围内夏季天气凉爽,十分适宜旅游避暑。

(3)2019 年生态环境监测

1)遥感监测

祁连山积雪:2019 年,祁连山年平均积雪面积为 18644.1 km²,比 2018 年多 4 成以上,比历年(2000—2018 年)多 2 成以上。东、中、西段年平均积雪面积比 2018 年分别多 2 成、7 成、4 成以上,均比历年多 2 成以上(表 2.39)。祁连山最大积雪总面积出现在 1 月(图 2.263a)。东段最大积雪面积出现在 12 月,中段和西段均出现在 1 月(图 2.263b)。

表 2.39　2019 年祁连山积雪面积

	积雪面积(km²)	与 2018 年比较	与历年比较
东段	3988.2	多 23.0%	多 28.7%
中段	6116.8	多 71.7%	多 27.7%
西段	8539.1	多 45.3%	多 25.8%
总面积	18644.1	多 47.0%	多 27.2%

植被长势:2019 年,甘南中部与南部、陇南大部、天水东部、平凉中部、庆阳东部植被覆盖度大于 50%,祁连山中东部、甘南西部、陇南中部及定西、临夏、天水、平凉、庆阳等市(州)大部分地区在 30%~50%,河西走廊、兰州中部、白银大部分地区及临夏、定西、庆阳等市(州)北部在 10%~30%,其余地区在 10%以下(图 2.264a)。与 2018 年同期相比,酒泉中部、张掖西部、兰州北部和金昌、武威、白银等市大部分地区植被较好,祁连山西段,酒泉、武威、庆阳三市北部,张掖、兰州两市中部,定西中南部和临夏、甘南、平凉等市(州)大部分地区植被较差,其余地

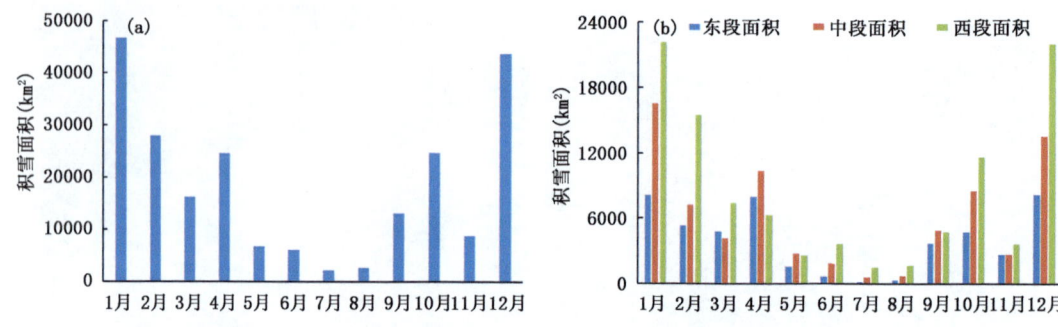

图 2.263 2019 年祁连山积雪各月总面积(a)与分段面积(b)变化

区差别不大(图 2.264b)。

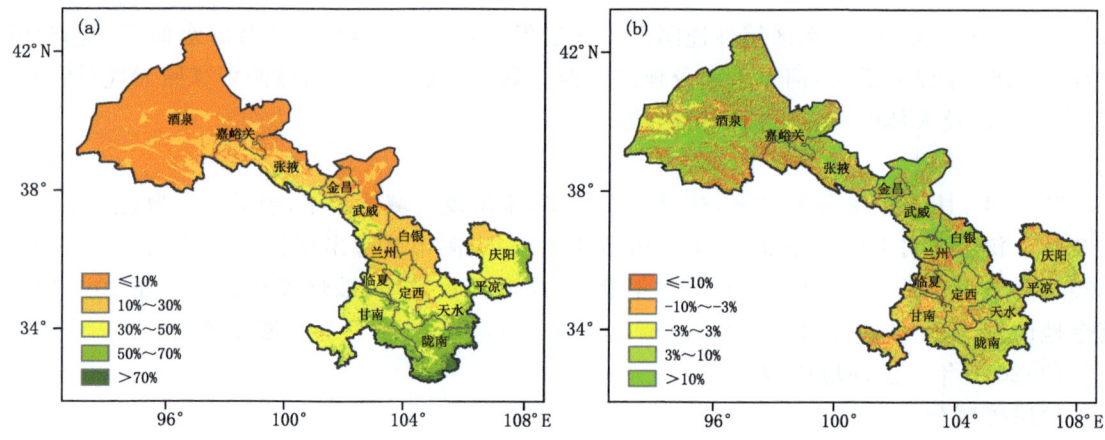

图 2.264 甘肃省 2019 年(a)及 2018—2019 年(b)植被覆盖度分布

内陆水体面积：2019 年，双塔水库年平均水体面积为 19.9 km²，比 2018 年略少，比历年(2000—2018 年)多 3 成以上；昌马、红崖山水库分别为 10.43 km²、21.3 km²，均比 2018 年略多，比历年多 4 成以上；刘家峡水库为 113.7 km²，与 2018 年基本相同，比历年多 1 成以上(表 2.40)。双塔、昌马、红崖山最大水体面积均出现在 10 月，刘家峡出现在 6 月(图 2.265)。

表 2.40 2019 年甘肃省内陆水体面积情况

	水库面积(km²)	与 2018 年比较	与历年比较
双塔	19.9	少 6.4%	多 31.2%
昌马	10.4	多 8.4%	多 47.4%
红崖山	21.3	多 6.0%	多 45.6%
刘家峡	113.7	少 2.3%	多 11.0%

2)荒漠生态环境监测

大气降尘量：2019 年，武威市北部荒漠区(民勤县)月平均大气降尘量为 18.9 t/km²，较 2018 年少 4.2 t/km²，较近 15 年平均少 57%，5 月最大，2 月最小，特别是 1—2 月、4—5 月和 8月、11 月显著偏少(图 2.266)。

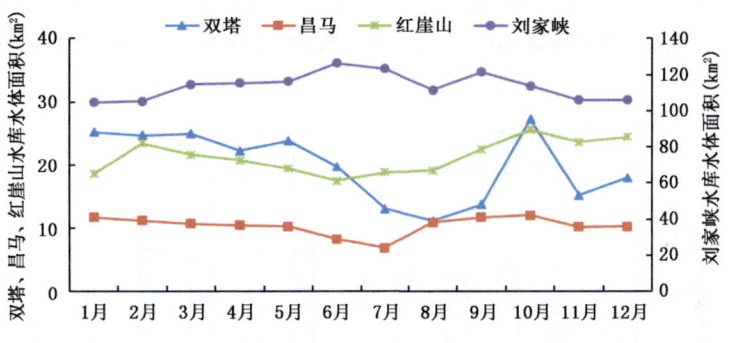

图 2.265　甘肃省 2019 年各月内陆水体面积变化

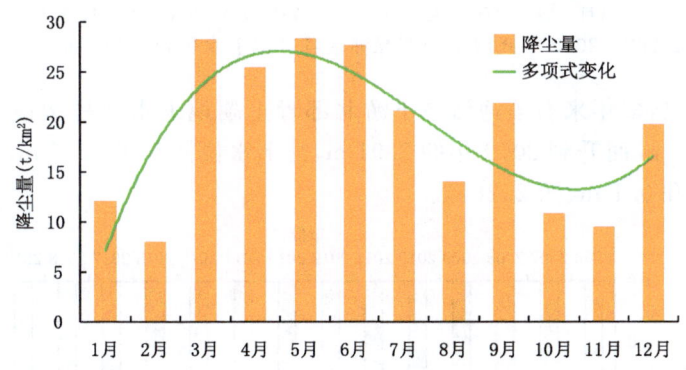

图 2.266　2019 年武威市民勤县月降尘量及多项式拟合变化

酸雨:2019 年,北部荒漠区(民勤县)共监测降水样本 30 个,未出现酸雨天气。年平均 pH 为 7.04,较 2018 年大 0.10,与近 15 年平均持平。降水电导率年平均为 56.24 μS/cm,较 2018 年平均小 3.57 μS/cm,较近 15 年平均小 16.67 μS/cm,呈现春季＞冬季＞秋季＞夏季,2019 年降水电导率最大值为 136.50(5 月 2 日),最小值为 12.0 μS/cm(6 月 27 日)。2019 年 pH 和电导率低值时段主要出现在 10 月(图 2.267)。

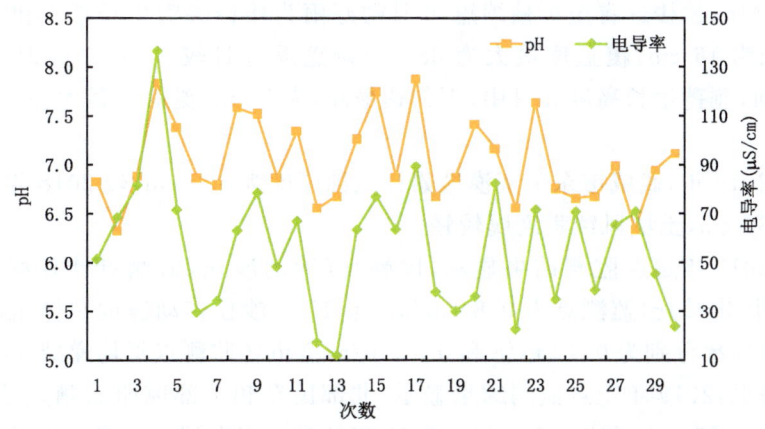

图 2.267　2019 年武威市民勤县逐次降水 pH 及电导率变化

地下水位:2019年,武威市中部绿洲区(凉州区金羊监测点)年平均地下水位6.1 m,较近14年平均回升1.2 m,中部绿洲区(凉州金羊乡)监测点近几年不再抽水灌溉,地下水位平稳回升(图2.268)。

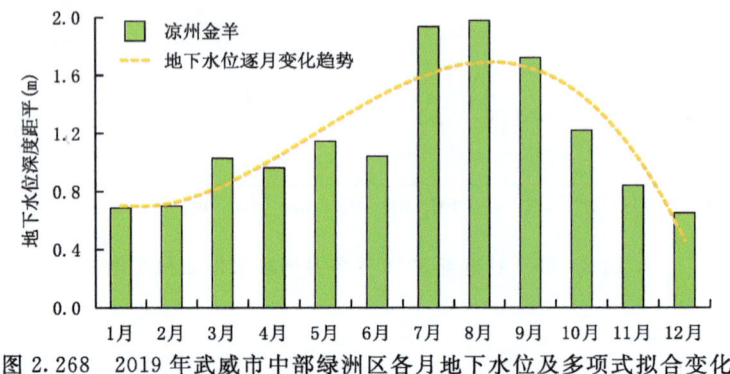

图2.268　2019年武威市中部绿洲区各月地下水位及多项式拟合变化

青土湖地下水位:多年来石羊河流域下游北部青土湖地下水位呈缓慢回升状态。地下水位从2006年的4.06 m回升到2019年的2.91 m,地下水位回升了1.15 m。近14年青土湖地下水位平均每年回升0.1 m(图2.269)。

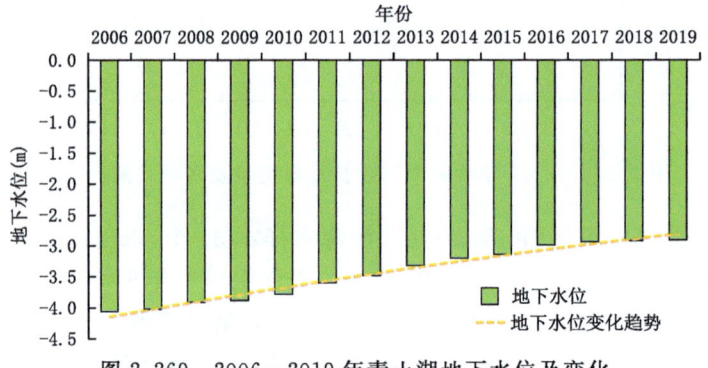

图2.269　2006—2019年青土湖地下水位及变化

荒漠植物:2019年,武威市荒漠区多数植物3月萌动发芽,10月叶片黄枯凋落。与历年(2006—2018年)比,梭梭返青至黄枯缩短,6月的好雨为梭梭关键生长期提供了水分保障,梭梭新枝长度最长为16 cm,覆盖度最大为38%。刺蓬返青日较2018年推迟16 d,黄枯日较2018年略有提前,刺蓬生长高度8月中、下旬达最高,为7 cm,覆盖度最大为35%,与2018年和常年接近。

风蚀厚度:2019年,武威市东部荒漠区累计风蚀厚度为3.9 cm,较2018年同期略小,较近10年平均小0.39 cm,土壤风蚀程度属较轻。

沙丘移动:2019年定点监测结果显示,民勤县(活动沙丘)监测点沙丘移动速度为6.30 m/a,凉州区(半固定沙丘)监测点为0.82 m/a。近15年沙丘移动速度总体呈减缓趋势,凉州和民勤平均递减速率分别为0.12 m/a和0.13 m/a,全市各监测点平均递减速率为0.12 m/a。

沙漠边缘进退:2019年定点监测结果显示,北部民勤和中部凉州监测点沙漠边缘向绿洲推进速度分别为4.27 m/a和0.82 m/a。近15年沙漠边缘向绿洲推进速度总体呈减缓趋势,全市各监测点平均递减速率为0.03 m/a。

民勤青土湖生态环境变化：根据 HJ-1B/CCD、IRS 卫星资料分析，2019 年民勤县青土湖水域面积达 26.70 km²，其中，连片水体面积 14.47 km²，沙丘水体相间面积 12.23 km²，较 2018 年同期略增，三者均达到近 10 年以来最大值。与近 10 年同期平均相比，水域面积大 38%，连片水体面积大 40%，沙丘水体相间面积大 36%（图 2.270）。根据每年 8 月 HJ-1B/CCD 卫星资料分析，民勤县青土湖及周边（东经 103°30′~103°45′，北纬 39°02′~39°12′）植被指数和植被覆盖度呈现波动增大。2010—2019 年遥感监测青土湖及周边植被覆盖面积 2018 年最大为 18.80 km²，2011 年最小为 0.3 km²，2019 年为 17.13 km²。近 10 年青土湖及周边植被覆盖面积平均每年增大 1.81 km²（图 2.271 和图 2.272）。

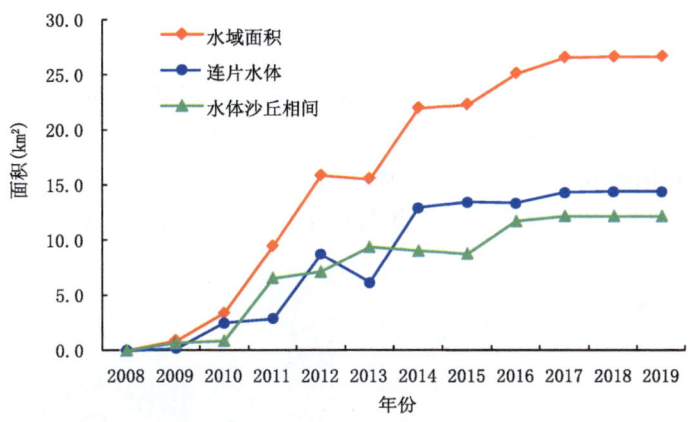

图 2.270　2008—2019 年青土湖水域面积变化

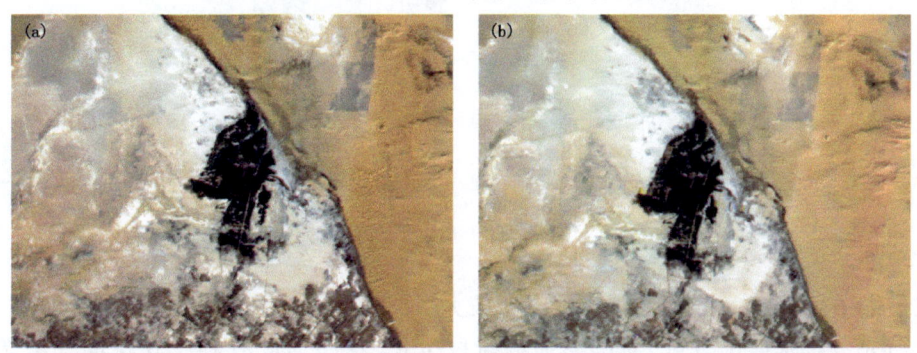

图 2.271　2018 年 11 月 13 日(a)和 2019 年 11 月 21 日(b)青土湖遥感监测图

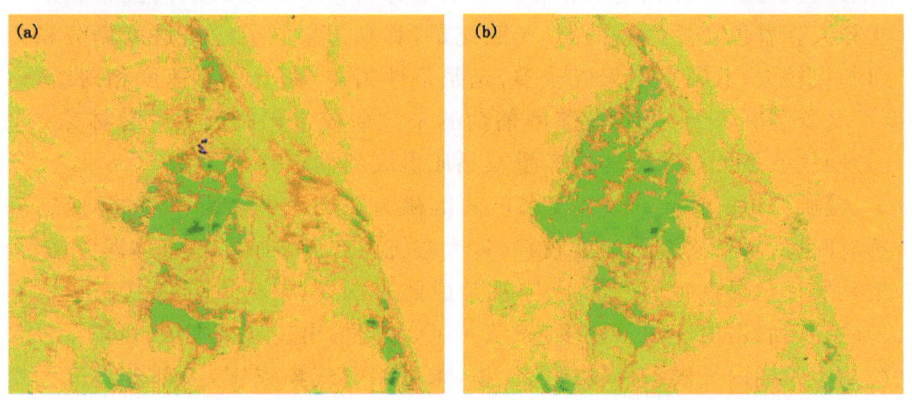

图 2.272　2016 年 8 月(a)和 2019 年 8 月(b)青土湖植被遥感监测图

2.20.2 评估

(1)2019年干旱气候条件对农业生态的影响评估

1)粮食作物

2019年冬前及冬季(2018年12月至2019年2月)甘肃省降水偏多,利于冬小麦安全越冬与萌动返青,也为春播工作提供良好的水分条件。春季阴雨天气使土壤墒情较好,利于夏粮作物生长发育及秋粮作物苗期生长,夏、秋季阴雨寡照天气导致河东部分地区小麦倒伏和穗发芽,影响大秋作物灌浆和马铃薯晚疫病等病害的防治。年内出现冰雹、暴雨、大风等灾害,对农业设施、农作物带来不利影响,经济损失大。

2)经济作物

敦煌市李广杏:2019年,敦煌市气温偏高,降水偏多,4月出现的霜冻使杏花及幼果受冻,造成敦煌局部地区李广杏坐果率低;5月25日出现了大风、沙尘暴,最大风速达到25.3 m/s,造成李广杏落果和杏面外伤(图2.273),影响了李广杏的产量和品质;5—6月日照特少,对李广杏的成熟和着色不利。总体来看,2019年气候条件对李广杏的生长有一定不利影响。

图 2.273 2019年5月25日大风、沙尘暴对敦煌李广杏的危害

武威市酿酒葡萄:2019年初春气温波动较大、回升缓慢,酿酒葡萄出土上架较常年有所推迟。出土后光、温、水匹配较好,对酿酒葡萄新枝生长、花序形成有利。开花期气象条件适宜,无降水和沙尘天气,对正常开花受粉和提高坐果率有利。果实膨大期高温日数少且持续时间短,利于果实膨大。着色初期气温偏高,光照充足,有利于果粒着色。进入糖分积累关键期气温虽偏高,但起伏较大,低温寡照天气较多,光照条件稍差,糖分积累速度相对缓慢,糖度较往年同期略低。受低温寡照天气影响,酿酒葡萄的采收期较常年略推迟。总体来看,2019年酿酒葡萄全生育期气象条件对酿酒葡萄产量及品质形成利大于弊。

天水市大樱桃:2019年4—5月,天水市大樱桃为花期—果实膨大期,各地霜冻灾害降温幅度小,持续时间短,对果树影响程度较轻;且大樱桃主产区水热条件整体匹配较好,土壤墒情适宜,果树生长发育状况良好。6月,大樱桃为成熟采摘期,果树主产区气温正常,降水偏少,对果树生长基本有利,但由于雨日较多,光照不足,大樱桃出现裂果现象,影响品质和产量。总体而言,大樱桃生长期内气候条件较往年优越,未有明显气象灾害,大部分地区大樱桃均喜获丰收(图2.274)。

图 2.274　2019 年天水市秦州区玉泉镇烟铺大樱桃丰收

陇南市花椒：2019 年,陇南市气温略偏低,降水日数较多,光照较少,对花椒整体的成熟上色和干物质的积累影响不大,花椒整体长势较好,花椒色泽红润、麻味足、含油量高、产量较高,色泽和品质均好于 2018 年(图 2.275)。

图 2.275　2019 年陇南市花椒长势

3)森林草原

2019 年,甘南草原牧草长势较 2018 年同期好,且略好于近 5 年同期平均长势。

(2)2019 年干旱气候条件对水资源、能源的影响评估

1)水资源

2019 年,甘肃省降水偏多,阴雨日数多,对河流丰水、水库蓄水十分有利,但同时也给河流防汛抗灾带来较大影响。2019 年黄河流域甘肃段平均降水量达 488 mm,其中,6—7 月普遍在 100 mm 以上,多 4 成至 1 倍。6 月下旬开始受黄河上游连续降水及持续融雪影响,龙羊峡、刘家峡水库相继加大泄水,黄河上游先后形成两次编号洪水,较 2018 年提前 20 d,根据黄河兰州水文站监测,7 月 15 日出现近 38 年最大洪峰(3730 m³/s);洪水造成兰州水利设施受损,农作物受灾,经济损失大。

2)能源

2019 年甘肃省降水日数偏多,日照时数为 1961 年以来最少,对太阳能利用不利。年内全省大部分地区风速普遍较常年偏大,对风能利用较为有利。夏季平均气温为近 5 年最低,全省

未发生持续性高温天气和极端高温事件,工作和生活制冷用电减少,对节约电能十分有利。

(3)2019年干旱气候条件对交通、旅游业的影响评估

2019年高温日数少,天气凉爽,且大风沙尘日数少,适宜旅游避暑,但年内强降水频繁,造成部分道路、桥梁损毁,对交通运输、群众出行及旅游业影响较大。根据对甘肃省境内215个旅游景点2019年第二季度气象监测资料的评估显示,合作当周草原旅游风景区、米拉日巴佛阁、焉支山森林公园、碌曲则岔石林旅游景区、阿克塞哈萨克民族风情园、金沙湖景区、苏干湖旅游景区气温较低、风力较大,旅游气候舒适度等级在3级以下,人体感觉不舒服;其余景点旅游气候舒适度等级均在3级以上,特别是敦煌、酒泉、张掖、兰州、白银、陇南和天水等市境内的大部分旅游景点温、湿度适宜,人体感觉舒服,气候条件适宜旅游。

(4)2019年干旱气候条件对城市空气质量的影响评估

2019年,兰州市空气质量优、良日数为329 d,占总日数的90%,比2018年多43 d,其中,优的日数多46 d,良的日数少3 d;Ⅲ级以上污染日数均较2018年有所减少,其中,Ⅲ级轻度污染为32 d,比2018年少24 d;无重度污染发生(图2.276)。

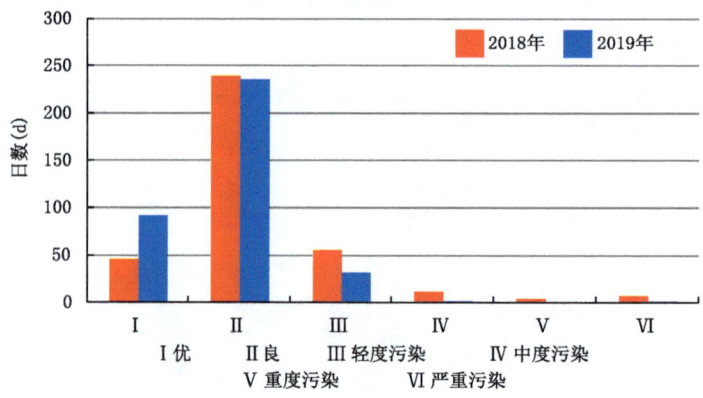

图2.276 2019年兰州市空气质量等级与2018年对比变化

第 3 章　21 世纪以来甘肃省主要灾害性天气专刊

3.1　沙尘

沙尘天气可分为浮尘、扬沙、沙尘暴、强沙尘暴、特强沙尘暴。其中,浮尘天气是指尘土、细沙均匀地浮游在空中,使水平能见度小于 10 km 的天气现象。扬沙天气是指风将地面尘土吹起,使空气相当混浊,水平能见度在 1~10 km 的天气现象。沙尘暴是指强风将地面大量尘沙吹起,使空气很混浊,水平能见度小于 1 km 的天气现象。强沙尘暴是指强风将地面尘土吹起,使空气非常混浊,水平能见度小于 500 m 的天气现象。特强沙尘暴是指狂风将地面尘土吹起,使空气特别混浊,水平能见度小于 50 m 的天气现象,俗称"黑风"。

3.1.1　甘肃省沙尘天气的主要特点及变化规律

3.1.1.1　甘肃省沙尘天气的主要特点

甘肃省沙尘暴天气的分布与其特殊的地理条件有很大关系,西部是狭长河西走廊戈壁沙漠,北边与蒙古高原相接,西邻南疆的塔克拉玛干大沙漠,东邻巴丹吉林沙漠和腾格里沙漠,是沙尘暴多发的地区。甘肃的南部雨水相对充沛,受地表环境等因素影响,出现沙尘暴的机会少。

3.1.1.2　2000—2019 年甘肃省沙尘天气的变化规律

2000—2019 年甘肃省沙尘天气年际变化如图 3.1 所示,2000—2019 年沙尘暴日数减少非常明显,2000 年甘肃省沙尘暴日数为 48 d,之后呈波动减少,2017 年之后,沙尘暴日数少于 10 d,其中,2017 年最少,只有 2 d。扬沙和浮尘日数的变化比较相似,2000—2012 年,扬沙和浮尘呈减少趋势,但是 2012 年之后,扬沙和浮尘出现日数有所增多,其中,2001 年扬沙日数最多,为 139 d,2019 年扬沙日数最少,为 80 d;浮尘日数 2001 年最多,为 153 d,2012 年最少,为 48 d。图 3.2 选取甘肃河西的敦煌、酒泉、民勤三站为代表,2000—2019 年,民勤沙尘暴日数总体呈减少趋势,其中,2000—2012 年减少非常明显,2012 年以后有增多趋势,但是均少于 10 d。2000—2014 年,民勤、敦煌、酒泉三站扬沙日数均为减少,2014 年之后民勤和酒泉的扬沙日数明显增多,敦煌有所增多。敦煌站出现浮尘日数均高于其他两站,民勤浮尘天气最少,2000—2009 年,浮尘日数减少明显,2009 年之后,浮尘日数有增多趋势。

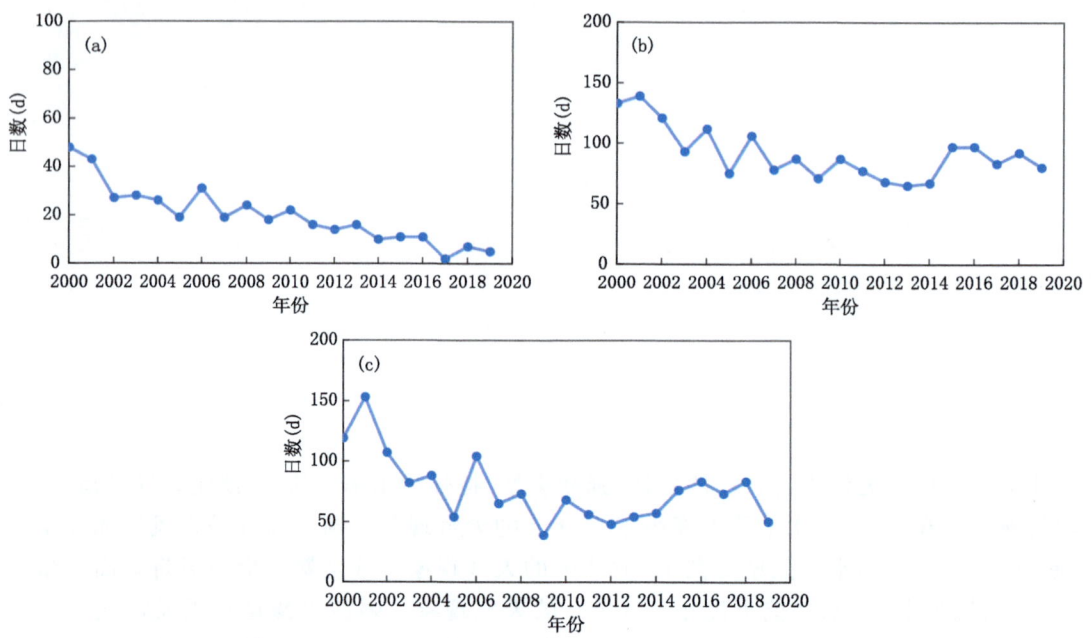

图 3.1 甘肃省 2000—2019 年沙尘暴(a)、扬沙(b)、浮尘(c)总日数年际变化

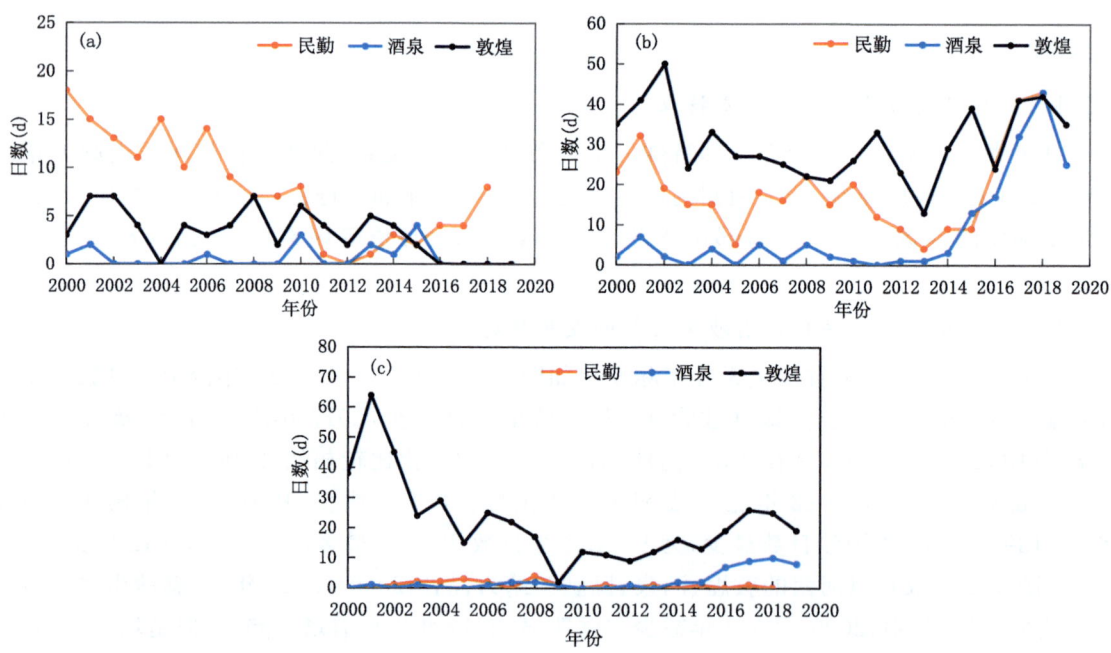

图 3.2 2000—2019 年民勤、酒泉、敦煌三站沙尘暴(a)、扬沙(b)、浮尘(c)总日数年际变化

2000—2019 年甘肃省沙尘暴空间分布如图 3.3a 所示,河西沙尘暴明显多于河东地区,有两个高值中心,一个是民勤,另外一个是酒泉,河东大部分地区无沙尘暴出现。甘肃省沙尘暴天气一年四季均有发生,但有明显的季节变化,春季最多,夏季次之,秋季最少,从河西 3 个代

表站沙尘暴日数可以看出(图 3.3b),2000—2019 年民勤县沙尘暴最多,敦煌和酒泉次之,三站沙尘暴最多是 4 月,民勤县 4 月发生沙尘暴日数超过 40 d,敦煌和酒泉的也超过 20 d,3 月和 5 月发生频次次之,沙尘暴最少的时段为 9—10 月。

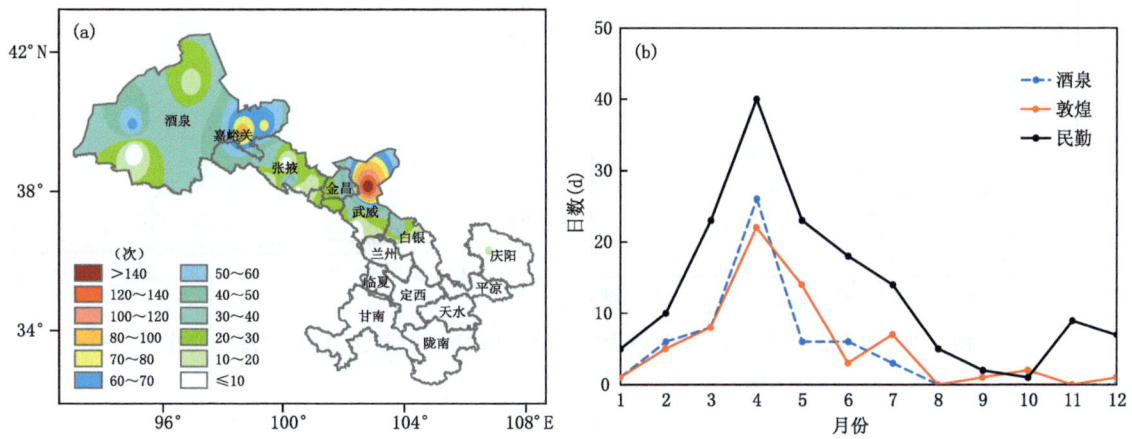

图 3.3 甘肃省 2000—2019 年沙尘暴空间分布(a)和三站沙尘暴日数(b)逐月变化

2000—2019 年扬沙天气空间分布及季节变化如图 3.4 所示,河西扬沙天气明显多于河东,扬沙出现最多的地区在敦煌,甘岷及陇南很少出现扬沙。扬沙天气也存在明显月变化,敦煌、民勤三站扬沙季节变化趋势图呈双峰型,扬沙最多出现在 4 月或 5 月,7 月有另一个小高峰,可能和夏季强对流天气引起的大风将沙尘搅卷到空中有关。扬沙天气最少的月份是 1 月、9 月和 10 月。

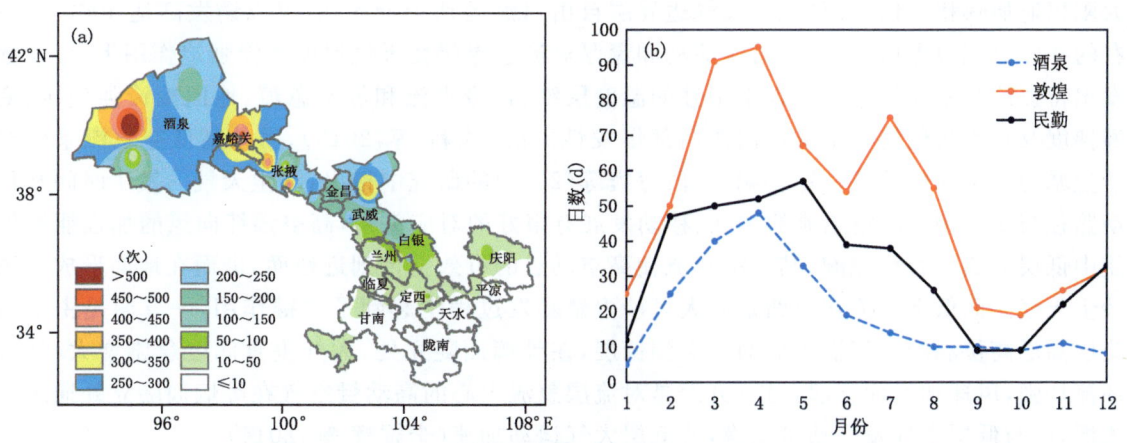

图 3.4 甘肃省 2000—2019 年扬沙空间分布(a)和三站扬沙日数(b)逐月变化

2000—2019 年浮尘天气空间分布及季节变化特征如图 3.5,浮尘有三个明显的大值中心,一个是酒泉西部,一个是张掖中部,另一个是白银兰州的边界地区,甘岷山区部分地区无浮尘天气出现。选取的三个代表站中,民勤浮尘没有明显的季节变化特征,敦煌和酒泉浮尘日数最多的是春季的 3 月和 4 月,其次是夏季,秋季最少。

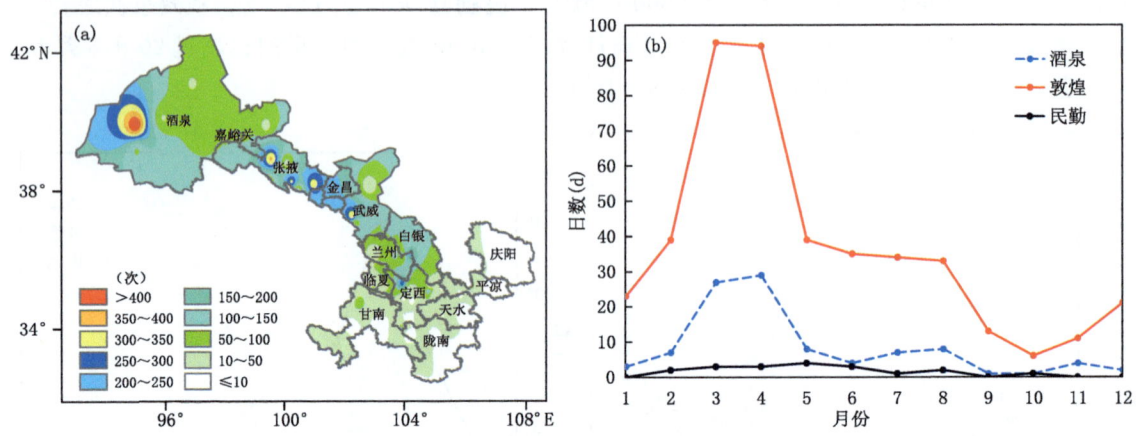

图 3.5 甘肃省 2000—2019 年浮尘空间分布(a)和三站浮尘日数(b)逐月变化

3.1.2 沙尘天气的成因

沙尘天气受冷高压的路径、下垫面性质、地形因素的控制,具有显著的地域特色。河西走廊东部地处干旱、半干旱的内陆地区,境内北面为巴丹吉林沙漠包围,东面为腾格里沙漠环绕,这为沙尘暴发生提供了丰富的沙源(王式功 等,2000)。河西走廊独特的地理环境和地形,加之常年受西风带天气系统影响,冷锋过境常形成大风天气,同时南边为祁连山脉,北部为蒙古高原,境内地势平坦,冷空气在东移南下过程中受河西走廊狭管效应的地形影响,风速增大,为沙尘暴的形成提供了动力条件(赵明瑞 等,2012)。另外,河西走廊这种特殊的下垫面性质对太阳辐射加热相应快速而剧烈,大气边界层自由对流运动十分活跃,可以诱发高达 4000 m 左右的深厚对流边界层,强自由对流活动和深厚对流边界层在天气尺度冷锋强迫作用下,容易激发出特强沙尘暴天气过程。近乎中性的温度层结、强冷平流和低空急流、地面冷锋强变压、变温梯度及日变化促使沙尘暴在河西西部爆发性发展(钱莉 等,2015),另外高低空急流系统对沙尘暴的产生和传输有一定影响,在段海霞等(2013)的研究中指出,沙尘天气的发生时间和移动路径与 200 hPa 高空急流的加强、移动发展有很好的对应关系,高空强纬向风的加强能够促使中低层形成垂直环流圈,其下沉直流使高空动量的有效下传到近地面,进而在地面形成大风沙尘天气。而低空急流在河西走廊大风沙尘暴暴发过程中起到了关键作用,一方面是由于对流层高层高位涡冷空气沿等熵面下滑到低层,在等熵面陡立处,大气垂直涡度急剧增大,气旋环流加强,风速加大而引起;另一方面是对流层急流中心的高动量空气在等熵面陡立处通过湍流混合,与低层空气发生动量交换,使低层大气运动加速(李耀辉 等,2014)。

在稳定的大气层结里,沙尘不会被卷扬得很高,弱低层大气不稳定,受到扰动后的沙尘将会被卷扬得很高,大气层结是否稳定是沙尘天气能否形成的必要条件之一。对流层低层强烈的垂直不稳定是沙尘和大风的根本区别,之所以能搅卷起那么多的沙尘,关键在于近地面层有强的垂直方向的不稳定和强对流。

3.1.3 典型个例分析

2019 年 5 月 14—16 日,甘肃省出现一次大风、沙尘天气过程,河西五市大部分地区及兰州、白银、定西、天水、平凉、庆阳出现大风、扬沙或浮尘天气,其中,肃州区、凉州区、民勤出现沙尘暴。由于沙尘过程引起 PM_{10} 浓度的变化最大,因此下面将分析此次过程中 PM_{10} 浓度变化特征。2019 年 5 月 14 日 20 时前后酒泉市 PM_{10} 浓度最先增大,张掖市、武威市 PM_{10} 浓度分别在 5 月 15 日 00 时、05 时陡增,从不足 100 $\mu g/m^3$ 增大到 4000 $\mu g/m^3$ 以上,兰州市浓度也在 15 日 08 时开始增大。沙尘天气从酒泉自西向东影响全省,主要影响全省河西,河东大部分地区,空气质量也有了一定程度的下降。到 5 月 16 日夜间,沙尘天气趋于结束,空气质量依旧较差,到 16 日夜间空气质量趋于好转(图 3.6)。

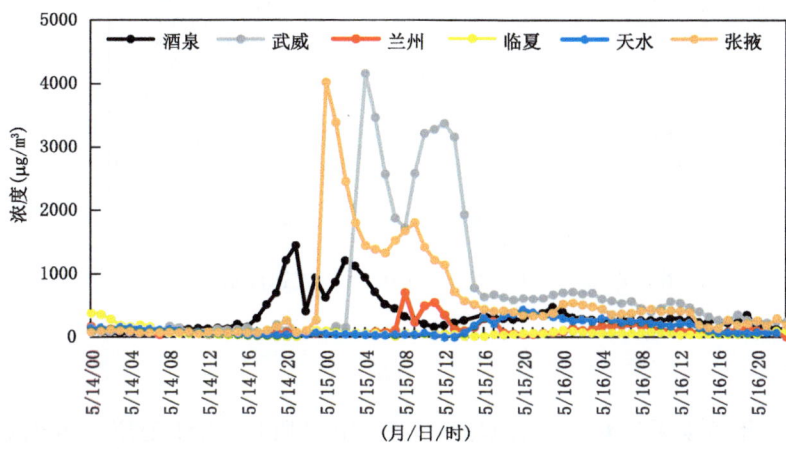

图 3.6　2019 年 5 月 14—16 日 6 个代表站 PM_{10} 浓度逐时变化

图 3.7 为 2019 年 5 月 15 日 02 时 500 hPa 高度场和风场,500 hPa 为两槽一脊型,酒泉张掖位于高空急流的前侧,西风急流是扬沙和沙尘暴发生的主要动力因子,其强烈的动量下传引起近地层大风,高空纬向风的加强能够促使中低层形成垂直环流圈,其下沉流使高空动量有效下传到近地面,进而造成大风、沙尘天气出现。另外,可以看到,这些地区位于高空锋区前面,强烈的动力抬升使得沙尘能够更好传送到高空,进而向更远的区域传输。

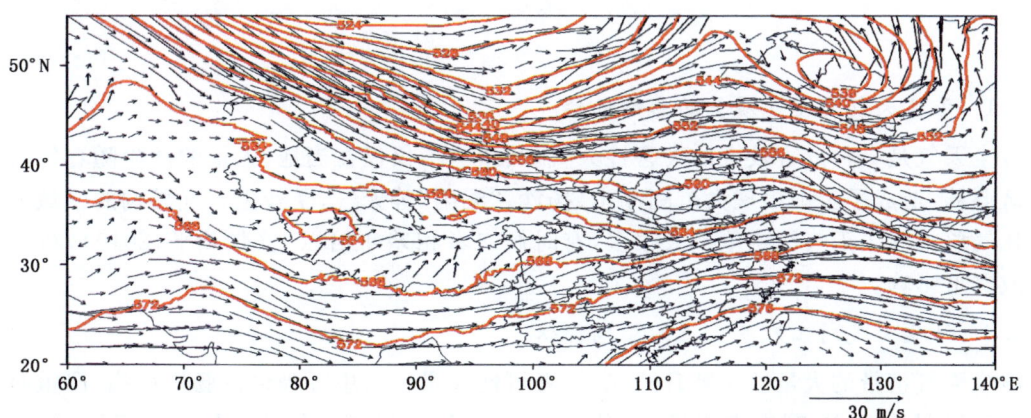

图 3.7　2019 年 5 月 15 日 02 时 500 hPa 高度场(等值线,单位:dagpm)和风场(箭头)分布

由于 2019 年 5 月 15 日 02 时,沙尘暴强中心已经移动到甘肃省武威,图 3.8 为垂直速度沿 39N°的剖面,可以看出酒泉、张掖上空的垂直速度延伸到 300 hPa 上空,强烈的上升运动将

沙尘吹扬起来,为沙尘在高空传播创造了条件。

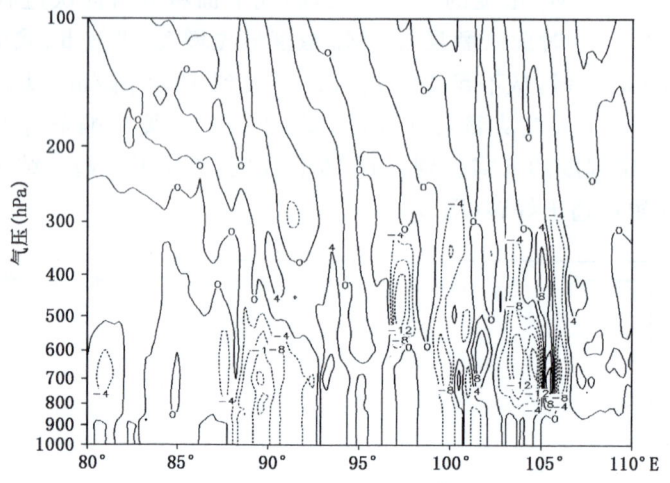

图 3.8 2019 年 5 月 15 日 02 时垂直速度沿 39N°剖面

3.1.4 甘肃省 2000—2019 年沙尘灾害

2000—2019 年沙尘天气对甘肃省农业、交通、空气质量、人体健康等方面影响较大,例如 2006 年 4 月 9—11 日,甘肃出现大范围强沙尘暴天气过程,全省共计 58 个站出现沙尘天气,其中,16 站扬沙,23 站出现浮尘、19 站出现沙尘暴(11 站为强沙尘暴),最大风速达 32.0 m/s(马鬃山),最小能见度只有 100 m(高台、民勤、肃州区),仅民勤县就因大风、沙尘暴造成农作物受灾 8004 hm²,成灾 4535.6 hm²,绝收 40 hm²,400 多座日光温室大棚受损,造成直接经济损失 600 多万元。2012 年 4 月 26 日,受强冷空气影响,甘肃西部及中部出现了一次大范围沙尘天气过程,14 时 41 分,肃州区出现大风、沙尘暴,最小能见度 600 m,持续 2 h 40 min。据调查统计,肃州区损毁塑料大棚 3483 座,直接经济损失 418 万元。

3.1.5 影响评估

3.1.5.1 沙尘天气对空气质量的影响评估

沙尘天气是一种危害较大的灾害性天气,其影响不仅仅在当地,大量的沙尘随着气流向下游地区漂移,造成了全国出现大范围浮尘、扬沙、"泥雨"等天气,受沙尘天气影响的区域大气环境要比气象中沙尘天气影响范围大很多,有时候二者相差 4 倍以上(张武平,2010),对空气质量造成严重影响。

3.1.5.2 沙尘天气对工农业生产的影响评估

沙尘天气携带的大量沙尘蔽日遮光,轻者可使大量牲畜患呼吸道及肠胃疾病,严重时导致大量"春乏"牲畜死亡、刮走农田沃土、种子、幼苗。沙尘暴还会使地表层土壤风蚀、沙漠化加剧,覆盖在植物叶面上厚厚的沙尘,影响正常的光合作用,造成作物减产(孙兰东 等,2008)。另外,大风、沙尘天气可直接造成农作物倒伏,摧毁大棚蔬菜、瓜果、花卉等经济作物,致使电力、通信中断。出现沙尘暴时狂风夹裹的沙石、浮尘遮光蔽日,重者造成飞机不能正常起飞或降落,使火车停运或脱轨。

3.1.5.3 沙尘天气对人体健康的影响评估

沙尘对人体的呼吸系统危害最大,特别是抵抗力较差的老年人、婴幼儿以及患有呼吸道过敏性疾病的人群。通常情况下,人的鼻腔、肺等器官对尘埃有一定的过滤作用,但沙尘暴这种剧烈天气现象带来的细微粉尘过多过密,极有可能使患有呼吸道过敏性疾病的人群旧病复发,即使是身体健康的人,如果长时间吸入粉尘,也会出现咳嗽、气喘等多种不适症状,导致流行病发作。此外,大风跨越几千千米,将沿途的病菌吹到下风向地区,其中,可能包括一些传染病菌。

3.1.6 气候影响建议

积极采取有效的强沙尘暴天气防护体系、加强环境治理、防止土地沙化和沙漠化,扩大草、林覆盖面积。建立和完善沙尘天气的动态监测、预警系统,做好防灾、减灾的科学研究工作。

3.2 寒潮和霜冻

3.2.1 寒潮

3.2.1.1 定义和标准

(1)寒潮的定义

寒潮是每年9月至翌年5月发生危害较大的灾害性天气,大规模强冷空气南下可使气温在一天内下降10 ℃以上。寒潮发生时,经常伴有降雪、大风、低温冷害等一系列灾害性天气,给农牧业生产、交通运输以及公众生活等带来很大影响。

(2)寒潮的标准

根据《GB/T 21987—2008 寒潮等级》国家标准将寒潮分为三个等级:寒潮、强寒潮、特强寒潮。其中,寒潮是指使某地的日最低(或日平均)气温24 h内降温幅度≥8 ℃,或者48 h内降温幅度≥10 ℃,或者72 h内降温幅度≥12 ℃,而且使该地日最低气温≤4 ℃的冷空气活动。强寒潮指使某地的日最低(或日平均)气温24 h内降温幅度≥10 ℃,或48 h内降温幅度≥12 ℃,或72 h内降温幅度≥14 ℃,而且使该地日最低气温≤2 ℃的冷空气活动。特强寒潮是指使某地的日最低(或日平均)气温24 h内降温幅度≥12 ℃,或48 h内降温幅度≥14 ℃,或72 h内降温幅度≥16 ℃,而且使该地日最低气温≤0 ℃的冷空气活动。

3.2.1.2 甘肃省区域性寒潮指标

对于冷空气过程,判断是否造成寒潮的要点有以下两个:

①高空冷中心强度和冷平流强度 寒潮冷空气是深厚的,高空冷中心越低表明冷空气越深厚;高空有较强冷平流,表明冷空气还将继续加强。一般来说,500 hPa 冷中心温度达到−40 ℃,700 hPa 冷中心温度达到−24 ℃是寒潮的指标。

②地面冷高压中心强度和气压梯度强度 一般来说,春、秋季节地面冷高压中心强度超过1040 hPa,冬季超过1050 hPa,就有可能出现寒潮(24 h 最低气温下降8 ℃),春季达1040 hPa,冬季达1060 hPa,就可能出现较强区域性寒潮(24 h 最低气温下降10 ℃)。

3.2.2 霜冻

3.2.2.1 霜冻的定义

霜冻是强冷空气影响下出现的天气现象(沈修美,2013)。霜和霜冻是两个不同的概念,霜是天气现象,指最低气温下降到 0 ℃ 左右导致地面及作物表面结出冰晶,它对作物没有损害,并不是灾害,从某种意义上讲还是有益的,在同样低温的条件下,有霜的冻害要比无霜的冻害轻得多(孟繁胜 等,2010)。霜冻是农业气象灾害概念,指在农作物生长季节,土壤表面、植物表面以及地面空气的温度迅速下降到 0 ℃ 或 0 ℃ 以下,使作物受冷害的现象。当空气中水分较少时,虽没见"白霜",但作物已受冻害,俗称"黑霜"(崔成祥,1990)。

3.2.2.2 霜冻的类型

霜冻按发生季节分为秋霜冻和春霜冻(又称为早霜冻和晚霜冻)。秋季第一次霜冻称为初霜冻,春季最后一次霜冻称为终霜冻,从春季终霜冻日期到秋季初霜冻日期之间的天数(不包括初、终霜冻日在内),称为无霜冻期。早霜冻在纬度高、海拔高的地区先于纬度低、海拔低的地区发生,高山、高原地区先于平原、平川盆地,沙漠、戈壁下垫面先于土壤、草原下垫面;晚霜冻发生规律与结束日期与早霜冻相反。

3.2.2.3 霜冻的标准

根据中国气象局气象行业标准《QX/T 88—2008 作物霜冻等级》霜冻标准。轻霜冻害是指最低气温下降较明显,但低温强度不大,植株顶部、叶尖或少部分叶片受冻,受冻株率小于30%,部分受冻部位可以恢复。其中,粮食作物减产幅度一般在5%以内。中霜冻害是降温明显,低温强度较大,受冻株率在30%~70%,植株上半部叶片大部分受冻,且不能恢复;幼苗部分被冻死。其中,粮食作物减产5%~15%。重霜冻害指降温幅度和低温强度都很大,受冻株率70%以上,植株冠层大部分叶片受冻死亡或作物幼苗大部分冻死。其中,粮食作物减产15%以上或绝收。

3.2.3 寒潮、霜冻天气的主要特点及变化规律

3.2.3.1 2000—2019 年甘肃省寒潮的变化规律

图 3.9 和图 3.10 是甘肃省 2000—2019 年寒潮日数和季节寒潮日数变化趋势,可以看出,近 20 年来甘肃省平均每年有 59 d 出现寒潮,并略有增多的趋势,最多出现在 2003 年,其次是 2012 年和 2010 年;年变化中 1 月最多,2 月、4 月次之,从季节来看,冬季最多,春季次之,且冬季和春季的寒潮日数有增多趋势,秋季变化不大。

图 3.11 给出了甘肃省 2000—2019 年不同区域的寒潮日数分布,总体而言,酒泉西部和东北部、白银南部—定西东南部—平凉西部交界、平凉东南部及庆阳东部局部地区年寒潮日数超过 12 d,酒泉大部、嘉峪关、张掖西北部、金昌东部、武威、兰州东北部、白银北部和南部、定西东部、天水东北部、陇东大部分地区寒潮日数超过 8 d,兰州西部、临夏西部、甘南西部和东南部、定西东南部、天水西部和陇南中北部寒潮日数 2~4 d,陇南西南部寒潮日数不超过 2 d,省内其余地区 4~8 d。冬季寒潮日数分布与年分布最接近,河西西部、金昌北部、武威西北部、白银南部、定西东部、临夏南部、甘南东北部局部地区及陇东大部分地区冬季寒潮日数超过 3 d,其中,酒泉西部和东北部、白银南部、平凉西部和东南部及庆阳东北部和西南部寒潮日数不少于 5 d;

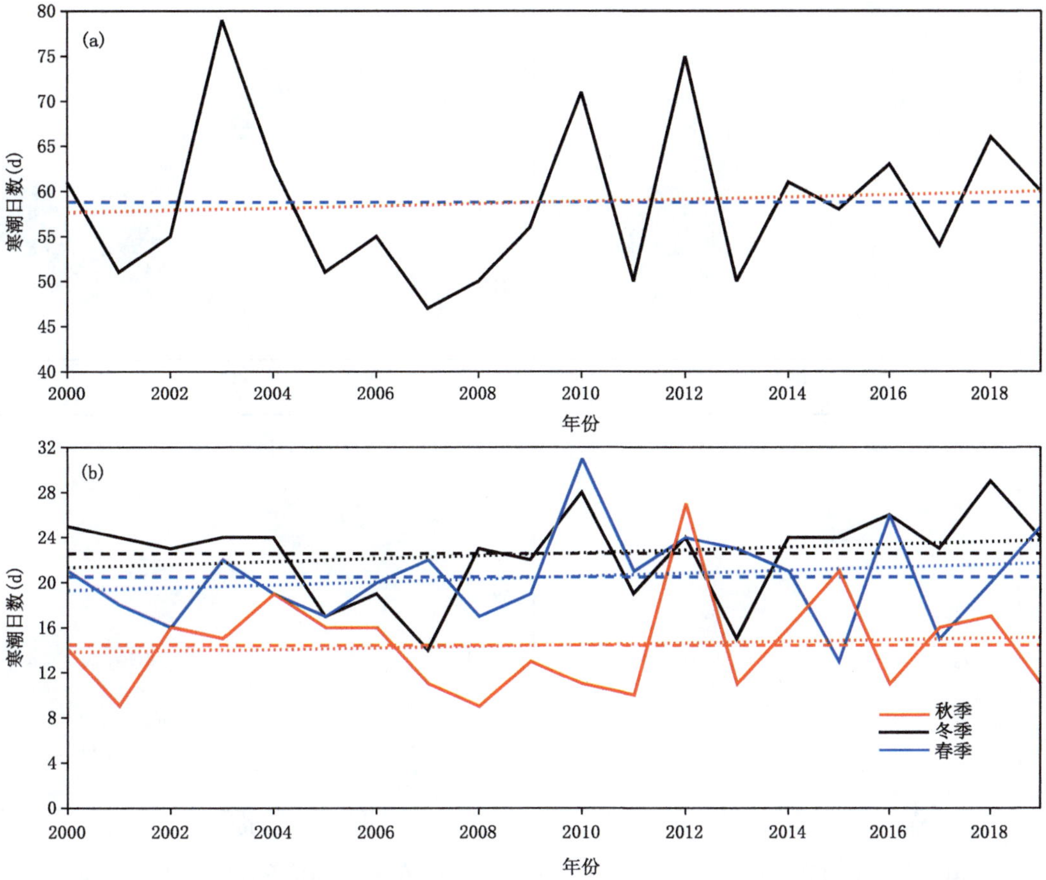

图 3.9　甘肃省 2000—2019 年平均(a)和各季(b)的寒潮日数变化

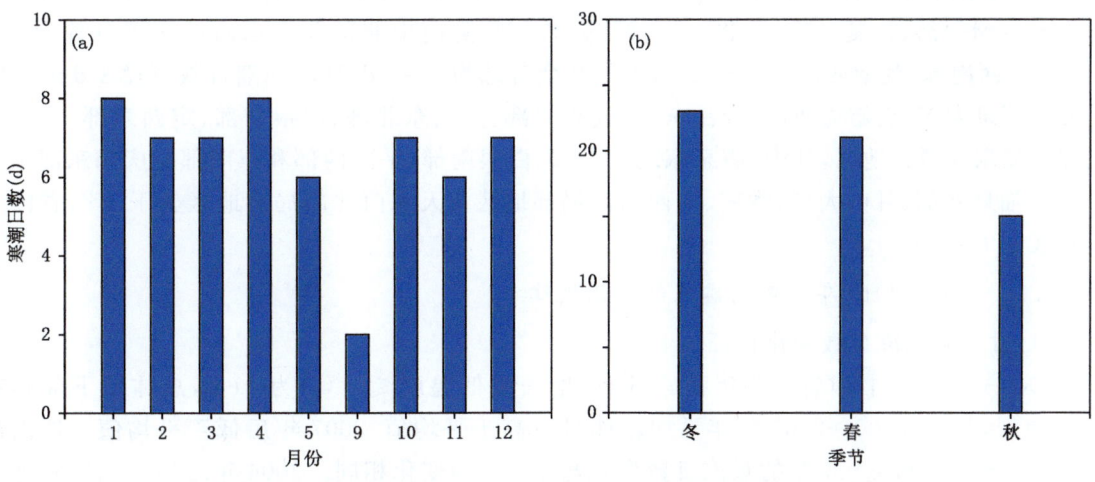

图 3.10　甘肃省 2000—2019 年各月(a)和各季(b)寒潮日数变化

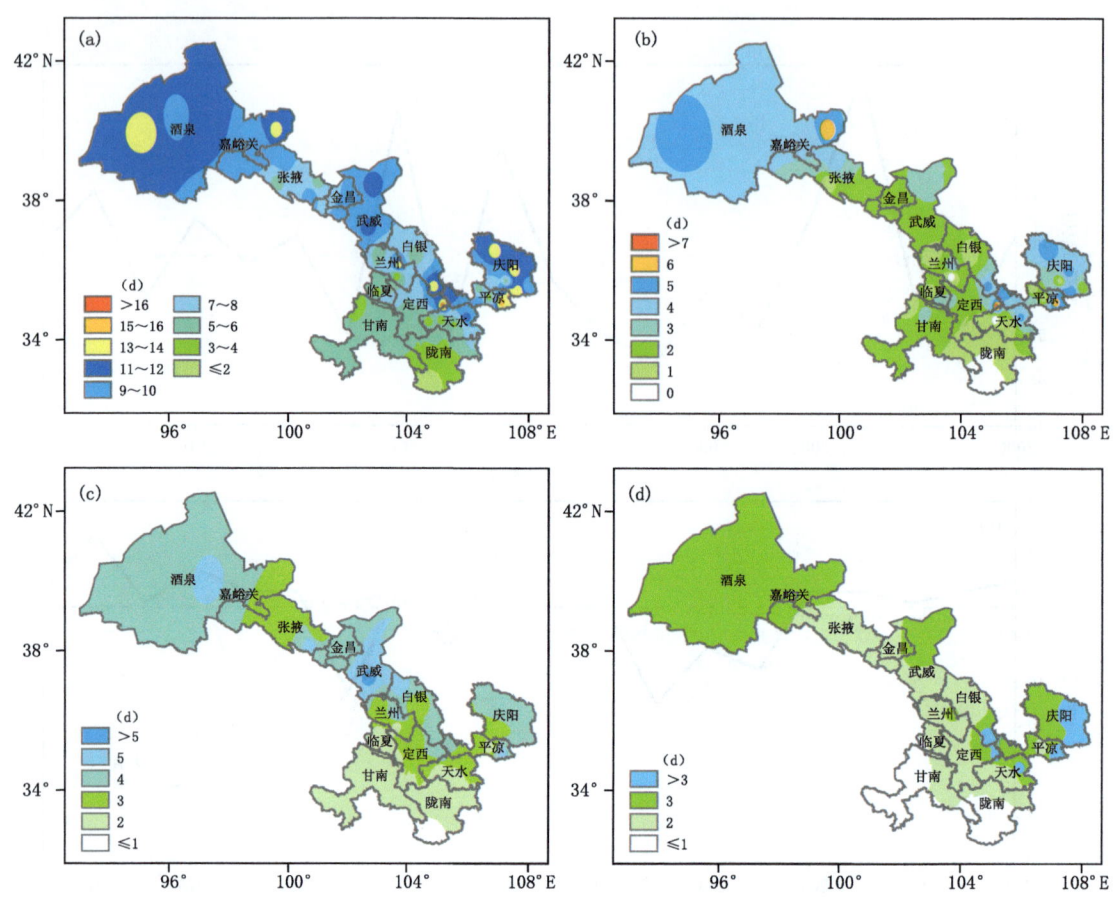

图 3.11 甘肃省 2000—2019 年平均年(a)、冬季(b)、春季(c)和秋季(d)寒潮日数分布

陇南大部、天水西部及甘南东南端寒潮日数在 1 d 以下,省内其余地区为 1~2 d。春季在酒泉中部、张掖东南部、武威大部、白银北部、平凉西部局部和东南部及庆阳东部地区寒潮日数不少于 4 d,兰州西部、临夏、甘南东北、定西西部和南部、陇南中北部及天水西部寒潮日数为 1~2 d,甘南西南部、陇南西南部少于 1 d,省内其余各地为 2~4 d;秋季寒潮日数超过 2 d 的地区主要是酒泉大部、嘉峪关西部、金昌东部、武威北部、兰州东北部、白银南部、定西东部、天水东北部及陇东大部分地区,其中,酒泉东北部局部、白银南部、平凉西部和东南部及庆阳东部不少于 3 d,临夏西部、甘南大部、陇南、定西南部局部地区及天水西北部局部地区少于 1 d,省内其余地区为 1~2 d。

3.2.3.2　2000—2019 年甘肃省霜冻的变化规律

(1)甘肃省霜冻日数变化特征

2000—2019 年甘肃省平均年霜冻日数(地面最低温度≤0 ℃)为 11 d,总体呈下降趋势(图 3.12),其中,2000—2007 年年平均霜冻日数高于平均值,2007 年后低于平均值。地面最低温度≤−3 ℃和≤−5 ℃的霜冻日数变化与≤0 ℃的变化相同。2004 年之后,初、终霜冻日数呈现比较一致的提前趋势,初霜冻提前更为明显。

甘肃省霜冻区域分布,酒泉西北部、祁连山区、甘南西部霜冻日数≥50 d,武威中北部、陇

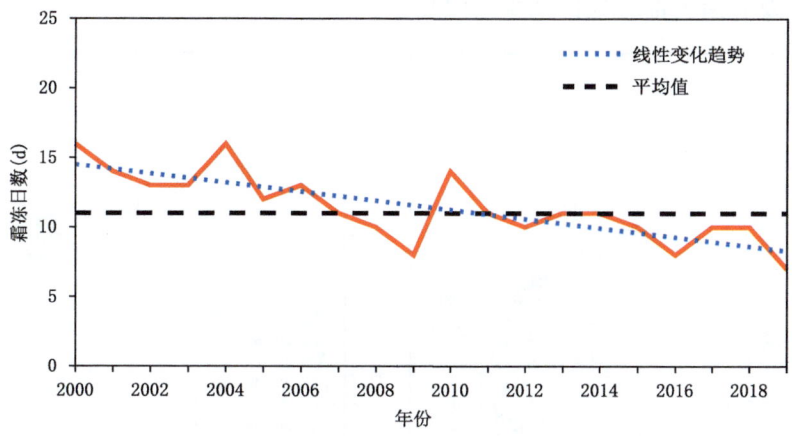

图 3.12 甘肃省 2000—2019 年霜冻日数变化趋势

中大部分地区在 20~30 d,陇东南大部分地区霜冻日数≤20 d,其中,陇南大部、天水南部霜冻日数少于 10 d,省内其余各地霜冻日数在 30~40 d(图 3.13a)。甘肃省无霜期日数在 86~200。河西五市在 86~170 d,陇中大部分地区在 120~160 d,平凉、庆阳两市在 156~170 d,定西东南部、陇南中东部和天水西南部超过 170 d,甘南西北部少于 100 d,东南部谷地在 120~170;甘肃省无霜期日数最长为文县,部分年份全年无霜冻,最短在乌鞘岭,为 86 d(图 3.13b)。

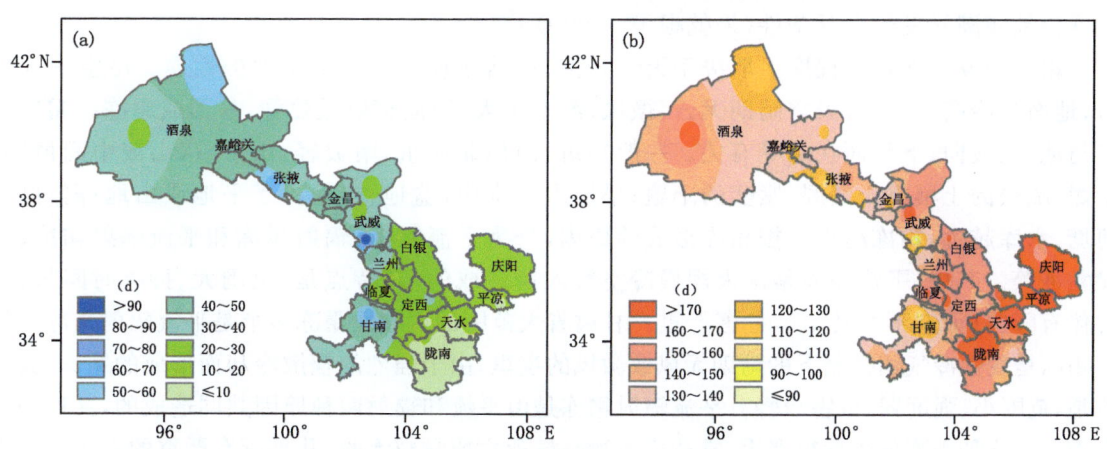

图 3.13 甘肃省 2000—2019 年平均霜冻日数(a)和无霜期日数(b)分布

(2)甘肃省初、终霜冻日数分布特征

2000—2019 年,甘肃省年平均初霜冻日数河西西部(除酒泉西南部)、祁连山区东部、兰州北部、临夏西部和南部及甘南西部≥20 d,临夏东南部、定西西部和南部及陇东南初霜冻日数少于 10 d,其中,甘南东南端、定西东南部、天水南部及陇南大部分地区≤5 d,省内其余地区为 10~20 d。终霜冻日数大值区在河西西部(除酒泉西部)、祁连山区、兰州西北部、临夏西南部及甘南大部分地区,超过 20 d,其中,祁连山区局部地区及甘南西部超过 35 d,甘南东南端、定西东南部及陇东南大部分地区终霜冻日数少于 10 d,其中,陇南大部和天水南部地区终霜冻日数少于 5 d。河西大部分地区初霜冻日数多于终霜冻日数,河东大部分地区终霜冻日数和初霜冻日数相当(图 3.14)。与历年(1961—1990 年)相比,2000—2019 年甘肃省初、终霜冻日数在减少,河西地区及甘南大部分地区减少最明显。

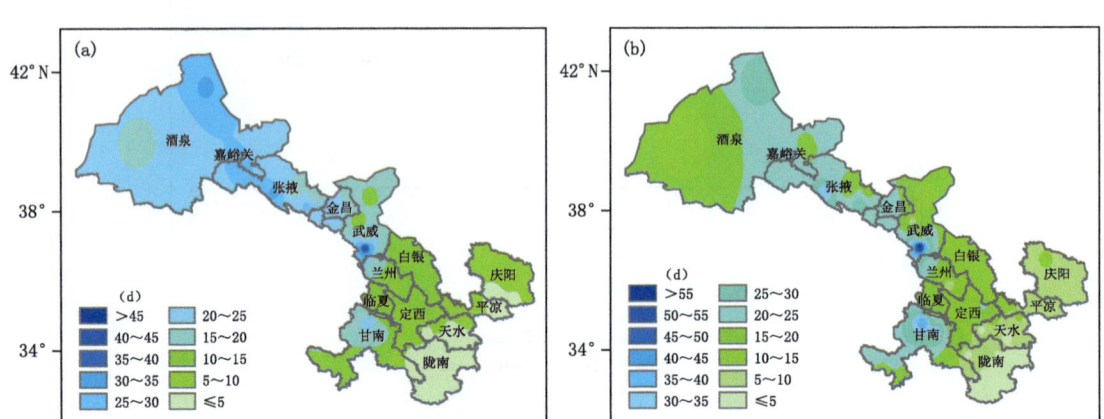

图3.14 甘肃省2000—2019年平均初霜冻日数(a)和终霜冻日数(b)分布

3.2.4 寒潮、霜冻的形成原因

寒潮是大范围的强冷空气在一定环流形势下向南暴发的现象,是一种大型天气过程。在其整个生命史中,往往与半球范围的超长波、长波活动有密切关系。强冷空气在西伯利亚、蒙古堆积是寒潮暴发的必要条件(朱乾根 等,2000)。

霜冻的发生在很大程度上取决于天气条件、自然地理条件和下垫面的性质。冷空气入侵后,地面为冷高压控制,天空晴朗无云、微风、湿度不大、地面辐射散热强,易形成霜冻。霜冻强度与地形、坡向、下垫面状况等有关。一般来讲,山地北坡重,南坡轻,山下重,山坡中间最轻;干燥、疏松的土壤重于潮湿、紧实的土壤;旱田重于水田;盆地、洼地重于平地或山地;离村庄、河塘、水库越远,霜冻越重。按霜冻形成的原因,分为平流霜冻、辐射霜冻和平流辐射霜冻、蒸发霜冻等。其中,平流霜冻是由大规模冷空气入侵造成的,其特点是,范围大、持续时间长,常常伴有降雪(天空不必转晴),危害严重。甘肃省大范围的区域性霜冻多半是平流辐射霜冻。辐射霜冻是变性冷气团控制下的晴朗无风或微风的夜里,由于强烈的辐散冷却而形成的霜冻,其特点是,范围小、强度弱,危害较轻。平流辐射霜冻是由平流和辐射两种原因共同造成的,又称为混合霜冻。这种霜冻危害性很严重,常造成作物整株死亡或颗粒无收,几乎所有严重的有害于农作物的霜冻都是这种霜冻(崔成祥,1990;孟繁胜 等,2010;陶建红 等,2012;沈修美,2013)。

3.2.5 典型个例分析

2018年4月4—7日,受强冷空气影响,甘肃省出现区域性大风沙尘、降水降温天气过程。河西五市及兰州、白银、临夏、定西等地出现大风沙尘天气,民勤、凉州区、兰州出现沙尘暴;河西五市及白银、兰州、定西、陇南、平凉、庆阳、甘南等地出现5~6级西北风,阵风8级。河西五市及白银、兰州、临夏、定西等市(州)部分地区出现小到中雪,甘南、陇南、天水、平凉、庆阳等市(州)部分地区出现阵雨或雷雨大风,宕昌局部乡(镇)出现暴雨,岷县、宕昌、康县等地局地出现冰雹。甘肃省各地气温大幅度下降,河西五市及白银、兰州、定西、天水等市最低气温下降10~12 ℃(图3.15),达到强寒潮标准,临夏、甘南、陇南、平凉、庆阳等市(州)部分地区达到寒潮标准。

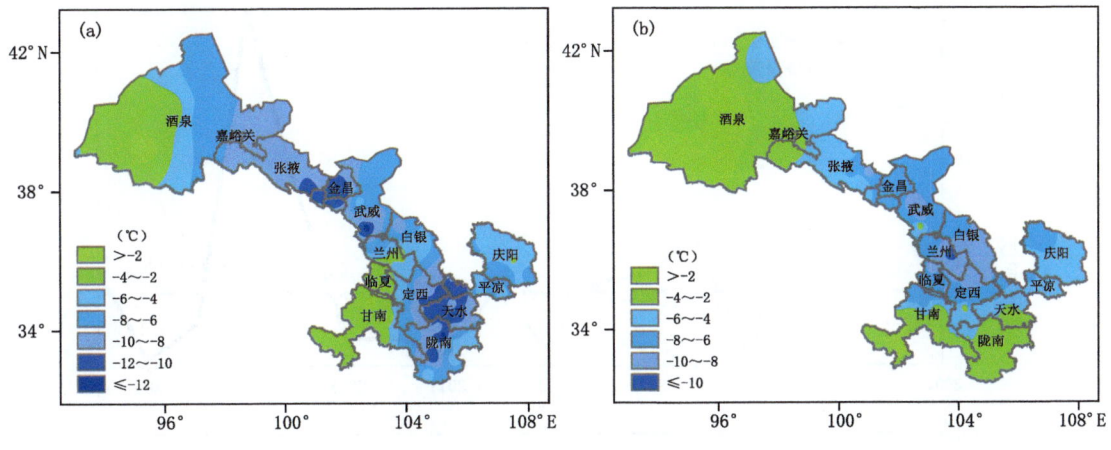

图 3.15　2018 年 4 月 6 日(a)和 7 日(b)24 h 气温变幅分布

5—7 日清晨甘肃省大部地区出现霜冻,对杏、桃、梨、苹果、大樱桃、油菜、冬小麦等危害严重。此次过程多灾并发,共造成农作物受灾面积 22.94 万 hm²,直接经济损失 69.01 亿元。这次冻害波及了甘肃省所有地区。

此次寒潮强降温、霜冻天气过程,从高空形势发展演变来看,属于小槽发展型。4 月 2 日 20 时至 3 日 08 时,欧洲大槽不断向南加深,在槽前暖平流作用下使得乌拉尔山脊加强,脊前宽广的槽区形成切断低涡,高空贝加尔湖北部有−44 ℃冷中心南压;4 日 08 时,500 hPa 乌拉尔山脊前锋区明显南压,冷槽底部分裂的西风槽与高原槽叠加,冷槽主体有向北缩的趋势,冷中心南压不明显,下游脊发展加强;700 hPa 锋区位于新疆至甘肃河西西部,锋区后部及锋区附近偏北风明显,风速大,输送较强冷平流。4—6 日,乌拉尔山高压较稳定维持,脊前偏北气流持续向南输送冷平流,脊前冷槽与高原槽合并,缓慢东移并南压,贝加尔湖北部的冷中心南压不明显,甚至出现北缩现象;高空锋区较强,向东移动缓慢。6 日 08 时,高空锋区东移至河套地区,全省的强降温过程结束。从地面冷锋、气旋和冷高压的演变来看,鞍型场(变形场)和地面倒槽的动力作用有利于气旋和地面冷锋的生成和加强;冷空气活动以高压分裂的形式南下影响西北地区,分裂的冷高压沿河西走廊南下,空间尺度较小,移动较缓慢,因此降温主要集中在甘肃省。

3.2.6　甘肃省 2001—2018 年寒潮、霜冻灾害

2001—2018 年因低温冻害共造成甘肃省农作物受灾 503.4 万 hm²,经济损失 307.11 亿元。从图 3.16 可以看出,2001—2018 年因低温冻害造成的农作物受灾面积和经济损失有增大的趋势,受灾人数无明显变化。

3.2.7　影响评估

寒潮天气的主要特点是剧烈降温和大风,有时还伴有雨、雪、雨凇或霜冻,寒潮往往导致河港封冻、交通中断、牲畜和早春晚秋作物受冻,但也有利于小麦灭虫越冬、盐业制卤等。

甘肃省各地早霜冻集中出现在 9 月上旬到 11 月上旬,正值秋作物灌浆、乳熟和黄熟期,此时遇上霜冻,危害严重,易造成作物大幅度减产。如玉米、大豆、棉花等秋收作物在成熟前对霜

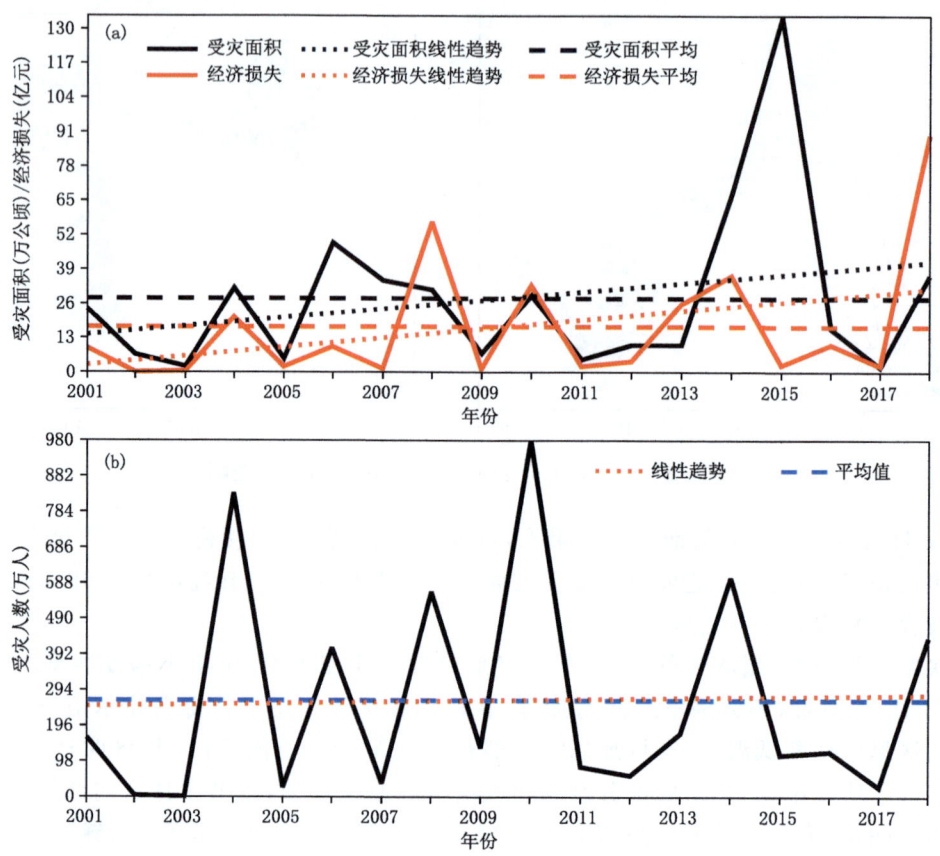

图 3.16　2001—2018 年低温冻害和雪灾造成的受灾面积、经济损失(a)和受灾人数(b)变化

冻非常敏感。晚霜冻结束时间主要集中在 4 月上旬到 5 月下旬,正值冬、春小麦拔节、孕穗期,大秋作物出苗生长期,经济林果开花受粉坐果期,此时遇上霜冻,会造成不同程度的危害,轻则冻伤农作物的茎、叶组织,重则植株被冻死,经济林果花、果受冻大量脱落,造成严重减产。杏、桃、李、苹果和梨在萌芽期能忍受的最低温度为 -4 ℃左右,开花期为 -2 ℃左右,萌芽开花期如果遇到霜冻,花芽容易被冻死,直接影响产量。一般来讲,晚霜冻危害大于早霜冻,早霜冻出现得愈早,晚霜冻结束得愈迟,对农作物及经济林果的危害就愈重,反之则轻。重灾往往是发生在 4—5 月的寒潮、霜冻叠加,并伴有暴雪、大风沙尘等一系列灾害性天气引起的。

3.2.8　气候影响建议

农作物受害程度决定于低温冻害的强度、持续时间、作物种类、品种,以及农业技术水平、土壤肥力等。随着科技的发展,天气预报水平的不断提高,气象工作者已经能够及时准确地预报初、终霜冻、寒潮及低温冻害,在气象决策服务指导下,人们可以积极采取措施,预防低温冻害(孟繁胜 等,2010)。

低温冻害的防御措施大致可分为两类:一类是改进栽培管理技术,增强植物抗寒能力;另一类是霜冻来临前,直接加热或减少辐射冷却作用,提高植株附近地面层气温,防御冻害(崔成祥,1990;沈修美,2013)。

3.2.8.1 采用合理的栽培管理技术

①根据霜冻的初、终日早晚调整播种时间。如水稻、棉花和生育期较长的大田作物为了避开秋霜冻的影响必须适时早种。

②根据无霜期的长短,合理安排早、中、晚品种,避开霜害。

③因地制宜,合理分配作物品种。如在谷底和洼地霜冻发生较重的地区,选择耐寒品种,在山坡中部和靠水域的地区,霜害较轻,可种植抗寒能力较弱的品种。

④改良品种,提高作物的抗霜冻能力。

⑤冬前增施磷、钾肥,增强植株的健康度和抗寒力。

⑥营造防护林。防护林可以减弱寒风的侵袭,提高田间温度,使霜冻不易发生。

⑦促进作物早熟,水稻烤田,棉花整枝、去叶、打叉,可促早熟,避免晚霜危害。

3.2.8.2 物理方法防御冻害

①熏烟法:在霜冻出现前,先准备一些干草、树叶、谷秆堆成烟堆,大约间隔1米堆1个。预计有霜之夜,当温度降到作物受害的临界值以上1～2℃时,点燃预先堆放于田间的烟堆,使其形成稳定的烟幕,也称之为人工烟幕法。烟幕可以降低地面有效辐射,使地面降温速度变慢。烟堆燃烧的增温效果约1～3℃。近年来,也有利用燃烧化学烟雾剂来防御霜冻的,烟幕的浓度大、范围广、维持时间长,防霜冻的效果更好。

②灌水法:灌水是一种预防霜冻的好方法。实验证明,一般在霜冻来临前1～2 d灌水,地面平均温度可提高2～3℃,持续时间可达2～3 d,从而改变农田小气候。

③遮盖法:利用稻草、麦秆、草木灰、杂草、尼龙网等覆盖植物,既可防止冷空气的袭击,又能减少地面热量散失,气温一般能提高1～2℃。这种方法只能预防小面积霜冻,优点是防冻时间长。

3.3 干旱

直观理解,干旱就是一种水的短缺,也就是一种以长期雨量很小或无雨为特征的气候现象,其程度取决于水分短缺的历时和数量。最初的干旱定义就是以降雨为标志,如美国天气局1954年将干旱定义为:严重和长时间的缺雨。类似地,世界气象组织1986年定义:干旱是一种持续的、异常的降雨短缺。随着对水的理解的加深,逐渐认识到降雨不能反映干旱的全部特征,开始用水资源供需平衡的角度来认识干旱,认为干旱是供水不能满足正常需水的一种不平衡缺水状态,不同的供需关系会产生不同的干旱。在供需关系中,影响供水、需水的自然因子包括降水、蒸发、气温和下垫面径流,影响供水、需水的人为活动因子包括土地利用、种植制度、人口、产业布局和水利设施等。

目前,社会上比较公认的干旱定义是:因水分的收与支或供与求不平衡而形成的持续的水分短缺现象。这种水分的短缺可以表现为:自然蒸发大于自然降水引起的水分不足现象为气象干旱;由于土壤水分的缺乏影响农作物正常生长的现象为农业干旱;由于江河湖泊水位偏低,径流异常偏小的现象为水文干旱等。在自然界气象干旱一般有两种类型:一类是由气候、海陆分布、地形等相对稳定的因素在某一相对固定的地区常年形成的水分短缺现象,这类气象干旱也可称之为干燥或气候干旱。另一类是由各种气象因子(如:降水、气温等)的年际或季节变化造成的一定时期水分短缺现象,称为大气干旱,在多数情况下所说的干旱通常指这类干旱,也称气象干旱。它与干燥有一定联系,但也不能等同于干燥。干旱与干燥都与降水少有关,但是干旱的发生不在于平均降水量的多少,主要决定于降水量的稳定程度及强度。所以,干旱现象不仅经常在干燥气候区发生,在湿润气候区也可能由于持久的缺雨引起干旱(Dai,2011;Huang et al.,2016;Zhai et al.,2010)。

干旱灾害,是指某一具体的年、季和月的降水量比常年平均降水量显著偏少,导致经济活动(尤其是农业生产)和人类生活受到较大危害的现象。干旱灾害在干旱、半干旱气候区和在湿润、半湿润气候区都有可能发生,尤其是在干旱、半干旱气候区,由于降水量的年际变化特别大,降水显著偏少的年份较多,干旱灾害发生的频率高(栗健 等,2014;侯威 等,2008;龚志强 等,2008;马柱国 等,2018;王志伟 等,2003)。气象干旱是指某地某时段由于蒸发量和降水量的收支不平衡,水分支出大于水分收入而造成的水分短缺现象。对干旱的定义有很多指标,气象干旱监测指标主要包含降水量、降水量距平百分率、Z指数、SPI指数和CI指数等(袁云 等,2010;李红梅 等,2018;王作亮 等,2019;慈晖 等,2016;王劲松 等,2013)。

3.3.1 气象干旱综合指数(MCI)

甘肃省地处中国西北部,干旱是其最主要的气候特征。干旱直接影响到甘肃省的生态环境和社会经济发展等方面。干旱导致土壤缺水,影响植物正常生长,影响农业生产,造成水资源严重短缺,人畜饮水困难,城市供水紧张,制约社会经济发展,是对甘肃省影响最严重的自然灾害之一(曹闯 等,2019;冉津江 等,2014;范双萍,2018)。

国家气候中心在大量调研和对比检验的基础上,发展了新的气象干旱综合监测指数(MCI)(表 3.1),进一步修订了国家标准《GB/T 20481—2017 气象干旱等级》(全国气候与气候变化标准化技术委员会,2017)。相对于其他指数,MCI 考虑了变量在时间上的冬天变化情况和不同地域空间对指数计算的影响评估。引进了近 30 d 相对湿润度指数(MI_{30})、近 90 d 标准化降水指数(SPI_{90})、近 150 d 标准化降水指数(SPI_{150})、近 60 d 标准化权重降水指数($SPIW_{60}$),以及季节调节系数 Ka,与 MI_{30}、SPI_{90}、SPI_{150}、$SPIW_{60}$ 对应的按照地域赋予不同的系数。近年来,MCI 已在国家级和省级干旱监测业务中进行了试运行和对比检验,结果表明 MCI 的监测效果较以前的干旱指数得到有效改进(廖要明 等,2017;邹旭恺 等,2010;成青燕 等,2017;王春学 等,2019;冯冬蕾 等,2017)。

气象干旱综合指数(MCI)的计算公式:

$$MCI = Ka \times (a \times SPIW_{60} + b \times MI_{30} + c \times SPI_{90} + d \times SPI_{150})$$

式中,MCI 为气象干旱综合指数;MI_{30} 为近 30 d 相对湿润度指数;SPI_{90} 为近 90 d 标准化降水指数;SPI_{150} 为近 150 d 标准化降水指数;$SPIW_{60}$ 为近 60 d 标准化权重降水指数;a 为 $SPIW_{60}$ 项的权重系数,北方及西部地区取 0.3,南方地区取 0.5;b 为 MI_{30} 项的权重系数,北方及西部地区取 0.5,南方地区取 0.6;c 为 SPI_{90} 项的权重系数,北方及西部地区取 0.3,南方地区取 0.2;d 为 SPI_{150} 项的权重系数,北方及西部地区取 0.2,南方地区取 0.1;Ka 为季节调节系数,根据不同季节各地主要农作物生长发育阶段对土壤水分的敏感程度确定《GB/T 32136—2015 农业干旱等级》(全国农业气象标准化技术委员会,2015)。

表 3.1 气象干旱综合指数等级的划分表

等级	类型	MCI	干旱影响程度
1	无旱	−0.5<MCI	地表湿润,作物水分供应充足;地表水资源充足,能满足人们生产、生活需要
2	轻旱	−1.0<MCI≤−0.5	地表空气干燥,土壤出现水分轻度不足,作物轻微缺水,叶色不正;水资源出现短缺,但对生产、生活影响不大
3	中旱	−1.5<MCI≤−1.0	土壤表面干燥,土壤出现水分不足,作物叶片出现萎蔫现象;水资源短缺,对生产、生活造成影响
4	重旱	−2.0<MCI≤−1.5	土壤水分持续严重不足,出现干土层(1~10 cm),作物出现枯死现象;河流出现断流,水资源严重不足,对生产生活造成较重影响
5	特旱	MCI≤−2.0	土壤水分持续严重不足,出现较厚干土层(>10 cm),作物出现大面积枯死;多条河流出现断流,水资源严重不足,对生产、生活造成严重影响

3.3.2 2000—2019 年甘肃省干旱主要特点及变化规律

2000—2019 年甘肃省逐年的轻旱、中旱、重旱和特旱日数均呈现下降趋势(图 3.17),下降速度分别为 6.6 d/10a、9.4 d/10a、6.4 d/10a 和 4.2 d/10a,2000 年、2001 年和 2004 年是干旱较严重的年份,其次为 2008 年和 2009 年。

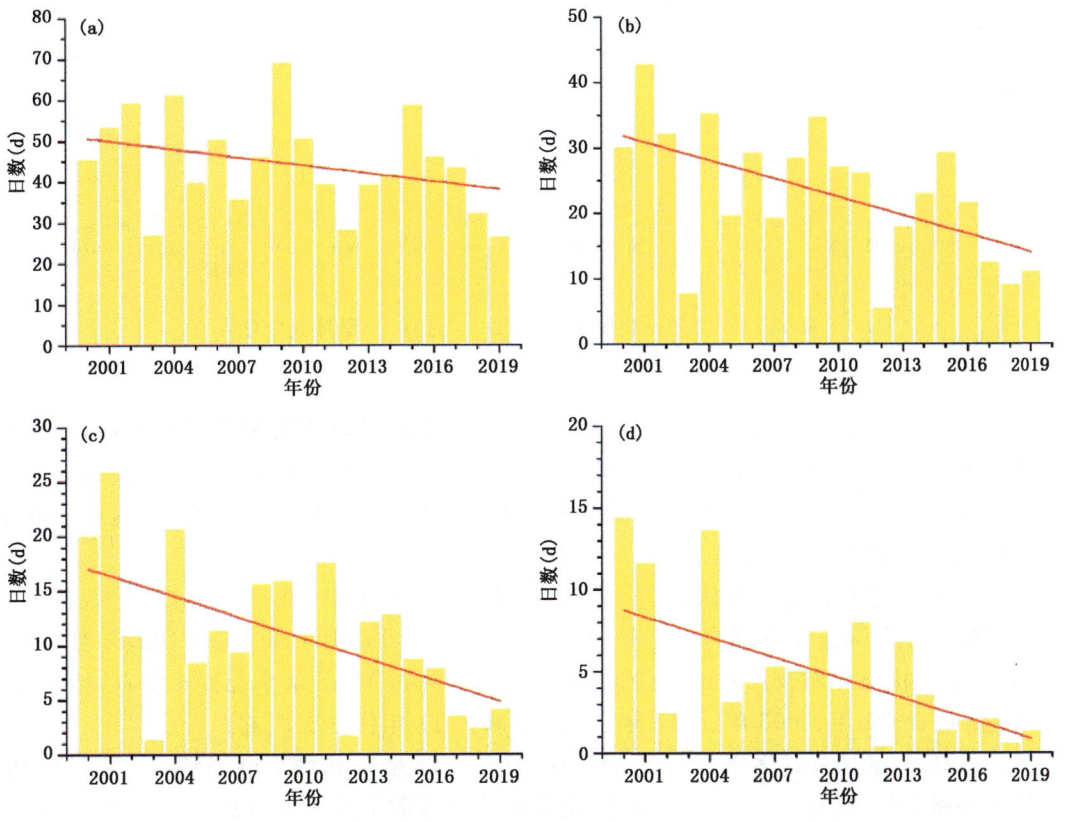

图 3.17 2000—2019 年的干旱日数变化
(a.轻旱,b.中旱,c.重旱,d.特旱)

2000—2019年甘肃省逐年春旱(3—4月)日数呈现下降趋势(图3.18),其中,轻旱、中旱、重旱和特旱日数下降速度分别为 1.3 d/10a、1.1 d/10a、0.7 d/10a 和 0.7 d/10a,2013年是春旱最严重的年份,中旱和重旱均超过 10 d,特旱在 7 d 左右,春旱较严重的年份是 2001 年和 2004 年。

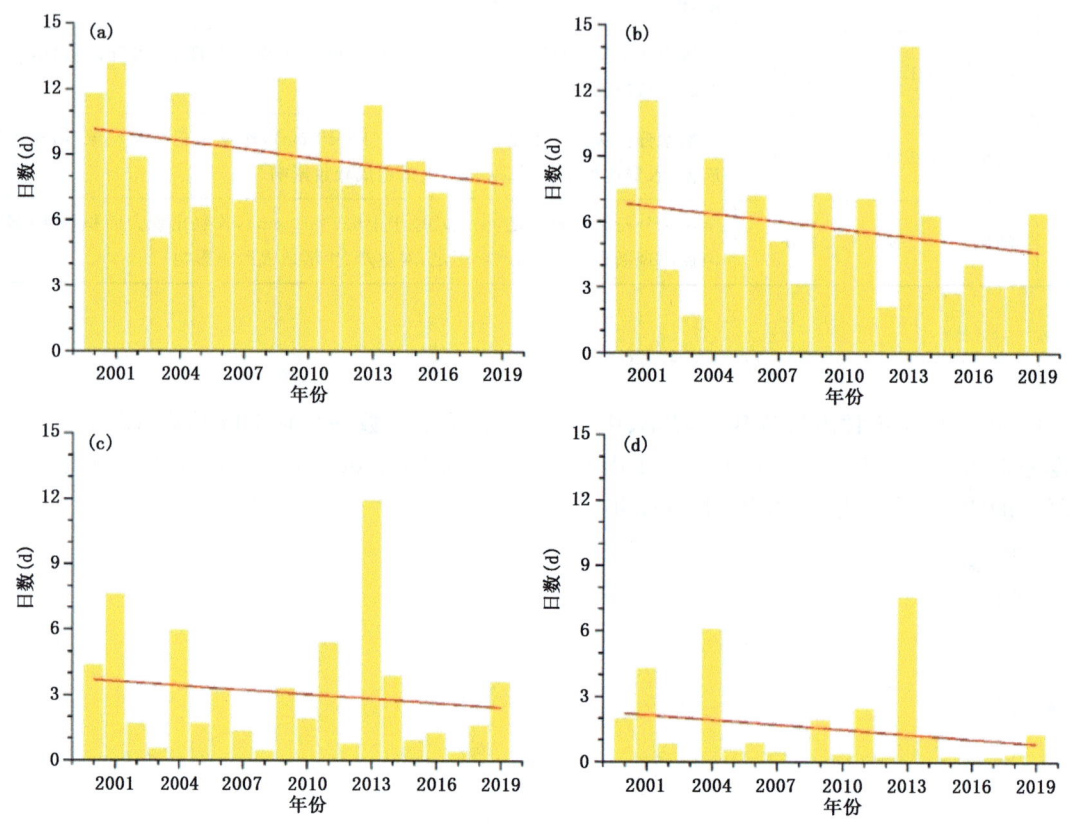

图 3.18 2000—2019 年春旱(3—4月)的干旱日数变化
(a.轻旱,b.中旱,c.重旱,d.特旱)

2000—2019年甘肃省逐年春末夏初旱(5—6月)日数呈现下降趋势(图3.19),其中,轻旱、中旱、重旱和特旱日数下降速度分别为 2.7 d/10a、4.3 d/10a、4.1 d/10a 和 2.8 d/10a,2000 年、2001 年、2004 年、2007 年、2008 年和 2011 年是春末夏初旱轻重的年份,中旱和重旱均在 10 d 左右,特旱在 5 d 左右。

2000—2019年甘肃省逐年伏旱(7—8月)日数呈现下降趋势(图3.20),其中,轻旱、中旱、重旱和特旱日数下降速度分别为 3.2 d/10a、3.4 d/10a、1.5 d/10a 和 0.6 d/10a,2001 年、2009 年和 2014 年是伏旱相对较严重的年份,这些年份中旱超过 10 d,重旱在 5 d 左右,特旱在 2 d 左右,2000 年、2004 年、2006 年、2008 年、2010 年和 2011 年伏旱次严重。

2000—2019年甘肃省逐年秋旱(9—10月)日数整体呈现略微下降趋势(图3.21),其中,轻旱趋势略微升高,增速 0.1 d/10a,中旱、重旱和特旱日数下降速度分别为 0.9 d/10a、0.3 d/10a 和 0.1 d/10a。2002 年和 2015 年是秋旱相对较严重的年份,这两年中旱 15 d 左右,重旱近 7 d 和 5 d。

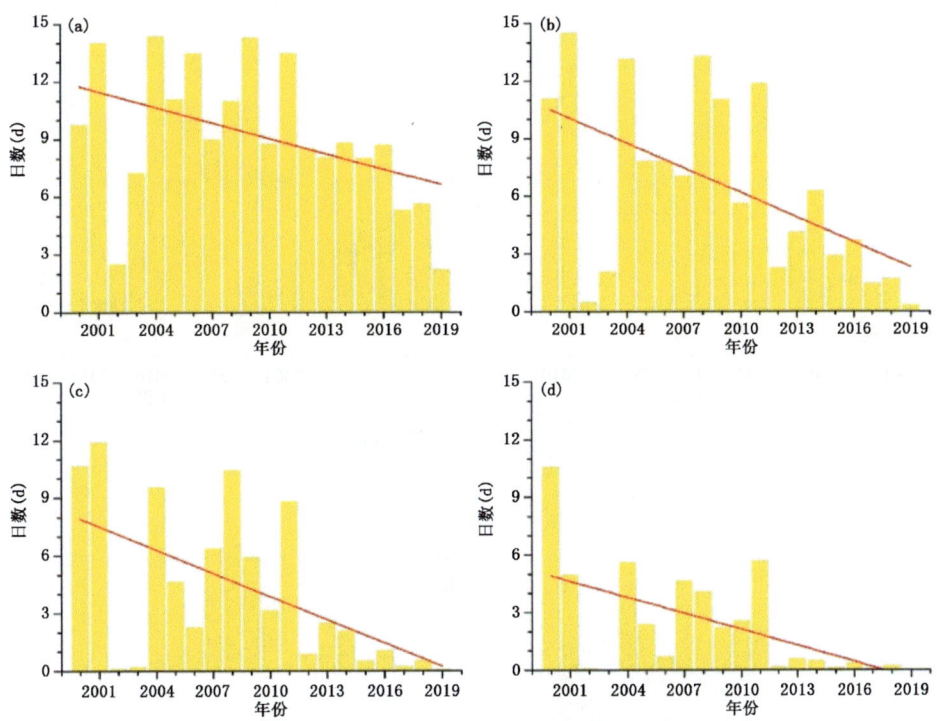

图 3.19 2000—2019 年春末夏初旱(5—6 月)的干旱日数变化
(a.轻旱,b.中旱,c.重旱,d.特旱)

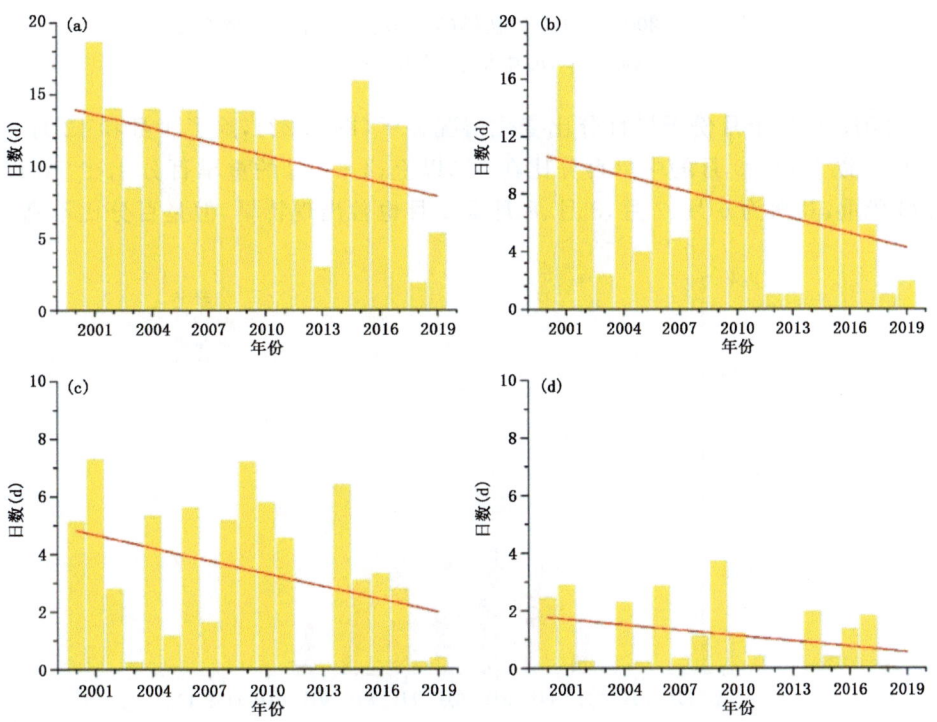

图 3.20 2000—2019 年伏旱(7—8 月)的干旱日数变化
(a.轻旱,b.中旱,c.重旱,d.特旱)

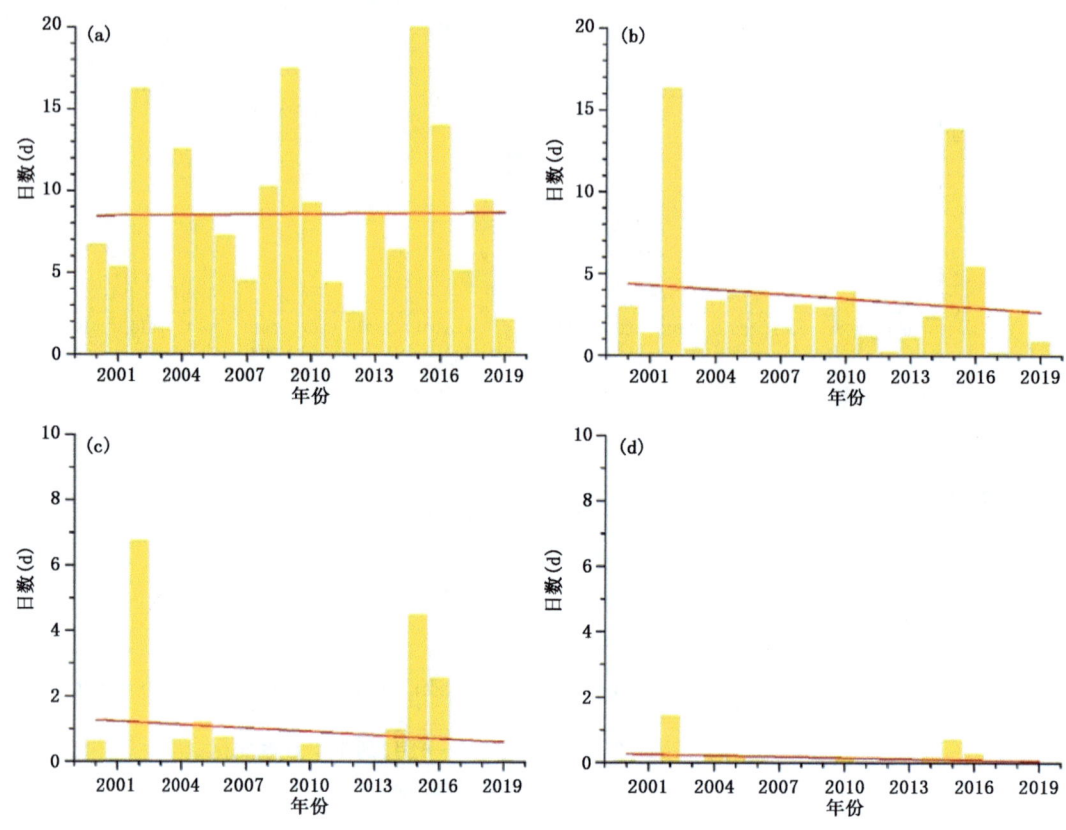

图 3.21 2000—2019 年秋旱（9—10 月）的干旱日数变化
(a. 轻旱，b. 中旱，c. 重旱，d. 特旱)

2000—2019 年各个月份干旱百分比变化情况显示（图 3.22），除了 1 月和 12 月，其余月份轻旱都在 10% 以上；3—9 月的中旱百分比在 5% 以上；4—7 月的重旱百分比在 5% 以上；特旱4 月、5 月最严重，其次为 6 月、7 月，3 月、8 月至 9 月也曾出现特旱，但是百分比不高。

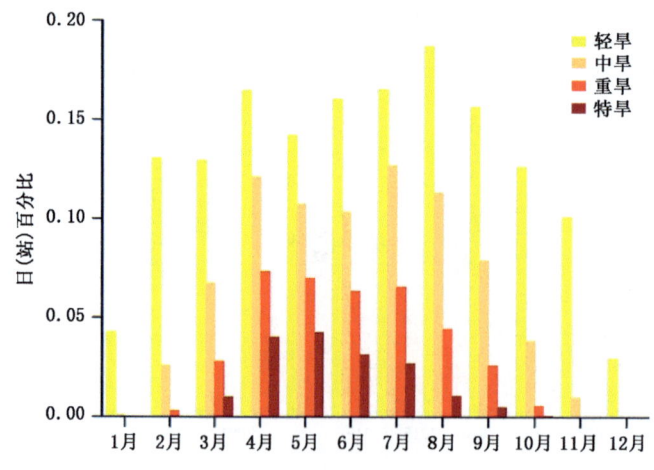

图 3.22 2000—2019 年各月各等级干旱百分比变化

根据逐日各个等级干旱的站点百分比可知(图3.23),甘肃省的干旱具有明显的季节性变化,冬季(1月左右)无旱的站点百分比超过90%。最低的无旱百分比出现在2002年、2004年、2009年、2012年、2013年、2016年,无旱百分比10%左右,为明显的干旱年,这些年份对应的特旱、重旱、中旱比例较高。

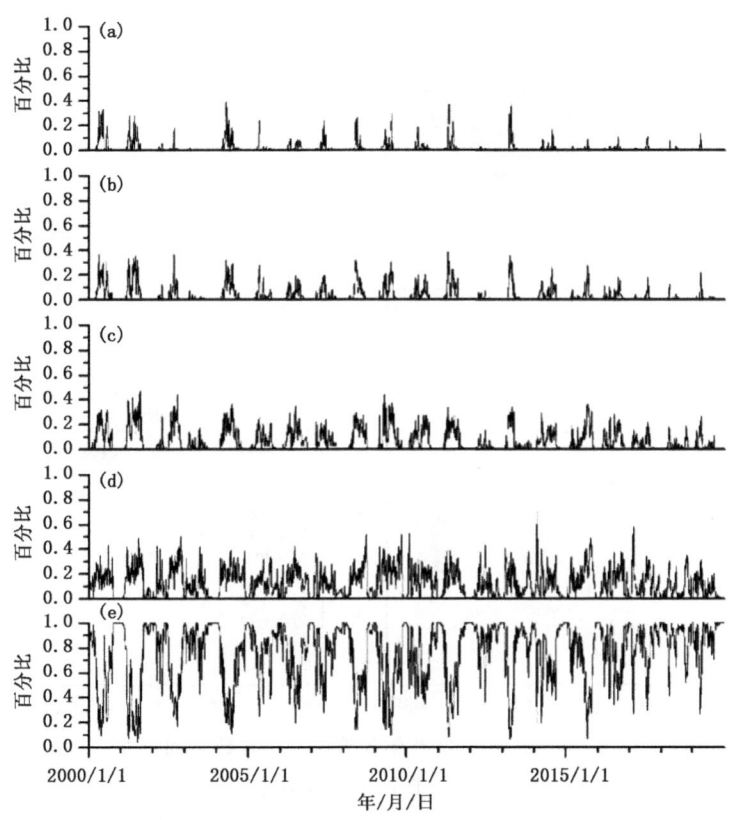

图3.23 2000—2019年逐日干旱百分比变化
(a.特旱,b.重旱,c.中旱,d.轻旱,e.无旱)

2000—2019年各个等级干旱日数的空间分布显示(图3.24),除了酒泉、嘉峪关大部和庆阳东部地区年轻旱日数在30 d以下,其余地区年轻旱日数都在30 d以上,白银、定西、陇南南部等地区年轻旱超过60 d。甘肃省年中旱基本在40 d以下,其中,白银以东大部分地区年中旱超过30 d,白银以西地区年中旱在20 d以下。年重旱日数较多的地区主要分布在武威以东,大部分地区年重旱超过10 d,其中,白银和庆阳大部、定西北部、天水南部、陇南北部地区年重旱日数较多,超过15 d。甘肃河东地区年特旱日数较多,大部分地区年特旱日数在5~10 d,河西地区年特旱基本在5 d以下。

无旱日数、干旱日数(包括轻旱、中旱、重旱和特旱)的逐年空间变化趋势显示(图3.25),甘肃省2000—2019年无旱日数呈现上升趋势,白银、兰州、临夏、平凉、庆阳等地无旱日数上升相对明显,速度超过5 d/a,武威、金昌、张掖、嘉峪关等市无旱日数上升速度1~3 d/a,酒泉大部分地区无旱日数略有下降趋势,下降速度1~3 d/a。干旱日数整体呈现下降趋势,其中,白

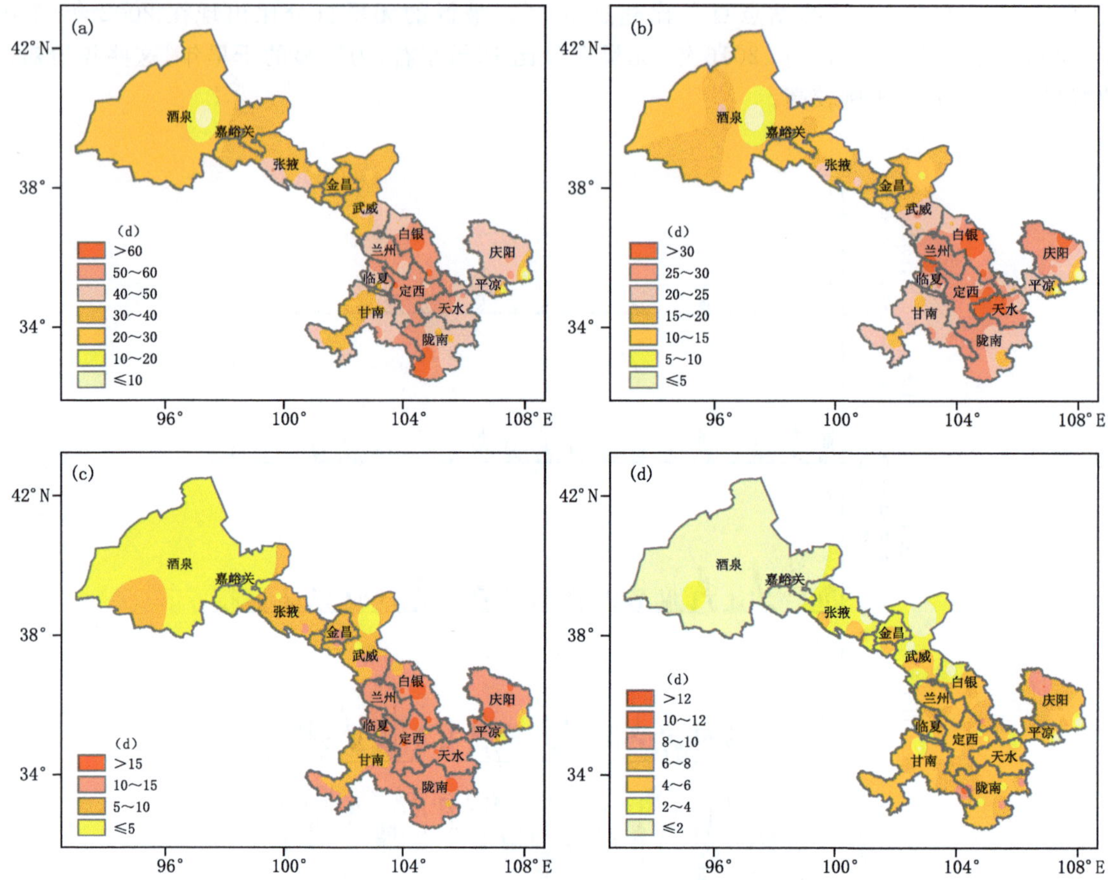

图 3.24 2000—2019 年各等级干旱日数空间分布
（a.轻旱，b.中旱，c.重旱，d.特旱）

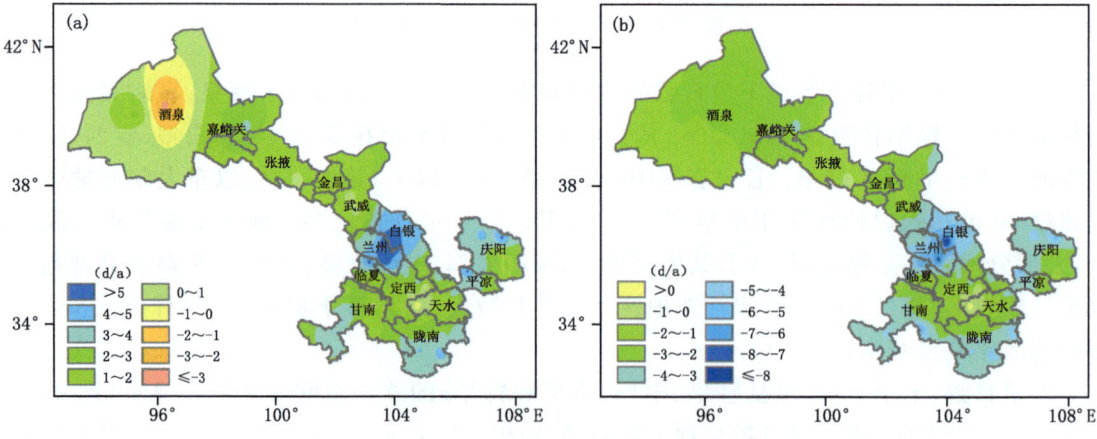

图 3.25 2000—2019 年无旱（a）和干旱（b）日数空间分布

银、兰州地区下降最明显,速度超过 7 d/a。河西地区干旱日数下降相对不明显,大部分地区下降速度在 2 d/a 以内。河东地区干旱日数下降速度大多在 3~4 d/a。

3.3.3 干旱成因

从自然环境背景看,甘肃省深处内陆,距海洋远,上空水汽不足,是形成干旱气候的一个地理因子;地处青藏高原东北侧边缘,该区为相对少雨地带。由于夏季热力作用,青藏高原上空为上升运动,与之相联系,高原外围一直处在补偿下沉气流之中,较之周围地区降水稀少,更加干旱;植被稀少,有限的雨水大量流失,太阳辐射能大部分作用于土壤升温,使之迅速变干,干旱加剧。植被覆盖度的数值试验结果亦表明,植被覆盖引入模式后,在青藏高原东北侧降水将显著增多,而在大范围无植被覆盖下,将出现严重的干旱态势。

旱灾发生的直接原因是大气环流的异常和大气环流季节变化出现异常。从干旱发生的环流特征上看,造成春末夏初旱的环流形势是,亚洲中高纬度上空为一槽一脊,中纬度朝鲜半岛到渤海湾的槽偏深,中亚到新疆的脊偏强,甘肃省在高压脊控制之下,缺少暖湿气流,又无冷空气影响,不利于降水,致使干旱发生。伏旱出现在副热带高压脊线在盛夏向北越过 30°N,且稳定的时段。因此,副热带高压脊线偏北而持续,暖空气势力过强是引起甘肃全省盛夏干旱的直接原因。

3.3.4 甘肃省 2000—2019 年干旱灾害

2000—2019 年由于干旱导致的农作物受灾面积 2015 年最大(图 3.26),超过 500 万 hm^2,其次为 2000 年、2001 年、2007 年和 2009 年,受灾面积均超过 150 万 hm^2,2005 年和 2006 年受灾面积在 100 万~150 万 hm^2,其余年份在 100 万 hm^2 以下,2019 年是干旱最轻的年份,基本未发生干旱灾害。绝收面积 2015 年达 47.5 万 hm^2,其次为 2001 年,2006 年和 2007 年,绝收面积均超过 20 万 hm^2。受灾人口在 2009 年最多(图 3.27),达 1571 万。

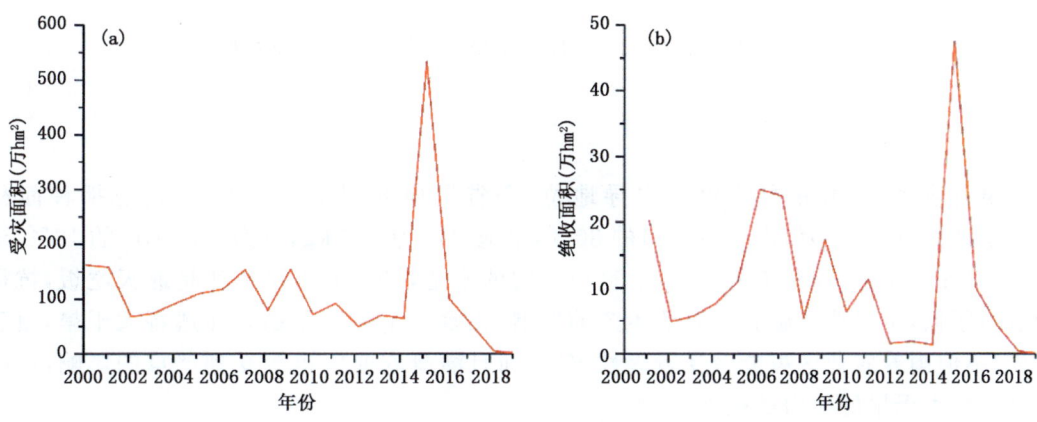

图 3.26 甘肃省 2000—2019 年受灾面积(a)和绝收面积(b)变化

2009 年和 2016 年干旱造成的直接经济损失最大(图 3.28),分别为 43.2 亿元和 41.2 亿元,其次为 2011 年。

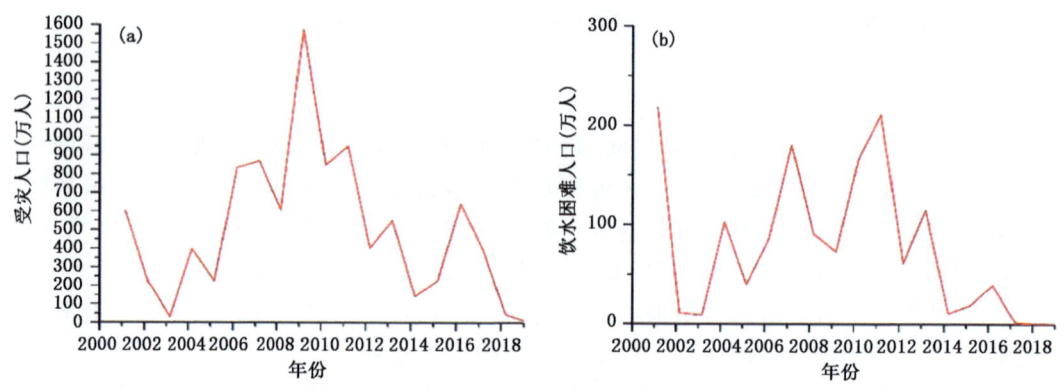

图 3.27　甘肃省 2001—2019 年受灾人口(a)和饮水困难人口(b)变化

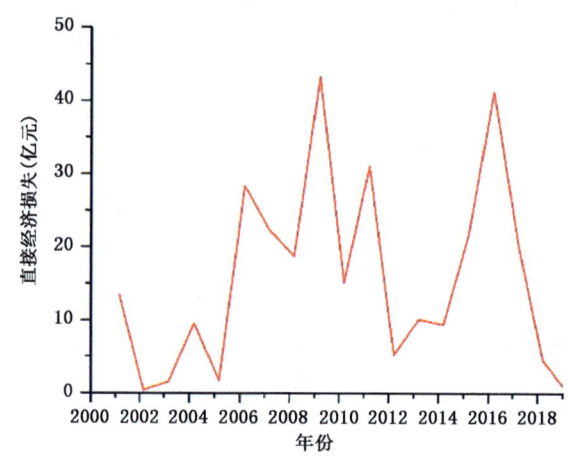

图 3.28　甘肃省 2001—2019 年干旱造成的直接经济损失变化

3.3.5　影响评估

甘肃省耕地中,雨养农业仍占主导地位,全省旱地面积 241 万 hm^2,占总播种面积的 73%。旱区人口 2015 万,占全省人口的 80%,旱地单产为 157 kg,仅为水田单产的 48%,遇到旱年,只有几十千克,甚至绝收。因此,这块广阔的土地,80%的人民仍然是靠天吃饭,抗御干旱的能力很低,干旱严重威胁着农业生产的发展,粮食产量低而不稳。如遇特大干旱,由于水源减少,不但雨养农业区可能遭受毁灭性灾害,而且灌溉农业区也会受到严重的影响,说明甘肃省抵御特大干旱的能力还很差。

3.3.6　气候影响建议

干旱始终是甘肃省的第一大自然灾害,如何防旱、抗旱,减轻旱灾损失,需要认真总结历史经验,研究新形势下的防旱、抗旱措施及对策。

(1) 建设完善的抗旱指挥系统

抗旱指挥系统工程是全国防汛指挥系统工程建设的同步工程,它由旱情信息的采集、通信、计算机网络、决策支持四个部分组成。简言之,就是要采取最现代的科技通信手段尽快地将各地的旱情收集起来,利用计算机建立数据库,分析旱情发展趋势,采用人机交互手段做出正确的抗旱决策措施,并及时地下达到所辖各地。

(2) 大兴水利

水利是国民经济的基础设施。要增强抗旱能力,提高抗旱效益,最主要的一条就是大兴水利。只有大力发展水利事业,才能保证工农业生产和国民经济健康、稳定、快速地发展。

(3) 积极研究、推广旱作农业的抗旱技术

旱作农业是指旱地农业。甘肃省耕地面积尚有 73% 属于旱地,大部分是坡耕地。旱地农业的抗旱效益直接关系到全省农业的丰歉和农民群众的生活水平提高。因此,旱作农业的抗旱技术应作为抗旱减灾的一项主要措施认真研究提高、推广。

(4) 调整农业生产结构

1) 调整产业结构。全面优化农业生产结构,有步骤地发展畜牧业和各类农产品加工业,加大转化增值规模;有计划、分步骤地退耕还林、还草、还湖,恢复生态的良性循环;加快农村小城镇建设进程,发展乡(镇)企业,降低农村农业人口比重;积极组织农村富余劳力劳务输出,增加农民经济收入,对一些不宜居住的地区还应组织搬迁,尽快脱贫致富。

2) 调整农业种植结构,逐步提高经济作物种植比重,降低粮食作物比重。将各类作物大需水量的时间错开,避谷就峰。形成农村经济发展的良性循环。

(5) 实施生态建设工程

生态建设工程是一项坚定不移地实施天然林资源保护,加大人工造林,荒山绿化,荒漠改造力度,从根本上改善气候条件的伟大工程,是要依靠数代人坚持不懈的努力奋斗才能达到的目标。

干旱始终是甘肃省的主要灾害,随着工农业生产和国民经济的发展,以及全球变暖对天气、气候的影响,如何适应国民经济发展的需要,如何用有限的水资源更好地为工农业生产和国民经济建设服务,以及如何解决目前存在的许多与抗旱工作不相适应的问题,都需要广大抗旱工作者进行很好的调查、研究,不断认真总结群众在抗旱生产中的典型经验和优良做法,找出有代表性、有规律的成果加以宣传推广,以便更有效地搞好全省的防旱、抗旱工作,这是需要各级抗旱主管部门长期开展的一个重大课题。

3.4 暴雨

中国气象局根据全国平均情况规定,日雨量≥50 mm 的降水为暴雨。甘肃省各地气候差异很大,河西地区年降水稀少,日雨量≥50 mm 的暴雨极少,为几十年一遇,而日雨量≥25 mm 的大雨也能成灾,故把河西日雨量≥25 mm 的降水也看作暴雨,一并分析。暴雨按照日降水量一般可分为三个等级。①一般暴雨:50 mm≤日雨量<100 mm;②大暴雨:100 mm≤日雨量<150 mm;③特大暴雨:日雨量≥150 mm。在短历时暴雨中,根据需要又可分为 10 min、1 h、3 h、5 h 和 6 h 的暴雨。

3.4.1 暴雨天气的主要特点及变化规律

3.4.1.1 甘肃省暴雨天气的主要特点

甘肃省降水分布自东南向西北逐渐递减,气候上属于干旱半干旱地区,每年5—9月是主要的雨季,特别是6—8月充沛的降雨有效补充了地下水、水库,浇灌农田,解决工业用水短缺,同时,也是造成山洪及气象次生灾害的主要原因。

3.4.1.2 2000—2019年甘肃省暴雨天气的变化规律

从甘肃省暴雨日数的时间演变特征来看(图3.29a),甘肃暴雨日数有较明显增多趋势,其中,2018年暴雨日数最多,2013年次之,2014年最少。从暴雨日数年际变化看(图3.29b),暴雨日数最多的是7月,8月次之,暴雨最早出现在4月,最晚10月结束,1月、2月、3月、11月和12月无暴雨发生。图3.30是甘肃省2000—2019年暴雨分布,可以看出,甘肃省暴雨主要出现在河东区域,有两个大值中心:一个是陇南和天水的交界处,另一个是平凉中部,河西大部分地区出现暴雨的日数很少。综上分析,甘肃省暴雨具有暴雨期集中,季节分布不均匀的特征。

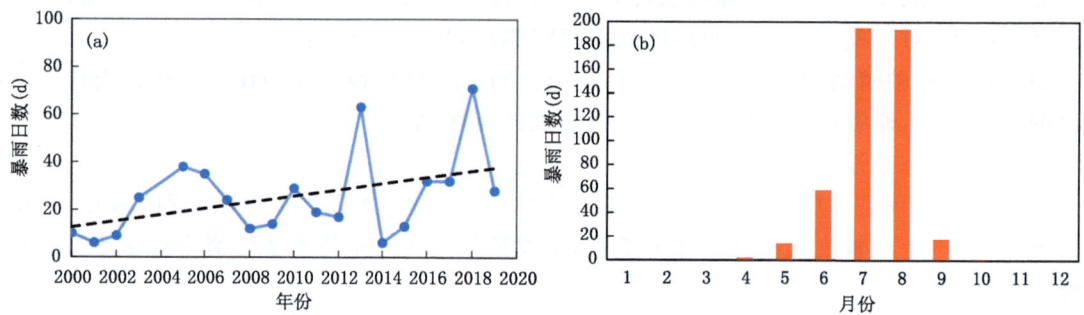

图3.29 甘肃省2000—2019年暴雨日数年代(a)及各月(b)变化

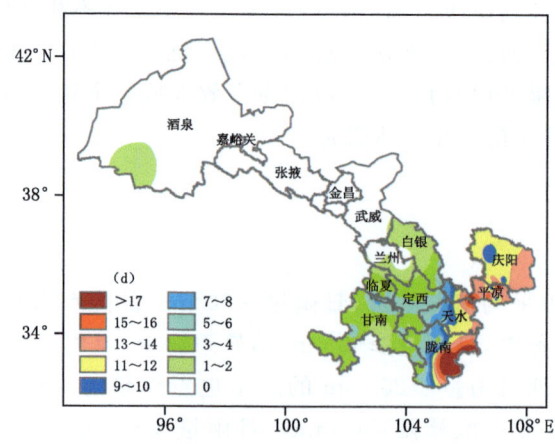

图3.30 甘肃省2000—2019年暴雨总日数空间分布

3.4.2 暴雨天气的成因

3.4.2.1 暴雨的环流背景

暴雨出现在一定的大尺度环流背景下,在有利的背景下,通常形成冷、暖空气的交绥区,在中尺度对流系统里面发展起来。该系统的一定部位出现强的水汽和不稳定能量的输入,持续的上升运动,为暴雨提供了条件。这类暴雨伴随大范围降水区,占西北地区暴雨的大多数。另外,是在暖空气内部,形成潮湿不稳定区域,其边缘或者内部有中尺度对流系统发展,水汽迅速集中和持续输入,为暴雨发生提供了有利条件。

上述大尺度环流背景,与西风带、副热带和热带的环流系统有关。西风带环流系统主要是指一定位置上的稳定的长波或者阻塞系统,由于系统稳定,能向西北地区输送冷空气,引起中尺度对流系统重复出现,或者造成天气尺度系统停滞少动,局地形成暴雨。副热带系统和西北地区暴雨关系密切,主要影响系统是西太平洋副热带高压和青藏高压。热带系统对西北地区暴雨有重要影响,盛夏,热带系统对西北地区暴雨有间接影响。

3.4.2.2 水汽输送特征

西北地区水汽比较匮乏,要具备形成暴雨的水汽环境条件,就必须有充足的水汽输入。西北地区降水的主要水汽源地及其输送通道是借助西行台风、西伸了的西太平洋副热带高压及柴达木低压等多个天气系统和西太平洋副热带高压西南侧东南风急流、西侧南风低空急流及河西偏东风等三支气流的次第密切配合(蔡英 等,2015)。

3.4.2.3 暴雨的主要影响系统

(1)西太平洋副热带高压

西太平洋副热带高压(以下简称副高)是影响西北地区夏季降水的重要天气系统,其强弱变化、北进南退对西北地区的旱涝和雨带分布影响很大。副高不同的结构特征,导致暴雨区的水汽供应条件和产生强上升运动的大尺度背景场存在差异。500 hPa 高空上 588 dagpm 等值线到达 110°E 附近,脊线位于 30°N 附近,青藏高原为长波槽控制,高度场形成"东高西低"的环流形势,西北地区东部处于西太平洋副热带高压西南暖湿气流中,它与低层的暖湿气流叠置时常有暴雨产生。

(2)主要天气尺度影响系统

1)西风槽

西风气流中常常产生波动,形成槽(低压)和脊(高压)。西风带中的槽线,称为西风槽。西风槽活动频繁,一年四季都可能发生,每次活动都会带来一定强度的冷空气入侵,地面形成锋面天气(冷锋或准静止锋),造成较大范围的降水或阴雨天气。按其出现的地理位置来分还可细分为南支槽,西北槽,高原槽等。其中,高原槽对甘肃降水的影响十分明显。

2)低涡

低涡是西北地区暴雨的主要中尺度系统,根据所处的位置可分为中亚低涡、武都涡、柴达木低涡、西南涡、高原涡、蒙古冷涡。对甘肃暴雨有影响的系统主要是武都涡、柴达木低涡、西南涡、高原涡,蒙古冷涡常与强对流天气有关。

3)切变线

切变线是风场中具有气旋式切变的不连续线,切变线根据形成的气压系统可分为冷锋式切变线、暖锋式切变线、准静止锋式切变线和南北向切变线。在有利的环流形势下,高原切变线的东移发展以及与诸如高原低涡、西南低涡等其他天气系统的相互作用,往往对高原及下游地区天气产生严重影响,是造成甘肃夏季暴雨的一类常见的天气系统。

3.4.3 典型个例分析

2019年6月20—21日,甘肃省大部分地区出现小雨或阵雨天气,武威、兰州、临夏、甘南等市(州)局部地区出现中到大雨,酒泉、嘉峪关、张掖、白银等市局部地区出现暴雨,较大降水量出现在肃州区二墩(93 mm)、肃州区本站(79.6 mm,破建站以来极值(44.2 mm),接近该区全年降水量(88.4 mm))、肃州区三墩(71.9 mm)(图3.31)。

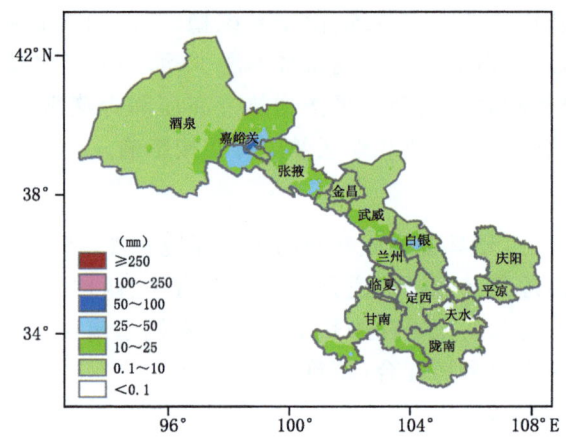

图3.31 2019年6月20日08时至21日08时降水量空间分布

水汽通道,即强水汽输送带,其大小与方向分布特征可指示水汽通量的辐合、辐散及输送,它与降水范围和强度密切相关。显示此次酒泉暴雨过程的水汽通道有两个:一个是源于孟加拉湾的水汽通道,为这次过程的主要水汽通道,强盛的西南风源源不断地将水汽由云贵地区输送到四川盆地,再沿西北方向输送到酒泉市;另一个水汽通道是从渤海向西北地区输送。

水汽通量散度能很好地反映水汽的"源""汇"特征,分析2019年6月20日19时水汽通量散度特征(图3.32),在水汽通量极大值带上,水汽通量散度为正,其两侧水汽通量散度为负,可见水汽主要在水汽通量极大值带两侧和前方辐合,在祁连山区及酒泉肃州区水汽辐合非常明显,为暴雨的产生提供了源源不断的水汽供应。

3.4.4 甘肃省2000—2019年暴雨灾害

甘肃省暴雨灾害具有范围广、发生频繁、突发性强,而且损失大的特点。其中,农业受洪水灾害影响最为严重。例如,2010年8月7日,距甘南舟曲县城10 km的东山镇23—24时降水量77.3 mm,8月8日00时特大泥石流冲进县城,并截断白龙江形成堰塞湖,造成一半县城被淹,一个村庄整体淹没,受灾4.7万人,死亡1508人,失踪257人,毁坏平房4.6万间,损毁办公楼21栋,车辆127台,直接经济损失90亿元;8月11—13日陇南、天水、平凉、庆阳等市32个乡(镇)出现暴雨,降水中心成县黄渚镇累计降水208.9 mm,此次暴雨,造成42人死亡,13人失踪。2000—2019年由于暴雨洪涝导致的农作物受灾面积2015年最重(图3.33),受灾面积

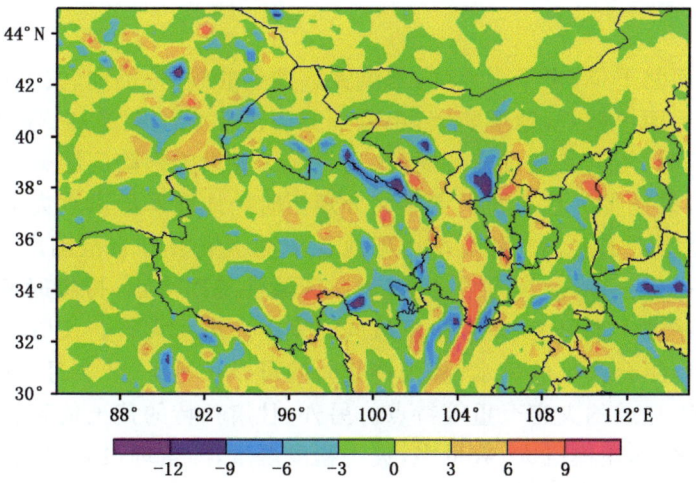

图 3.32 2019 年 6 月 20 日 19 时 700 hPa 水汽通量散度分布(10^{-5} g·s^{-1}·cm^{-2}·hPa)

超过 80 万 hm²，其他年份的受灾面积均在 20 万 hm² 左右；受灾人口随着年份波动较大，整体呈现出上升趋势，其中，2013 年受灾人口最多，达 422.2 万，2003 年、2010 年和 2018 年受灾人口也均超过 300 万，低于 100 万的年份较少；由暴雨造成的直接经济损失上升趋势比较明显，2009 年之前，暴雨洪涝造成的直接经济损失小于 20 亿元，2010 年之后，大多数年份大于 20 亿元，其中，直接经济损失最大的年份是 2018 年，为 145.7 亿元，其次为 2010 年，为 144 亿元(图 3.34)。

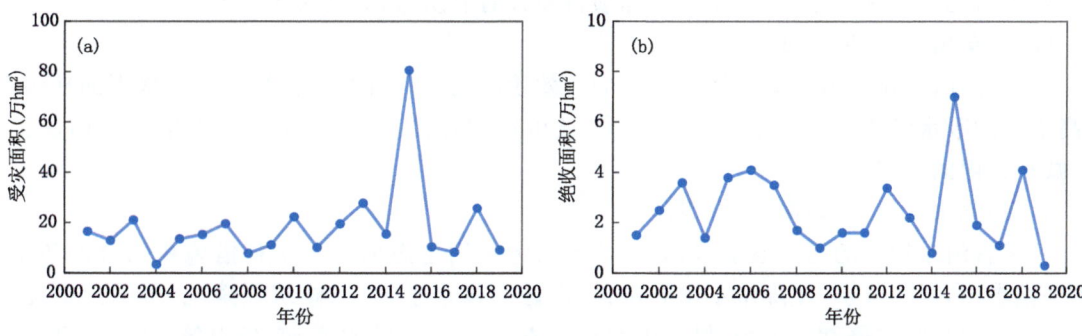

图 3.33 甘肃省 2000—2019 年因暴雨受灾面积(a)和绝收面积(b)变化

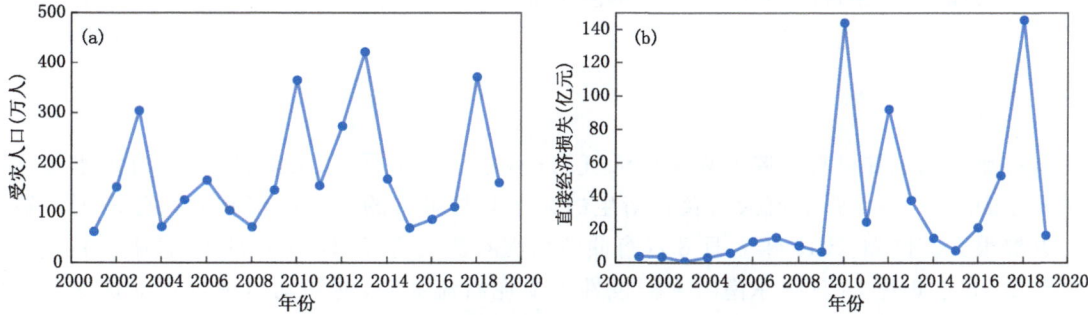

图 3.34 甘肃省 2001—2019 年因暴雨受灾人口(a)和直接经济损失(b)变化

3.4.5 影响评估

甘肃省虽地处西北干旱、半干旱地区,暴洪灾害发生的频率、范围、灾害损失不如东部和南部地区,但是,由于地面植被差,地形陡峭,小范围暴雨洪水发生频率高、强度大、时间集中、灾害严重、防御难。同时,防洪基础设施薄弱,尤其是水库等设施病险问题突出,抵御洪水能力较弱,加大了暴洪灾害的危害。甘肃暴洪灾害又分短历时局地性暴雨洪水灾害,中等历时暴雨洪水灾害,长历时大范围洪水灾害三种类型。局地暴雨洪水灾害分布范围广、影响面积小、暴雨历时短、强度大、发生机会多、破坏力强、灾害重。区域性暴雨洪水,持续时间一般为3~15 d,覆盖面积可达几万平方千米以上,使几个流域同时发生大洪水灾害。长历时大洪水灾害,由大片地区连续多次暴雨组合产生的洪水,降雨持续时间可以长达1~2个月,具有雨区范围大、分布均匀、洪水过程长、造成的灾害严重等特点。另外,甘肃独特的黄土地貌和地质,是我国地质灾害最严重的地区之一,规模巨大、数量多,灾害程度严重,经常埋没农田,破坏交通,危害工矿城镇,威胁人民生命财产安全,是甘肃省主要灾害之一。

3.4.6 气候影响建议

(1)制订发展与规划目标时应当充分考虑洪水的威胁

暴雨是一种短时性的气象灾害,处于多暴雨区的地、县在制订发展与规划目标时应当充分考虑暴雨、洪水的威胁,留有余地;在建设中因地制宜,趋利避害,扬长避短,适当加强防雨与输水设施。在建设铁路、公路、桥梁、排水管道及其他工程项目时,事先应利用气候历史资料对当地的暴雨情况进行认真分析,以便在工程项目设计时有所考虑,防患于未然。

(2)种草植树,扩展植被

营造森林、绿化荒山是减轻暴雨灾害的有效手法之一。森林和植被能减弱暴雨的冲刷力,提高土壤的吸水渗透性并含蓄大量渗透水,还可以固定泥土,防止暴雨把土壤及表面沃土冲走,减轻暴雨的危害。

(3)加强水土保持,兴修蓄水工程

甘肃省河东地区的雨养农业区,要坚持不懈地采用生态措施与工程措施相结合的防御措施,平整农田,蓄积降水,使降水不出农田;在山区兴修水平梯田、修筑鱼鳞坑,接纳雨水,减少山洪;筑堤、建坝,兴修蓄水工程,拦蓄山水用于农林牧灌溉、水产养殖、发电等,变害为利;在公路、铁路、通信线路沿线,房屋建筑周边等易受洪水危害的地区,修建防洪、排洪沟等疏导工程;在干季要清理河道、建筑或加固河堤,防御洪水危害。

3.5 强对流

强对流天气是甘肃省主要的灾害性天气之一,是导致泥石流、山洪、中小河流洪水等灾害的主要原因之一,每年强对流天气及其衍生的灾害对甘肃省的国民经济和人民生命财产造成的损失都很大。例如:2010年8月8日舟曲特大泥石流灾害、2012年5月10日岷县特大雹洪灾害和2013年6月19日陇东南特大群发性山洪泥石流灾害,前期均出现过强对流天气。由于强对流天气具有空间尺度小、突发性强、影响系统复杂等原因,在实际预报、预警业务中准确预报有一定的难度,特别是对其精准的落区和量级预报目前还有很大的困难。因此,在实际业务中除了进行常规的天气学预报外,还要通过多种短时临近的监测手段和临近预警等手段进行补充和订正,同时加强部门的联保联防、联络员制度等。进行多方面的应急和防御,将损失降低到最低程度。

3.5.1 强对流天气定义和标准

强对流天气是发生突然、天气剧烈、破坏力极强,常伴有雷雨大风、冰雹、龙卷风、局部强降雨等强烈对流性灾害天气,是具有重大杀伤性的灾害性天气之一。强对流天气发生于中小尺度天气系统,空间尺度小,一般水平范围大约在十几千米至二三百千米,有的水平范围只有几十米至十几千米。其生命期短暂并带有明显的突发性,约为 1 h 至十几小时,较短的仅有几分钟至 1 h。

强对流天气通常是指落在地面上直径≥2 cm 的冰雹、除了水龙卷以外的任何龙卷、瞬时风速≥17 m/s 的(非龙卷)直线型雷暴大风(很多国家规定超过 25 m/s 的瞬时雷暴大风为强对流)以及导致暴洪的对流性暴雨。

3.5.2 强对流天气的主要特点及变化规律

3.5.2.1 甘肃省强对流天气的主要特点

(1)短时强降水

甘肃省短时强降水 2008—2018 年平均发生频次总体上从甘肃河西地区向陇东南地区逐渐增加,发生短时强降水频次最高的地区位于甘肃省陇东南和庆阳市华池县,2008—2018 年平均短时强降水的频次在 4 次以上(图 3.35)。结合甘肃省地质灾害分区图和近 10 年强降水诱发地质灾害人员伤亡分布图来看,短强降水是诱发地质灾害并导致人员伤亡的重要因素。

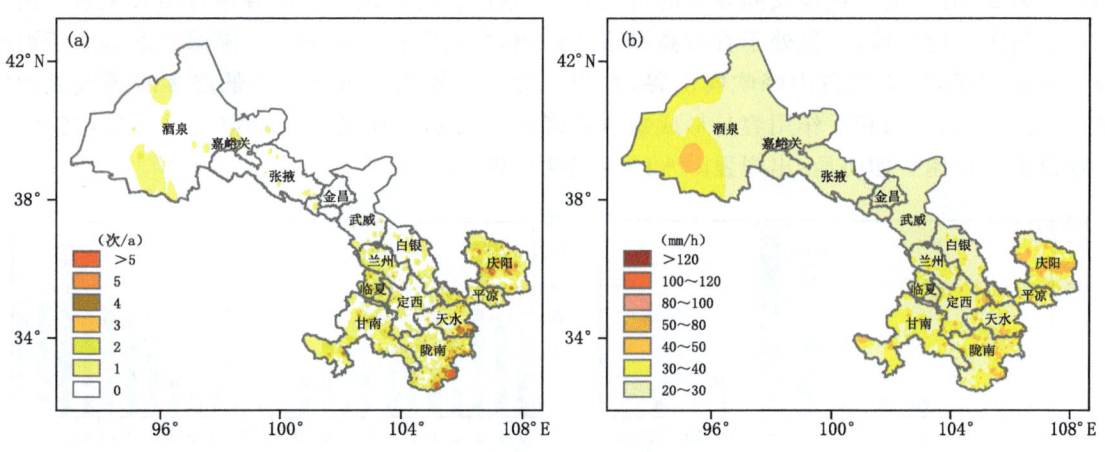

图 3.35 甘肃省 2008—2018 年平均短时强降水频次(a)和雨强(b)分布

(2)冰雹

甘肃省冰雹多发于青藏高原边坡和高山地区,甘肃省 2000—2019 年平均冰雹日数为 0.05~6 d。有三个高发中心,甘南高原及邻近的甘岷山区、祁连山东段的乌鞘岭和通渭县的华家岭,多年平均在 2 d 以上(图 3.36)。

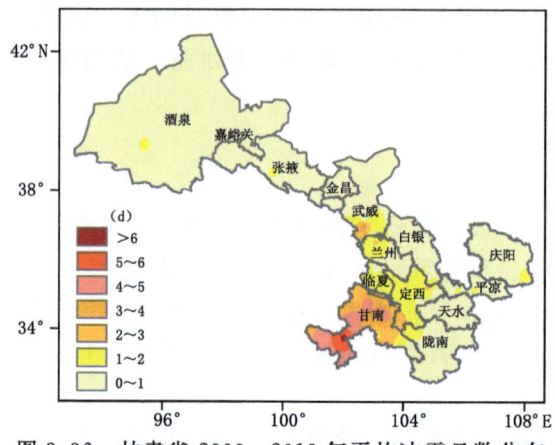

图 3.36　甘肃省 2000—2019 年平均冰雹日数分布

3.5.2.2　2000—2019 年甘肃省强对流天气的变化规律

(1)短时强降水

甘肃省短时强降水主要发生在每年的 5—9 月。从 5 月开始出现短时强降水,6 月逐渐增多,7—8 月最为活跃,8 月短时强降水发生的次数最多,占总次数的 41.63%(图 3.37a)。从小时最大降水量逐月分布来看,20~30 mm/h 雨强出现频次 8 月最多,7 月次之,而 30~50 mm/h 量级雨强 8 月出现次数明显多于 7 月。

甘肃省短时强降水逐时分布呈现双峰特征(图 3.37b)。第一峰值出现在傍晚前后(20—22 时),第二峰值出现在前半夜(01—03 时)。一天中短时强降水出现较少的时段为 04—15 时,而下午到前半夜是短时强降水的高发时段,占全天短时强降水的 70.67%,其中,最为活跃的时次为 21 时。关于这种夜间多发的情况,与高原边坡特殊地形下山谷风有很大关系。由于甘肃省河东多山谷地形,且处于青藏高原边坡东侧,夜间海拔较高的山区降温速度远大于海拔较低的低谷区,冷空气自山峰吹向山谷,有明显的下沉作用。由于夏季低层多暖湿气流的输送,冷暖空气剧烈的相互作用容易形成短时强降水。特别是在高空有冷空气过境时,高、低层的强迫抬升作用更加明显,出现强降水的可能性也更大。

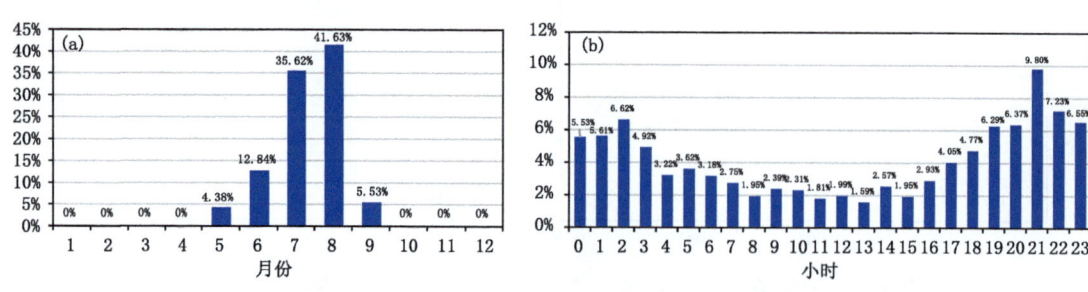

图 3.37　甘肃省 2000—2019 年平均短时强降水逐月(a)和逐时(b)变化

(2)冰雹

甘肃省冰雹具有季节性强、雹日集中的特征,最早始于 3 月,最晚结束于 11 月,主要发生在 5—8 月,5 月最多,占全年的 20.99%;12 月至次年 2 月为无雹时段(图 3.38a)。冰雹的发生具有明显的日变化,主要集中在 13—19 时,这一时段占总次数的 88.53%(图 3.38b)。

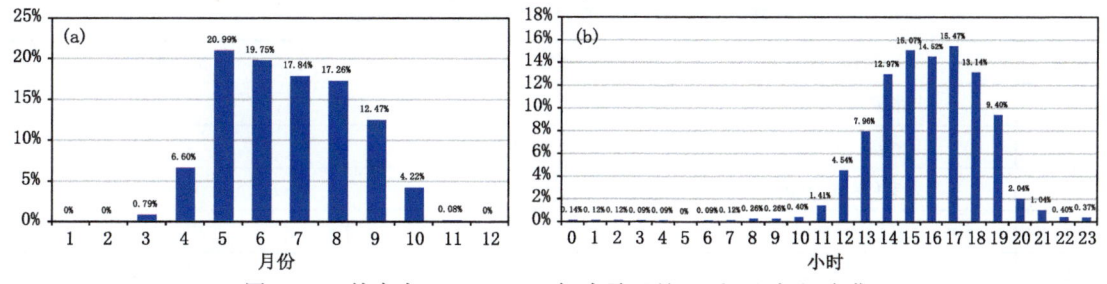

图 3.38　甘肃省 2000—2019 年冰雹逐月(a)和逐时(b)变化

3.5.3　强对流天气的成因

强对流是空气强烈的垂直运动而导致天气现象。最典型的就是夏季午后的强对流天气，白天地面不断吸收太阳短波辐射，温度上升，并且放出长波辐射加热大气。当近地面的空气从地球表面接受足够的热量时，就会膨胀，密度降低，这时大气处于不稳定的状态。当上升到一定高度时，由于气温下降，空气中包含的水蒸气就会凝结成水滴。当水滴下降时，又被更强烈的上升气流携升，如此反复不断，小水滴开始积集成大水滴，直至高空气流无力支持其重量，最后下降成雨。当然，各类强对流天气形成的物理过程是不完全相同的，这与下垫面的动力和热力作用的影响有很大的关系。而且强对流天气是以大尺度天气系统为背景，大尺度天气系统影响或决定着中、小尺度天气系统的发生、发展和移动过程。

影响甘肃的冰雹源地与路径有四条：(1)发源于祁连山区东部，主要影响兰州、临夏、定西、陇南天水北部；(2)发源于六盘山区，主要影响平凉、庆阳、天水北部；(3)发源于青海省东部，主要影响临夏、定西、甘南；(4)发源于青海省南部：主要影响甘南、陇南、定西南部。

3.5.4　典型个例分析

(1)2017 年 5 月 18 日冰雹天气过程实况

2017 年 5 月 18 日 15—21 时，甘肃省天水、平凉、陇南等市 8 县(区)出现冰雹，冰雹最大直径 2.5 cm(图 3.39 和表 3.2)。

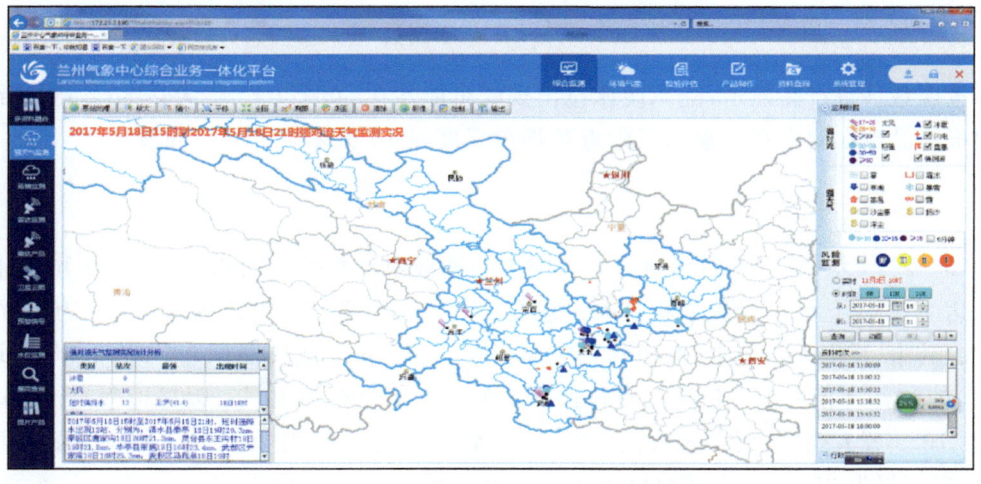

图 3.39　2017 年 5 月 18 日冰雹天气实况

表 3.2 2017 年 5 月 18 日冰雹天气实况

序号	地名	冰雹直径(cm)	出现时间
1	张家川（乡镇）	1.0	15:30
2	华亭（乡镇）	豌豆大小	15:35
3	秦安（本站、乡镇）	1.2～2.5	15:40—17:55
4	麦积区（乡镇）	1.0	15:41
5	礼县（乡镇）	2.0	16:20
6	清水（乡镇）	2.0	17:50
7	秦州区（乡镇）	1.0	18:40
8	武都（本站）	0.7	20:00

（2）天气形势

2017 年 5 月 18 日，500 hPa 低涡中心位于甘肃省河东且低涡底部冷平流较强，甘肃省降雹区处于低涡后部或底部冷平流影响区中；700 hPa 也有低涡与中层对应，冷暖空气交汇明显。700 hPa 相对湿度≥70%，700 hPa 比湿≥4 g/kg；500 hPa 低涡中心涡度≥8×10^{-5} s^{-1}，冰雹落区附近也有正涡度中心；层结不稳定，冰雹落区 $\theta_{se700\sim500}$≥4 ℃，CAPE 值在 100 J/kg 以上；冰雹落区位于 500 hPa 切变线后侧及地面辐合线附近（图 3.40）。

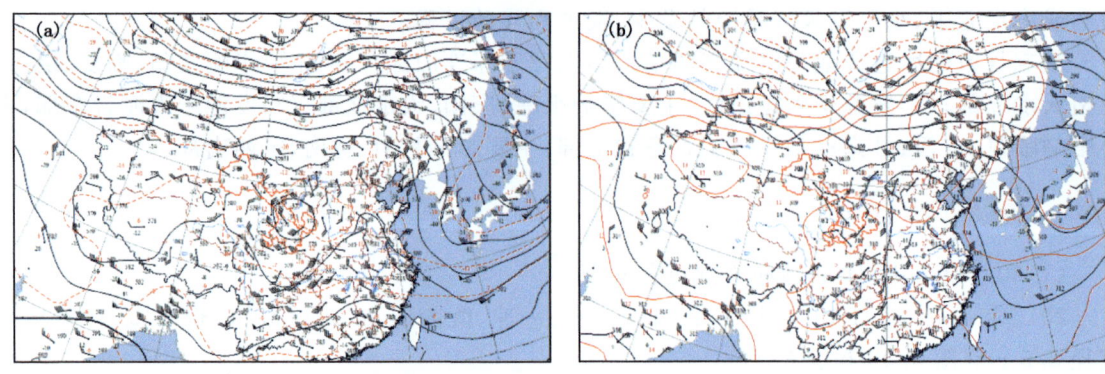

图 3.40 2017 年 5 月 18 日 500 hPa(a)和 700 hPa(b)天气形势

冰雹客观预报产品显示，陇东南冰雹出现的可能性在 50% 以上，最大达 80%；雷达组合反射率预报产品也在陇东和六盘山区附近预报出强度在 40 dBZ 以上的强回波。

3.5.5 甘肃省 2000—2019 年强对流灾害

2000—2019 年，甘肃省因局地强对流灾害共造成农作物受灾面积 319.34 万 hm^2，直接经济损失达 275.09 亿元。受灾面积最大出现在 2002 年，因强对流灾害造成 134.7 万人受灾，死亡 37 人，其中，雷电死亡 6 人，农作物受灾面积 34.9 万 hm^2，成灾面积 23.5 万 hm^2，倒塌房屋 1700 间，直接经济损失 1.1 亿元。直接经济损失最大出现在 2013 年，因局地强对流（冰雹）灾害造成 216.9 万人受灾，死亡 6 人，受伤 18 人，农作物受灾面积 20.1 万 hm^2，倒塌房屋 2000 间，直接经济损失 35.2 亿元（图 3.41）。

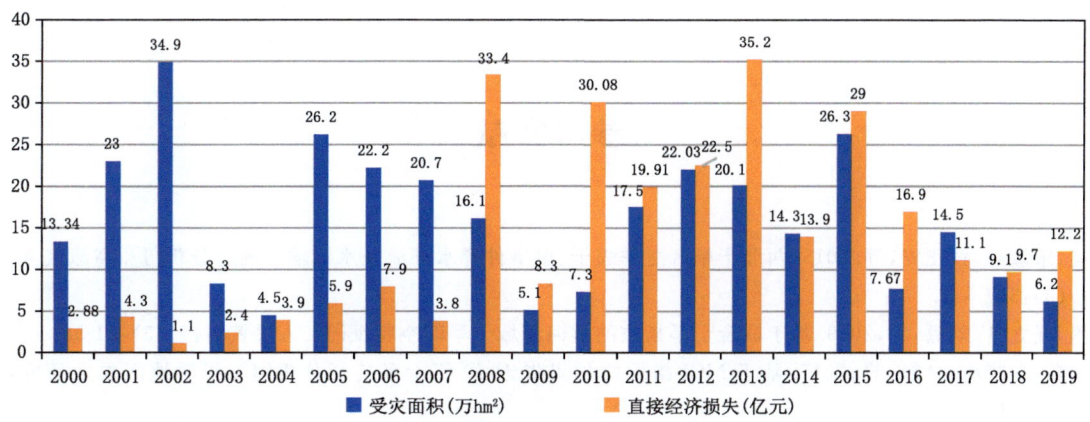

图 3.41　甘肃省 2001—2019 年强对流天气受灾变化

3.5.6　气候影响建议

(1)气象部门要加强对强对流天气形成机理的研究,充分利用气象卫星、雷达、自动气象站等现代化观测工具,建立、健全甘肃省强对流天气的监测、预测服务系统,提高监测能力和预报水平。

(2)充分发挥各级政府和各部门力量,广泛利用社会资源,建立"政府主导、部门联动、社会参与"的基层气象防灾、减灾体系,为经济社会发展和人民群众生命财产安全筑起可靠的"安全防线"。政府及相关部门按照职责做好防范短时强降水、防雷、防大风工作,并根据当地气候条件,宜草种草、宜林造林,绿化荒山秃岭,减弱空气温度的急剧变化和强对流发生,抑制冰雹灾害。

(3)积极开展人工防雹。

(4)防范短时强降水可能引发的山洪、泥石流等地质灾害。

参考文献

蔡英,宋敏红,钱正安,等.2015.西北干旱区夏季强干、湿事件降水环流及水汽输送的再分析[J].高原气象,34(3):597-610.

曹闯,任立良,刘懿,等,2019.基于联合干旱指数的黄河流域干旱时空特征[J].人民黄河,41(5):51-56.

成青燕,高晓清,林纾,等,2017.基于MCI指标的甘肃省近50年干旱特征分析[J].干旱地区农业研究,35(1):211-218.

慈晖,张强,肖名忠,2016.多种气象干旱指数在新疆干旱评价中的应用对比研究[J].中山大学学报(自然科学版),55(2):124-133.

崔成祥,1990.霜冻的形成与防御[J].新农业(8):8-9.

段海霞,李耀辉,蒲朝霞,等,2013.高空急流对一次强沙尘暴过程沙尘传输的影响[J].中国沙漠,33(5):1461-1472.

范双萍,2018.甘肃陇中地区近55年潜在蒸散量及干旱指数演变趋势[J].地球环境学报,9(2):172-181.

冯冬蕾,程志刚,吴琼,等,2017.基于MCI指数的东北地区1961—2014年气象干旱特征分析[J].干旱区资源与环境,31(10):118-124.

龚志强,封国林,2008.中国近1000年旱涝的持续性特征研究[J].物理学报,57(6):3920-3931.

侯威,杨萍,封国林,2008.中国极端干旱事件的年代际变化及其成因[J].物理学报,57(6):3932-3940.

李红梅,李林,李万志,2018.气象干旱监测指标在青海高原的适用性分析[J].干旱区研究,35(1):114-121.

李耀辉,沈洁,赵建华,等,2014.地形对民勤沙尘暴发生发展影响的模拟研究——以一次特强沙尘暴为例[J].中国沙漠,34(3):849-860.

栗健,岳耀杰,潘红梅,等,2014.中国1961—2010年气象干旱的时空规律——基于SPEI和Intensity analysis方法的研究[J].灾害学,29(4):176-182.

廖要明,张存杰,2017.基于MCI的中国干旱时空分布特征及灾情变化特征[J].气象,43(11):1402-1409.

马柱国,符淙斌,杨庆,等,2018.关于我国北方干旱化及其转折性变化[J].大气科学,42(4):951-961.

孟繁胜,刘旭,祖雪梅,2010.霜冻的形成及对农作物的影响分析[J].林业勘查设计(3):48-49.

钱莉,滕杰,胡津革,2015."14.4.23"河西走廊特强沙尘暴演变过程特征分析[J].气象,41(6):745-754.

全国气候与气候变化标准化技术委员会,2017.气象干旱等级:GB/T 20481—2017[S].北京:中国标准出版社.

全国农业气象标准化技术委员会,2015.农业干旱等级:GB/T 32/36—2015[S].北京:中国标准出版社.

冉津江,季明霞,黄建平,等,2014.中国北方干旱区和半干旱区近60年气候变化特征及成因分析[J].兰州大学学报(自然科学版),50(1):46-53.

沈修美,2013.霜冻形成及其对农作物的影响分析[J].中国农业信息(3):129-130.

孙兰东,刘德祥,2008.甘肃沙尘暴变化特征及其对农业生产的影响[J].干旱地区农业研究,26(6):212-216.

陶健红,王宝鉴,王遂缠,等,2012.甘肃省短期天气预报员手册[M].北京:气象出版社.

王春学,张顺谦,陈文秀,等,2019.气象干旱综合指数MCI在四川省的适用性分析及修订[J].中国农学通报,35(9):121-127.

王劲松,李忆平,任余龙,等,2013.多种干旱监测指标在黄河流域应用的比较[J].自然资源学报,28(8):1337-1349.

王式功,董光荣,陈惠忠,等,2000.沙尘暴研究的进展[J].中国沙漠(4):5-12.
王志伟,翟盘茂,2003.中国北方近50年干旱变化特征[J].地理学报,58(增刊):61-68.
王作亮,文军,李振朝,等,2019.典型干旱指数在黄河源区的适宜性评估[J].农业工程学报,35(21):186-195.
袁云,李栋梁,安迪,等,2010.基于标准化降水指数的中国冬季干旱分区及气候特征[J].中国沙漠,30(4):917-925.
张武平,2010.沙尘暴对甘肃大气环境质量的影响[J].甘肃科技,26(2):67-70,84.
赵明瑞,杨晓玲,滕水昌,2012.甘肃民勤地区沙尘暴变化趋势及影响因素[J].干旱气象,30(3):421-425,436.
中国气象局政策法规司,2008.寒潮等级:GB/T 21987—2008[S].
朱乾根,林锦瑞,寿绍文,等,2007.天气学原理和方法[M].北京:气象出版社.
邹旭恺,任国玉,张强,2010.基于综合气象干旱指数的中国干旱变化趋势研究[J].气候与环境研究,15(4):371-378.
DAI A,2011. Drought under global warming: a review[J]. Wiley Interdiplinary Reviews Climate Change,2(1):45-65.
HUANG J P,YU H P,GUAN X D,et al,2016. Accelerated dryland expansion under climate change[J]. Nature Climate Change,6(2):166-171.
ZHAI J Q,SU B D,KRYSANOVA V,et al,2010. Spatial Variation and Trends in PDSI and SPI Indices and Their Relation to Streamflow in 10 Large Regions of China[J]. Journal of Climate,23(3):649-663.